微信小程序开发实战

陈伟 编著

人 民 邮 电 出 版 社

北 京

图书在版编目（CIP）数据

微信小程序开发实战 / 陈伟编著. -- 北京 : 人民邮电出版社, 2017.9(2018.5重印)
ISBN 978-7-115-46262-6

Ⅰ. ①微… Ⅱ. ①陈… Ⅲ. ①移动终端－应用程序－程序设计 Ⅳ. ①TN929.53

中国版本图书馆CIP数据核字(2017)第177075号

内 容 提 要

本书主要从微信小程序开发基础、微信小程序基本模块、综合实例应用这三个方面来介绍微信小程序开发的知识。本书内容包含微信小程序申请及管理后台基本使用、开发调试、页面布局设计、页面组件、后台环境搭建、网络请求及文件上传下载、WebSocket 功能、媒体数据及设备操作、界面交互接口及开放接口等。本书在最后提供了两个完整的微信小程序项目案例，供读者融会贯通、举一反三。

全书内容循序渐进、通俗易懂，适合微信平台的开发人员、互联网行业营销人员等阅读，同样适合对微信小程序感兴趣的人员阅读，也可作为大专院校学生学习了解微信小程序开发的参考用书。

◆ 编　　著　陈　伟
　责任编辑　张　涛
　执行编辑　张　爽
　责任印制　焦志炜
◆ 人民邮电出版社出版发行　　北京市丰台区成寿寺路 11 号
　邮编　100164　　电子邮件　315@ptpress.com.cn
　网址　http://www.ptpress.com.cn
　固安县铭成印刷有限公司印刷
◆ 开本：800×1000　1/16
　印张：13.75
　字数：328 千字　　　　　　2017 年 9 月第 1 版
　印数：2 601－2 900 册　　　2018 年 5 月河北第 4 次印刷

定价：49.00 元

读者服务热线：(010)81055410　印装质量热线：(010)81055316
反盗版热线：(010)81055315
广告经营许可证：京东工商广登字 20170147 号

前言

自进入移动互联网时代以来，信息互联互通对产业发展起到越来越重要的作用。纵观目前的产业布局，移动互联网可谓无孔不入。移动互联网渗透到各行各业并促进行业发展升级，例如餐饮业、零售业等，众多的 B2B 网站数不胜数。

在这场移动互联网盛宴之中，作为弄潮儿的腾讯推出了微信公众号平台，基于微信公众号平台推出了订阅号、服务号和企业号。自从腾讯推出公众号以来，涌现了一大批专业微信服务号定制开发公司，专门为传统行业开发定制公众号，但是公众号主要是针对企业和公司而推出的，个人没有资格申请，所以很多个人开发者被挡在了微信公众号之外。而后，腾讯在移动互联网领域再度发力，推出微信小程序，企图取代一直在移动互联网市场占主导地位的 Android App 和 iOS App，颠覆整个移动互联网行业。微信小程序以其独特的优势迅速获得媒体关注，并掀起新一轮移动互联网浪潮。首先微信小程序无需下载安装，只需要扫一扫即可在线使用，使用完也无需卸载，非常方便快捷。其次，微信小程序开发过程简单容易，基于微信框架，无需太复杂的基础知识也可以开发出自己的微信小程序。最近，腾讯将微信小程序面向个人用户开放，更加方便个人开发者去开发微信小程序应用。

基于微信基础架构的微信小程序功能强大，通过开发微信小程序，我们可以共享微信中数以亿计的基础用户。无论是推广服务还是宣传产品，都可以得到非常好的营销效果，这也是很多传统行业的商家争先恐后将业务迁移到微信上的一个原因。目前对微信小程序感兴趣的人越来越多，而目前市面上关于微信小程序应用的书籍比较少，因此笔者编写了这本书。希望它能对那些对微信小程序感兴趣或者想通过微信小程序来拓展业务的人士有所帮助，同时起到抛砖引玉的作用。

本书内容

本书内容主要分为三部分。

第一部分是微信小程序开发基础，包括第 1～3 章，主要讲解了微信小程序申请及管理后台基本使用、开发调试模式、项目构成和目录结构。

第二部分是微信小程序开发的基本模块，包括第 4～12 章，主要讲解了微信小程序的页面布局设计、页面组件、逻辑层处理、视图层、Maven+Spring+SpringMVC+MyBatis 后台环境搭建，以及网络请求及文件上传下载、WebSocket 功能、媒体、数据及设备操作、界面交互接口及开放接口。

第三部分综合运用前面讲解的知识来开发实际项目，包括第 13 章和第 14 章，主要讲解了“我爱看电影”和“日常事项助手”两个项目。

在逻辑结构上，本书力求循序渐进，从基础讲起，按照功能模块，结合基础知识来讲解微信小程序每个操作模块的具体开发过程。最后以两个实际项目为例，从需求分析、数据库表设计、架构设计，直到编码实现，逐步讲解，力求让读者达到融会贯通、举一反三的效果。

读者对象

本书主要面向的读者对象包括从移动互联网应用开发者转向微信平台的开发人员、互联网行业营销人员、项目经理和对移动互联网感兴趣的传统企业主。有一定编程基础的学生也可以将本书作为了解微信小程序开发的教材，对于其他没有编程基础，但是对微信小程序非常感兴趣的人员也可以将本书作为入门教程。希望本书能带你进入微信小程序的绚烂世界！

拓展资源

读者可访问 http://edu.csdn.net/course/detail/3456，进入 CSDN 学院观看作者录制的视频，或微信扫描下方二维码，联系本书作者获取相关视频。

目录

第1章　微信小程序申请及管理后台基本使用

1.1 微信小程序是什么

微信小程序是一个不需要下载、安装就可使用的应用，它的出现使应用触手可及，用户扫一扫或者搜一下即可打开应用。微信小程序体现了“用完即走”的理念，用户不用关心是否安装太多应用的问题。应用将无处不在，随时可用，但又无需安装、卸载。

简单来说，微信小程序不用安装就能使用，它的内存也非常小，每一个小程序都不超过1MB。

微信小程序（以下简称“小程序”）的出现，为我们带来许多便利和好处。

1. 少了安装App的麻烦

在App时代，如果要使用一项应用的功能，通常需要完成以下步骤。

（1）在App Store或Android应用市场，寻找能实现相应功能的应用。

（2）下载并安装该应用。

（3）在手机桌面，找到应用。

（4）打开并使用应用。

而在小程序时代，只需要搜索或者“扫一扫”，即可打开应用。没有了下载、安装环节，任何功能的获取和使用变得更加简单、直接。

2. 释放手机内存

除了使用更加便捷之外，小程序的“小体积”也能大大减轻手机的负担。

相信大多数人手机里都装了不少App。一般情况下，安装一个App，得花上几MB、上百MB，甚至几GB的内存。如果手机内存比较小，一旦多安装了几个App，难免要面临内存不够的困扰。

在这种情况下，大小不超过1 MB的小程序，就成了手机内存紧缺的救星。有了小程序，就不需要安装那些平时大部分时间用不上却又不得不装的App了。

3. 让手机桌面更简洁

小程序问世后，也许你的手机桌面上的许多App将会消失。

那些功能简单、使用频率低的App将会被小程序替代，它们不会在手机桌面上再占据一席之地，而是折叠在微信这个“超级 App”里面，等到使用时再被“召唤”出来。

1.2 小程序申请注册流程

小程序的申请注册流程如下。

（1）进入微信公众平台官方网站，单击右上方“立即注册”，如图 1.1 所示。

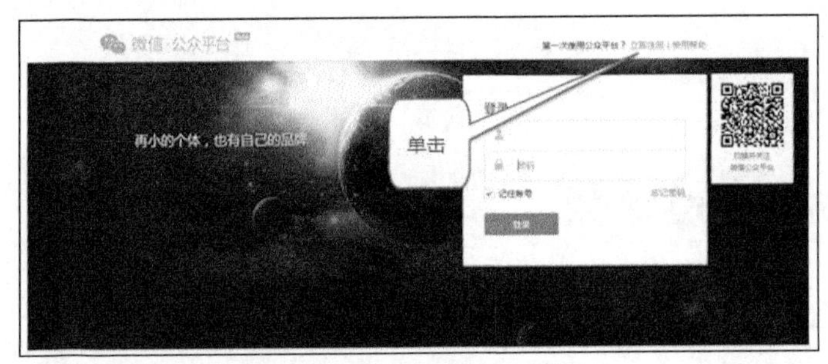

▲图 1.1　小程序注册入口页面

（2）选择注册账号类型的页面，单击左下方的“小程序”，如图 1.2 所示。

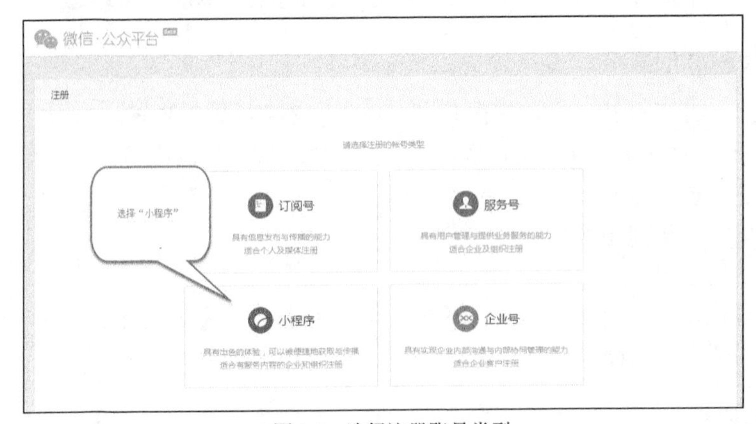

▲图 1.2　选择注册账号类型

（3）填写需要注册的邮箱、密码以及验证码后，单击“注册”按钮。注意，需要填写之前没有在公众号注册过的邮箱，每个邮箱仅能申请一个小程序，填写完成后会发送一封确认邮件到邮箱，如图 1.3 所示。

（4）登录注册用的邮箱，激活账号，如图 1.4 所示。

（5）接下来填写主题类型、企业名称、营业执照注册号等主体信息。可以选择的主体类型包括：个人、企业、政府、媒体、其他组织。目前，个人类型的小程序号暂不支持微信认证、微信支付及高级接口能力，建议大家注册企业类型的小程序号。如果没有企业信息，也可以选择个人类型的小程序号进行注册，如图 1.5 所示。

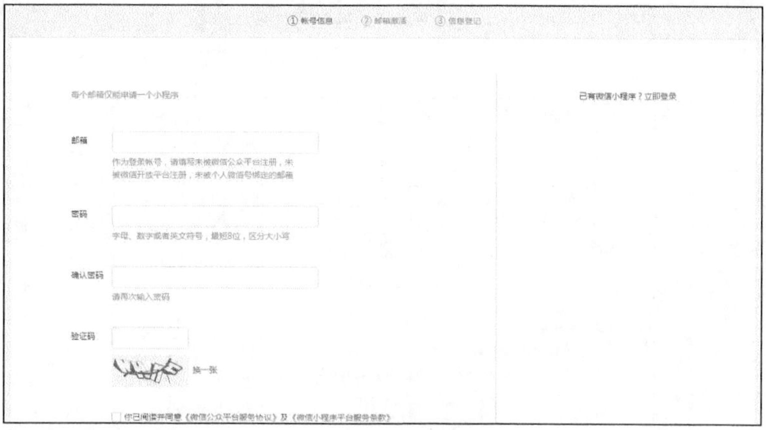

① 帐号信息
② 邮箱激活
③ 信息登记
每个邮箱仅能申请一个小程序
已有微信小程序？立即登录
邮箱
作为登录帐号，请填写未被微信公众平台注册，未被微信开放平台注册，未被个人微信号绑定的邮箱
密码
字母、数字或者英文符号，最短8位，区分大小写
确认密码
请再次输入密码
验证码
换一张
你已阅读并同意《微信公众平台服务协议》及《微信小程序平台服务条款》

▲图 1.3　填写注册信息

① 帐号信息
② 邮箱激活
③ 信息登记
激活公众平台帐号
登录邮箱
没有收到邮件？
1、请检查邮箱地址是否正确，你可以返回重新填写。
2、检查你的邮件垃圾箱
3、若仍未收到确认，请尝试重新发送

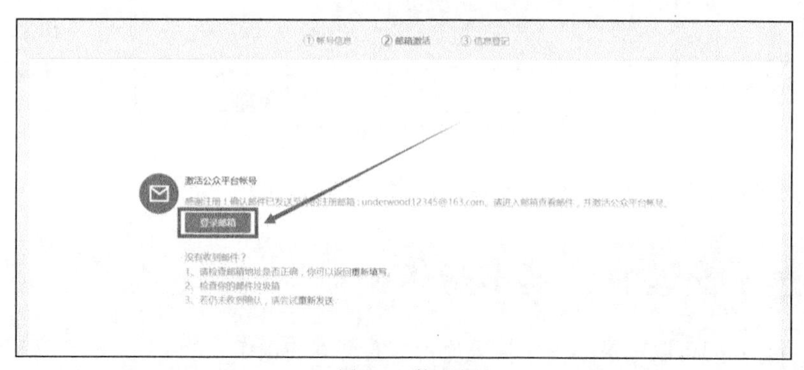

▲图 1.4　激活账号

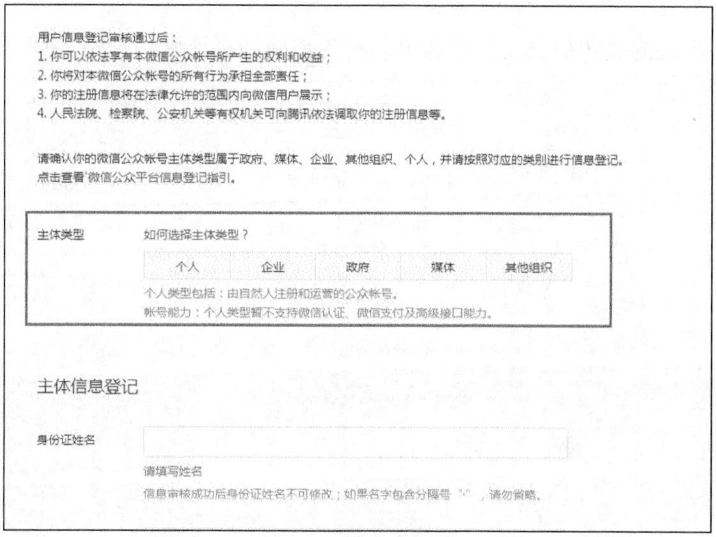

用户信息登记审核通过后：
1. 你可以依法享有本微信公众帐号所产生的权利和收益；
2. 你将对本微信公众帐号的所有行为承担全部责任；
3. 你的注册信息将在法律允许的范围内向微信用户展示；
4. 人民法院、检察院、公安机关等有权机关可向腾讯依法调取你的注册信息等。
请确认你的微信公众帐号主体类型属于政府、媒体、企业、其他组织、个人，并请按照对应的类别进行信息登记。
点击查看"微信公众平台信息登记指引。
主体类型
如何选择主体类型？
个人
企业
政府
媒体
其他组织
个人类型包括：由自然人注册和运营的公众帐号。
帐号能力：个人类型暂不支持微信认证、微信支付及高级接口能力。
主体信息登记
身份证姓名
请填写姓名
信息审核成功后身份证姓名不可修改；如果名字包含分隔号"·"，请勿省略。

▲图 1.5　填写主体信息

（6）接下来填写管理员姓名、身份证号和手机号码等信息。确认无误后，单击“继续”，如图 1.6 所示。

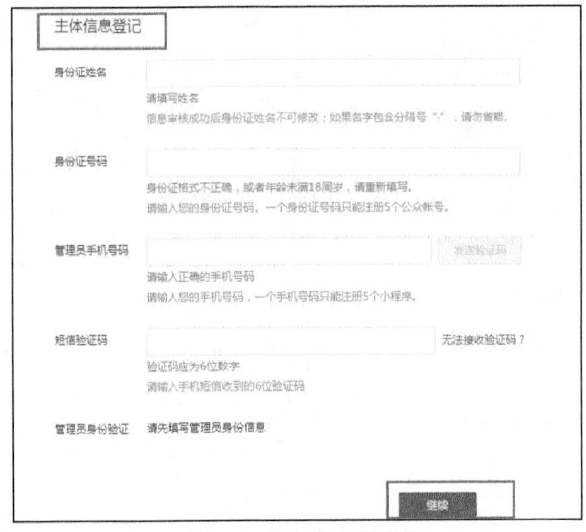

▲图 1.6　登记管理员信息

（7）接下来就和注册公众号一样，等待微信官方审核即可。

1.3 小程序管理后台基本操作

注册完成后，我们可以登录小程序管理后台来看基本的操作。

1. 首页

首页中主要是相关的认知情况及一些常见功能的快捷链接地址，如图 1.7 所示。

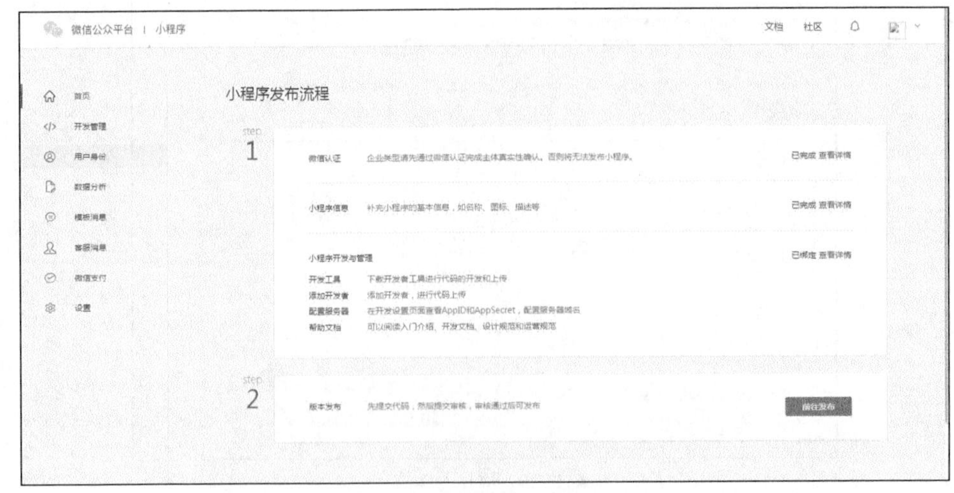

▲图 1.7　小程序后台管理首页

2. 开发管理

我们可以在开发管理界面看到在开发者工具里面提交的小程序版本，提交的版本经过审核后才可以上线。

3. 用户身份

在用户身份页面，管理员可以绑定开发者用户，被绑定的开发者账号经过管理员授权同意后就具有调用小程序接口，并为该小程序账号开发后台的功能了。在用户身份中还可以绑定体验者用户，体验者账户可以访问小程序的功能，供测试使用，如图 1.8 所示。

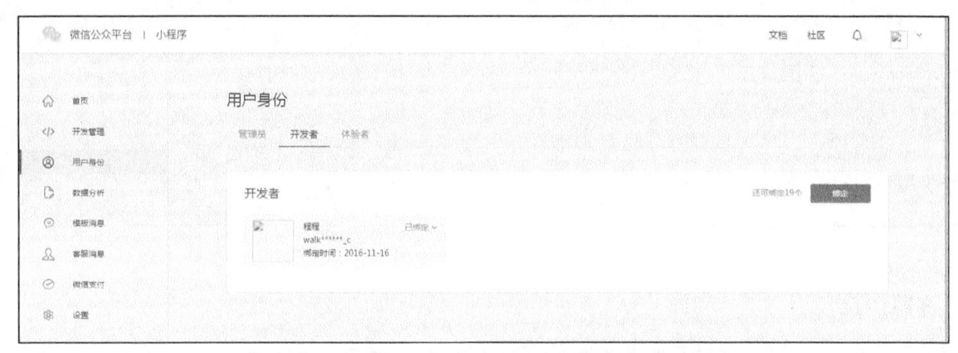

▲图 1.8　用户身份管理页面

4. 数据分析

当小程序上线后，数据分析功能可以通过报表的方式显示每天或者一个时间段内用户的使用情况，方便管理员跟踪小程序的用户数据，如图 1.9 所示。

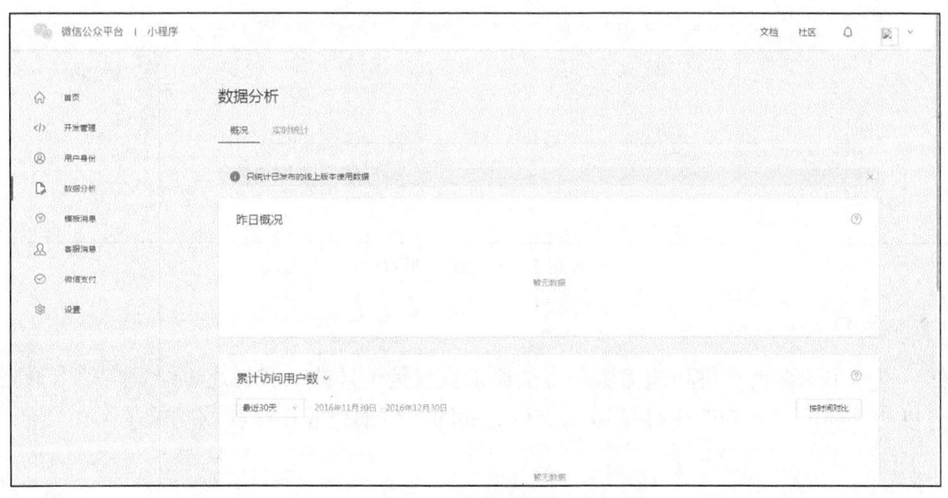

▲图 1.9　数据分析页面

5. 模板消息

我们在小程序中可以通过配置模板信息来向用户发送消息通知，例如小程序提供的在线购买功能，当用户下单后，我们可以通过在模板消息里面配置一个支付成功的消息模板，然后在程序中使用该消息模板来向用户发送消息通知，如图 1.10 所示。

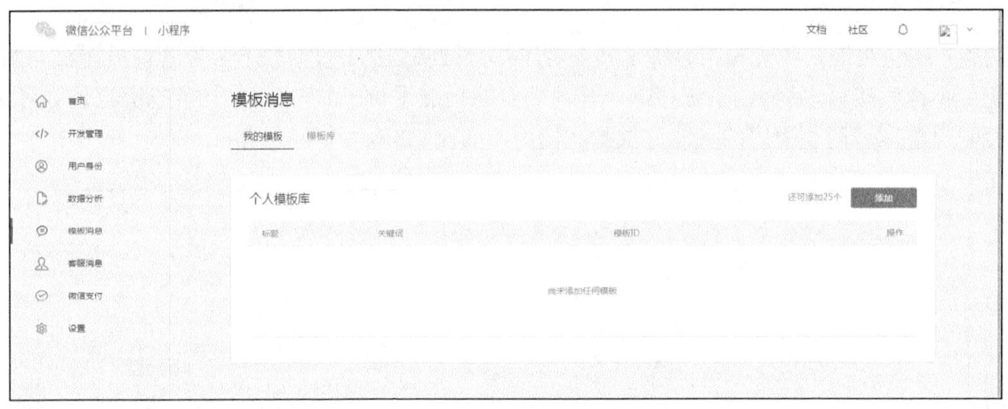

▲图 1.10 模板消息管理页面

6. 客服消息

在客服消息管理模块，我们可以将客服人员的个人微信号添加进来。这样当客户通过小程序发送咨询消息时，客服人员的个人微信号就可以收到这些咨询消息了，如图 1.11 所示。

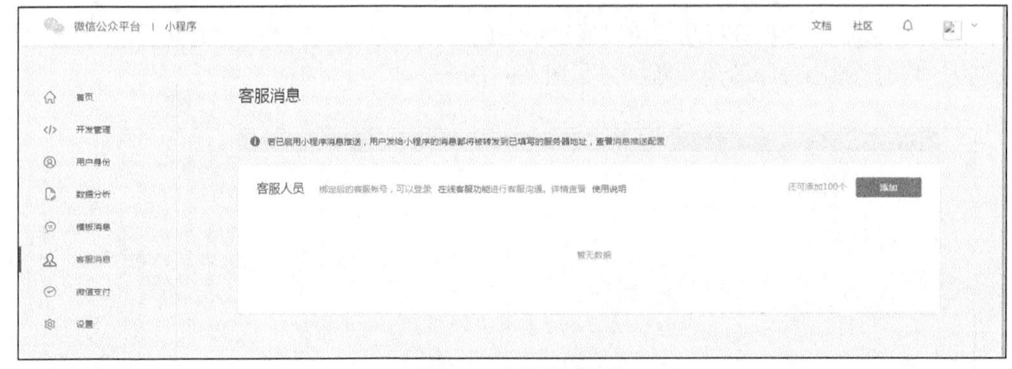

▲图 1.11 客服消息管理

7. 微信支付

微信小程序中的微信支付和微信服务号的微信支付是一样的，我们通过这里成功申请微信支付后，就可以在外面的后台程序中使用微信支付相关的接口来完成在线收款功能了。

8. 设置

设置包括两部分：基本设置和开发设置。其中，基本设置主要显示小程序的相关基本信息，开发设置主要包括两部分内容，如图 1.12 所示。

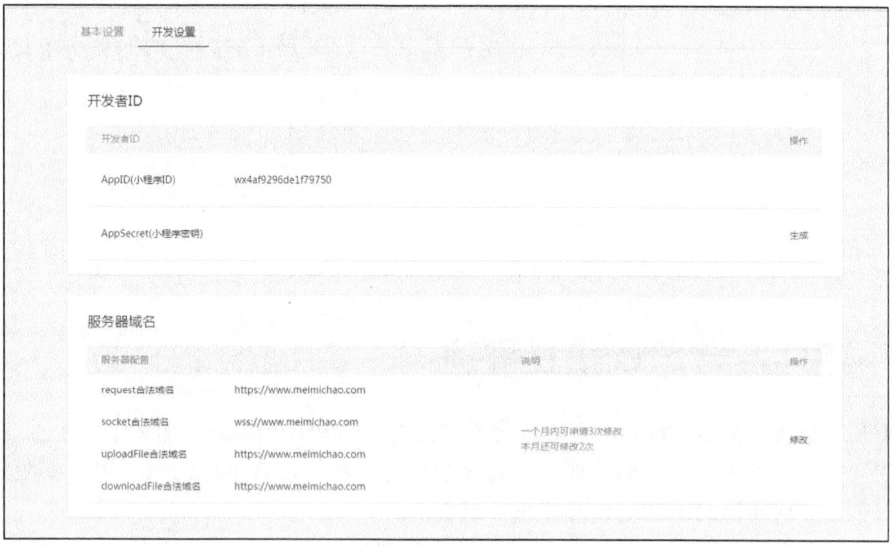

▲图 1.12　设置界面

开发者 ID（包括 AppID 和 AppSecret）是我们在开发后台功能时进行认证的凭证，而服务器域名是后台程序所在的服务器的域名地址。

第 2 章　小程序开发调试模式

2.1 小程序后台调试模式概述

我们要开发小程序后台程序，就不可避免地要进行后台程序的调试，那么进行小程序后台程序调试时是依据什么原理的呢？我们该如何设置才能进行小程序后台程序的调试呢？要明白这些，先要明确小程序是如何通过网络和后台程序进行通信的。

小程序和服务器进行网络通信的方式有 4 种，分别是 https 协议、WebSocket 网络通信、文件上传和文件下载。

在开发网络通信功能之前，必须先在小程序管理后台配置网络通信的服务器信息，如图 2.1 所示。

▲图 2.1　微信小程序网络通信服务器地址配置

正如图 2.1 中所显示的一样，配置的这些服务器地址必须已备案至少 24 小时，且不支持 IP 地址及端口号。也就是说，我们必须有一个已备案至少一天且端口是 80 的服务器资源。

图 2.1 中的 4 项服务器地址配置信息正好对应 4 个 API 接口，分别是 wx.request 发起请求接口、WebSocket 系列接口、wx.uploadFile 文件上传接口和 wx.downloadFile 文件下载接口，如

图 2.2 所示。

▲图 2.2 服务器地址配置信息和接口调用的对应关系

只有当我们在小程序管理后台配置了这些服务器地址后，才可以在网络通信接口中向这些地址发起调用请求，否则会报错，如图 2.3 所示。

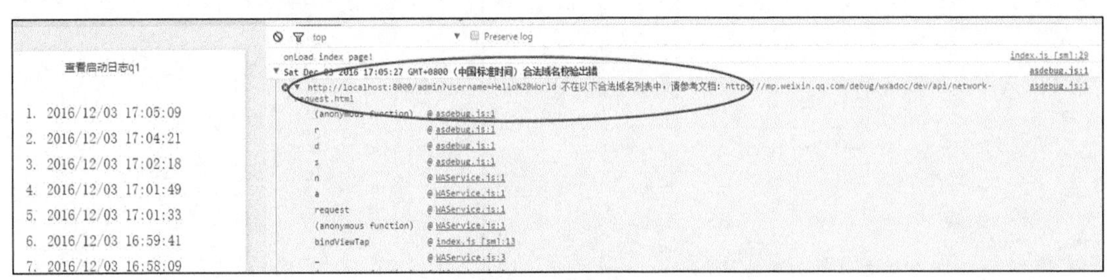

▲图 2.3 报错页面

所以，我们必须准备一台支持 https 协议的服务器环境，小程序后台程序需要部署到这样的一台服务器环境中去。根据对开发人员的便利性，主要有如下 3 种配置方案。

1. 云服务器测试调试模式

直接申请一台配置有 https 的云服务器，在开发机器上安装一个自动部署工具。我们每保存一次代码，则自动发布更新到云服务器，在云服务器上完成功能测试，通过在云服务器端记录 log 日志的方式来调试程序。

这种方式对开发不是很便利，无法在开发机上测试程序功能，只能自动更新部署到服务器上以后才能验证测试程序功能，对开发的要求比较高。

2. 本地调试模式

在打开微信 Web 开发者工具中时不输入 AppID，这时系统会自动生成一个“touristappid”字符串作为 AppID，如图 2.4 所示。

当开发工具不关联 AppID 时，进行网络请求调用时将不对 url 进行检查，也就是说你可以调用类似于 http://localhost 这样的本地 url，而且能获得正确的返回值。

例如，我在默认示例程序中的 bindViewTap 事件处理函数中发起 request 网络请求，请求地址是 localhost，并且在事件回调函数 success 中打印出返回值，代码如下所示：

```
wx.request({
     url: 'http: //localhost',
     data: {},
     method: 'GET', // OPTIONS, GET, HEAD, POST, PUT, DELETE, TRACE, CONNECT
     // header: {},// 设置请求的 header
     success: function (res) {
       console.log(res.data + 'success')
     },
     fail: function () {
       console.log('fail')
     },
     complete: function () {
       console.log('complete')
     }
  })
```

本地后台服务器“localhsot”的 url 的返回值如图 2.5 所示。

▲图 2.4　本地调试

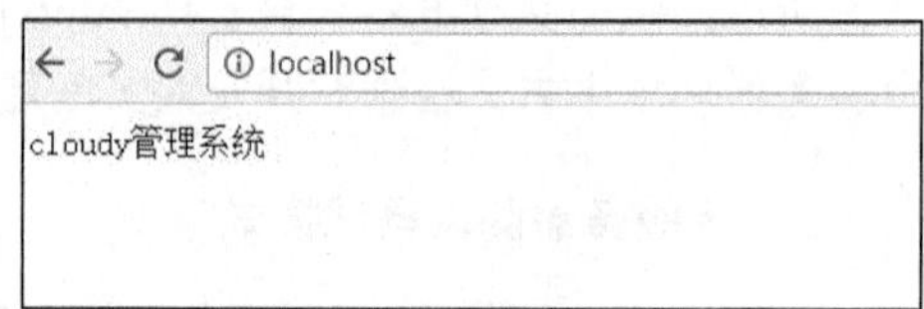

▲图 2.5　本地服务器

对事件处理函数进行本地调试，结果如图 2.6 所示。

可以看到，当不关联 AppID 时，我们可以直接对网络请求进行本地化调试。也就是说，我们可以在本机直接开发小程序后台程序，然后在小程序的页面端直接调用 localhost 本地 url 来向后台程序发起请求进行调试。当有的功能调试完毕并测试通过后，我们再将后台程序部署到云服务器上去，并将所有 localhost 本地 url 改成云服务器域名地址即可，这样在很大程度上方便了开发调试过程。

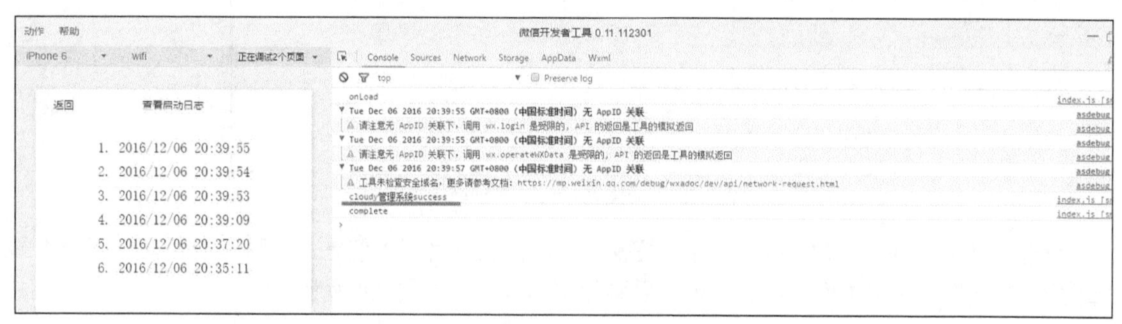

▲图 2.6 本地调试

但是正如图 2.6 所示，采用本地调试的方法有一个局限性，由于本地调试情况下没有关联真实的 AppID，所以导致调用某些接口时返回的数据并非真实的数据，而是工具生成的模拟数据，例如 wx.login、wx.operateWxData 接口等。因为这些接口是要和整个微信生态系统交互的，例如获取微信用户数据，只有真实登录了微信生态系统，才可能获取到这些数据，所以在本地开发模式下，只可能返回模拟的数据。但是需要注意的是，返回的这些模拟数据的数据格式和真实数据是完全一样的，只是数据的值可能不正确，在一般情况下并不会影响程序的开发和调试。

3. 端口映射模式

通过端口映射和网络地址转换，将对域名的请求映射到本机端口。例如，我们申请并备案了一个域名，并且在微信小程序管理后台的 request 合法域名处配置好该域名，这时通过映射将小程序对该域名的请求映射到本地机的 80 端口即可。这样调用域名，会调用到开发机器本地的程序，和本地开发几乎没有区别。

以上 3 种模式都是实际可行的，在具体开发过程中，我们应该按照自己的风格习惯选择其中的一种或几种模式的组合。下面详细介绍每种模式的具体实现方式，同时，需要说明的是，本书所采用的是第 2 种方式和第 3 种方式的结合，采用本地调试的模式来开发小程序后台功能，对于一些复杂接口，将通过域名映射的方式来进行开发和调试。

2.2 云服务器调试模式

首先要有一台云服务器，可以去阿里云或者腾讯云中申请，然后我们要申请一个域名并完成备案。上述工作完成后，我们开始配置云服务器，让它能支持 https 协议。

以最常用的阿里云服务器和腾讯云服务器为例，分别讲解设置过程。

首先，前提是我们已经申请了云服务器，并且已经将备案的域名配置到了该云服务器，也就是说，在浏览器中输入域名时能打开网站首页，但此时是 http 协议而不是 https 协议，例如我在阿里云的网站，如图 2.7 所示。

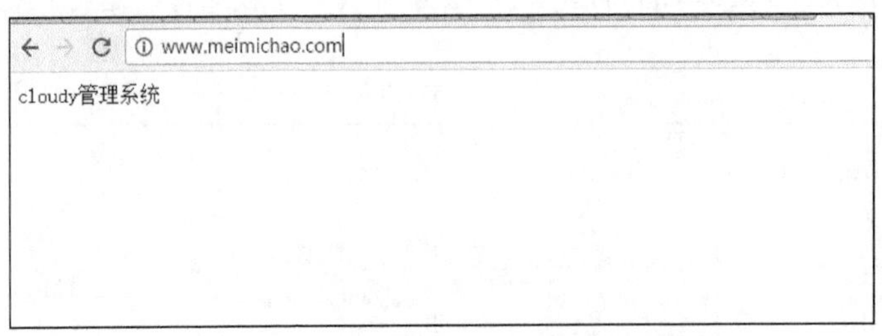

▲图 2.7　未配置 https 支持的网站主页

阿里云本身提供了 SSL 协议服务，是收费的，而且价格还不便宜。在阿里云管理控制台中的“云解析 DNS”菜单项页面中，我们可以看到相关的介绍，如图 2.8 所示。

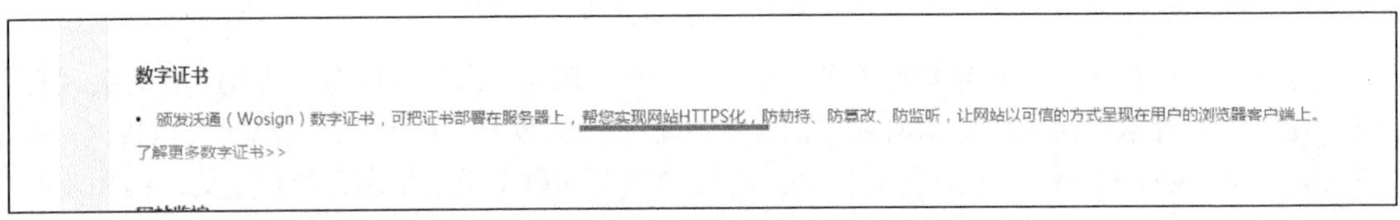

▲图 2.8　数字证书介绍

单击进入“了解更多数字证书”，可以看到产品报价页面，如图 2.9 所示。

| 域名保护类型

域名保护类型：一个域名

证书类型	购买时长	价格
专业版OV SSL	1年	4000元
专业版OV SSL	2年	8000元
专业版OV SSL	3年	12000元
高级版EV SSL	1年	10000元
高级版EV SSL	2年	20000元

保护域名个数：1个

域名保护类型：多个域名

证书类型	购买时长	价格
专业版OV SSL	1年	4000元+额外域名个数x2000元
专业版OV SSL	2年	8000元+额外域名个数x4000元
专业版OV SSL	3年	12000元+额外域名个数x6000元
高级版EV SSL	1年	10000元+额外域名个数x5000元

▲图 2.9　数字证书相关产品价格表

价格可以说是非常昂贵的，作为个人开发者来说，一般不会使用这些收费昂贵的数字证书服务，那么该怎么办呢？

很多软件产品都有个人非商业版和商业版之分，数字证书也是一样的。大型企业一般使用商业收费版，个人开发者可以选择非商业版。

（1）打开 StartSSL 公司的网站，众所周知，该公司是一家 SSL 证书服务公司，以提供付费的 SSL 证书为主，为了推广自家的 SSL 证书服务，StartSSL 开发了一项非常划算的免费服务计划——提供免费一年且可以无限续期的 SSL 证书。我们接下来就在该网站申请免费证书，并利用它将阿里云配置成支持 https 协议的云服务器。

（2）注册账号。进入 StartSSL 后，直接开始注册账号。注册完成后，StartSSL 会自动在浏览器中安装一个唯一的客户端证书，用于和 StartSSL 网站服务器之间的安全通信，如图 2.10 所示。

（3）返回 StartSSL 网站，单击"Login"，选择"Client Certificate Login"，也就是使用客户端证书登录。这时会自动弹出之前安装的证书，单击"确定"按钮登录 StartSSL 的用户控制中心。

（4）进入 StartSSL 用户管理中心，然后找到免费 SSL 证书的申请页面。单击"here"，如图 2.11 所示。

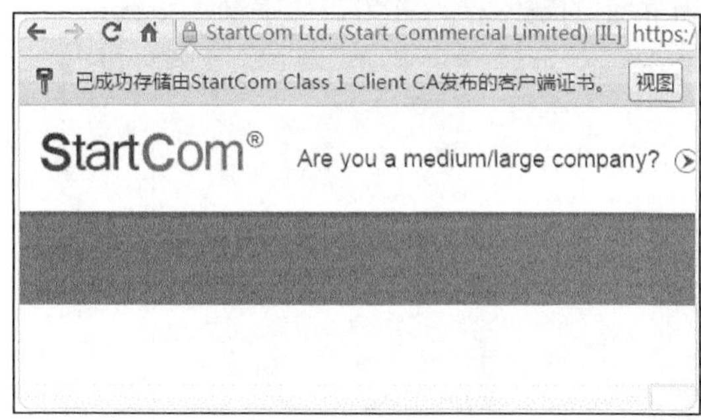

▲图 2.10　客户端证书

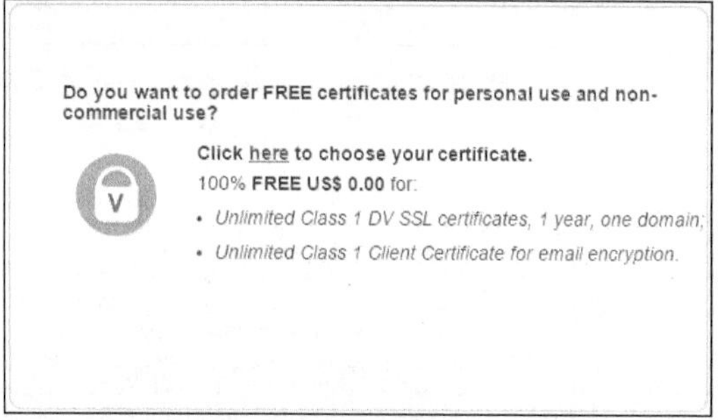

▲图 2.11　免费 SSL 证书申请链接

（5）进入页面后，选择"DV SSL Certificate"链接，如果你是第一次使用 StartSSL，会提示你先添加验证域名，按照提示完成域名验证。

（6）接着单击"Certificate Wizard"选项卡，在打开的页面中输入需要添加 SSL 证书的域名，如图 2.12 所示。

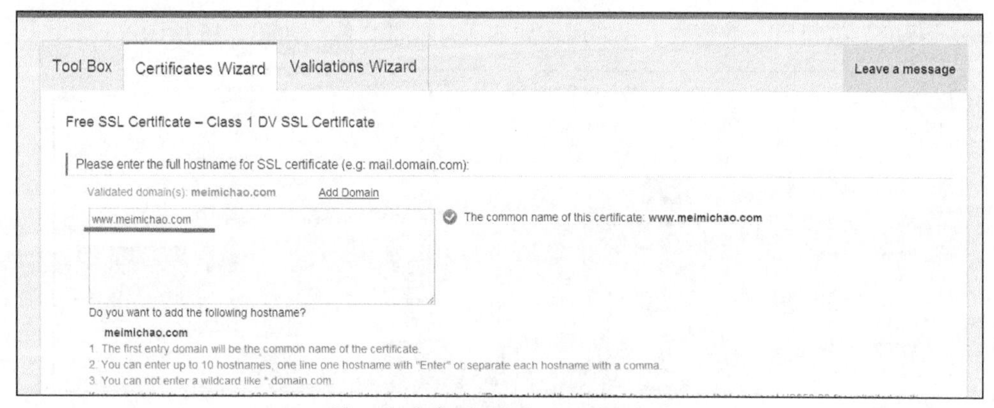

▲图 2.12　添加需要支持 https 协议的域名

（7）远程登录阿里云服务器，并输入“openssl req -newkey rsa:2048 -keyout meimichao.key -out meimichao.csr”，其中，“meimichao.csr”名称可以自定义。输入密码并根据命令行提示输入生成证书所需的相关信息，例如国家、城市、姓名、邮箱地址等，如图 2.13 所示。

```
rm: remove regular empty file ‘meimichao.key’? y
[root@iZ23x3w62arZ ~]# openssl req -newkey rsa:2048 -keyout meimichao.key -out
meimichao.csr
Generating a 2048 bit RSA private key
..................................................................+++
......................................+++
writing new private key to 'meimichao.key'
Enter PEM pass phrase:
Verifying - Enter PEM pass phrase:
-----
You are about to be asked to enter information that will be incorporated
into your certificate request.
What you are about to enter is what is called a Distinguished Name or a DN.
```

▲图 2.13　生成服务器证书文件和私匙文件

（8）上一步会生成一个服务器证书文件 meimichao.csr 和一个私匙文件 meimichao.key。最后将生成的 meimichao.csr 文件的内容复制粘贴到如图 2.14 所示的输入框，并单击“提交”按钮。

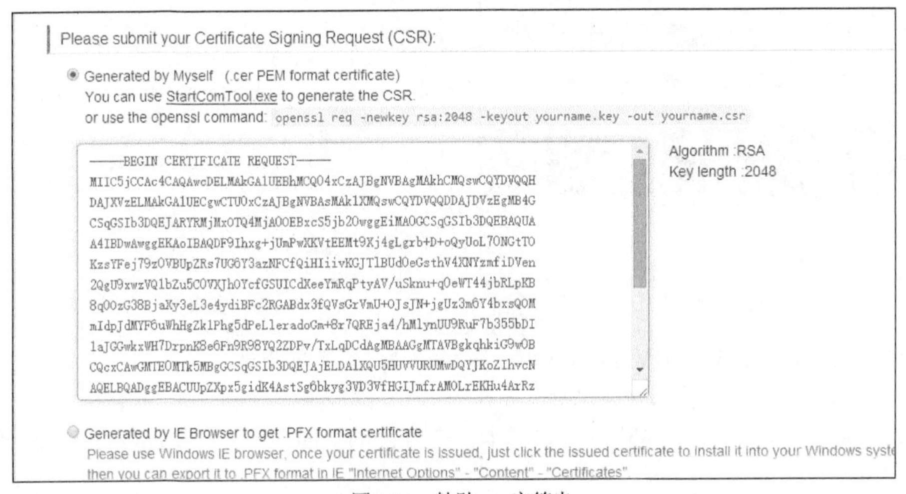

▲图 2.14　粘贴 csr 字符串

单击“提交”按钮后，就生成了我们所需要的所有证书文件，如图 2.15 所示。

Certificate List(Total: 2)

Order Number	Common Name	Products	Duration	Status	Action
161208182339659	www.meimichao.com	Class 1 SSL	2016-12-08 2019-12-08	Issued	Retrieve
161208165144120	2319482048@qq.com	Class 1 Client	2016-12-08 2020-03-08	Issued	Retrieve

▲图 2.15　成功生成证书文件

你可以将 StartSSL 免费 SSL 证书包下载下来，其中包括 4 个包，分别对应不同的 Web 服务器环境——Apache、Nginx、Windows IIS 和其他，如图 2.16 所示。

名称	修改日期	类型	大小
ApacheServer.zip	2016/12/8 18:28	好压 ZIP 压缩文件	
IISServer.zip	2016/12/8 18:28	好压 ZIP 压缩文件	
NginxServer.zip	2016/12/8 18:28	好压 ZIP 压缩文件	
OtherServer.zip	2016/12/8 18:28	好压 ZIP 压缩文件	

▲图 2.16 对应不同服务器环境的证书包

（9）有了 StartSSL 证书安装包，我们就可以在 Apache、Ngnix、Windows 上安装 SSL 证书了。以阿里云上的 Ngnix 为例，其他 Web 服务器环境的配置方法也是类似的。

（10）解压 NginxServer.zip，将得到的 1_www.meimichao.com_bundle.crt 上传到阿里云服务器，同时将步骤 8 中所生成的 meimichao.key 也上传到阿里云服务器。

（11）修改 nginx 的配置。打开/etc/nginx 目录下的 nginx.conf 主配置文件，查看最后一行 include/etc/nginx/conf.d/*.conf; ，表明要修改的配置文件位于/etc/nginx/conf.d/目录下。打开该目录，会发现里面有一个 default.conf 文件，这就是要修改的配置文件。修改后的 default.conf 文件内容如下：

```
server {
    listen       80;
    server_name  www.meimichao.com;

    #charset koi8-r;
    #access_log  /var/log/nginx/log/host.access.log  main;

    #location / {
     #    root   /usr/share/nginx/html;
     #    index  index.html index.htm;
    #}

    #永久重定向到 https 站点
    return 301 https://$server_name$request_uri;

    #error_page  404              /404.html;

    # redirect server error pages to the static page /50x.html
    #
    error_page   500 502 503 504  /50x.html;
    location = /50x.html {
        root   /usr/share/nginx/html;
    }

    # proxy the PHP scripts to Apache listening on 127.0.0.1:80
    #
    #location ~ \.php$ {
    #    proxy_pass   http://127.0.0.1;
    #}

    # pass the PHP scripts to FastCGI server listening on 127.0.0.1:9000
    #
    #location ~ \.php$ {
```

```
    #    root           html;
    #    fastcgi_pass   127.0.0.1:9000;
    #    fastcgi_index  index.php;
    #    fastcgi_param  SCRIPT_FILENAME  /scripts$fastcgi_script_name;
    #    include        fastcgi_params;
    #}

    # deny access to .htaccess files, if Apache's document root
    # concurs with nginx's one
    #
    #location ~ /\.ht {
    #    deny  all;
    #}
    }

   server {
    #启用 https, 使用 http/2 协议, nginx 1.9.11 启用 http/2 会有bug, 已在 1.9.12 版本中修复.
    listen 443 ssl http2;
    server_name www.meimichao.com;
    #告诉浏览器当前页面禁止被 frame
    add_header X-Frame-Options DENY;
    #告诉浏览器不要猜测 mime 类型
    add_header X-Content-Type-Options nosniff;
    root /usr/share/nginx/html;

    #证书路径
    ssl_certificate /etc/cert/a.crt;
    #私钥路径
    ssl_certificate_key /etc/cert/a.key;
    #安全链接可选的加密协议
    ssl_protocols TLSv1 TLSv1.1 TLSv1.2;
    #可选的加密算法,顺序很重要,越靠前的优先级越高.
    ssl_ciphersECDHE-ECDSA-AES256-GCM-SHA384:ECDHE-RSA-AES256-GCM-SHA384:ECDHE-ECDSA-
AES256-SHA384:ECDHE-RSA-AES256-SHA384:ECDHE-ECDSA-AES128-GCM-SHA256:ECDHE-RSA-AES128-
GCM-SHA256:ECDHE-ECDSA-AES128-SHA256:ECDHE-RSA-AES128-SHA256:ECDHE-ECDSA-RC4-SHA:!ECD
HE-RSA-RC4-SHA:ECDH-ECDSA-RC4-SHA:ECDH-RSA-RC4-SHA:ECDHE-RSA-AES256-SHA:HIGH:!RC4-SHA
:!aNULL:!eNULL:!LOW:!3DES:!MD5:!EXP:!CBC:!EDH:!kEDH:!PSK:!SRP:!kECDH;
    #在 SSLv3 或 TLSv1 握手过程一般使用客户端的首选算法,如果启用下面的配置,则会使用服务器端的首选算法.
    ssl_prefer_server_ciphers on;
    #储存 SSL 会话的缓存类型和大小
    ssl_session_cache shared:SSL:10m;
    #缓存有效期
    ssl_session_timeout 60m;
    #省略后面与证书无关的设置
}
```

其中，主要做了如下方面的修改：

- 将所有 80 端口的 http 请求永久重定向到 https 请求 url。
- 配置了 443 端口上的 SSL 协议，且指定 root 根目录。
- 指定了服务器证书路径和私匙路径位置。
- 指定了可选的加密算法。

修改完成后，在 linux 命令行中输入“systemctl reload nginx”重新加载配置，然后在浏览器中输入“www.meimichao.com”或“meimichao.com”。

（12）此时弹出一个弹出证书提示框，如图 2.17 所示。

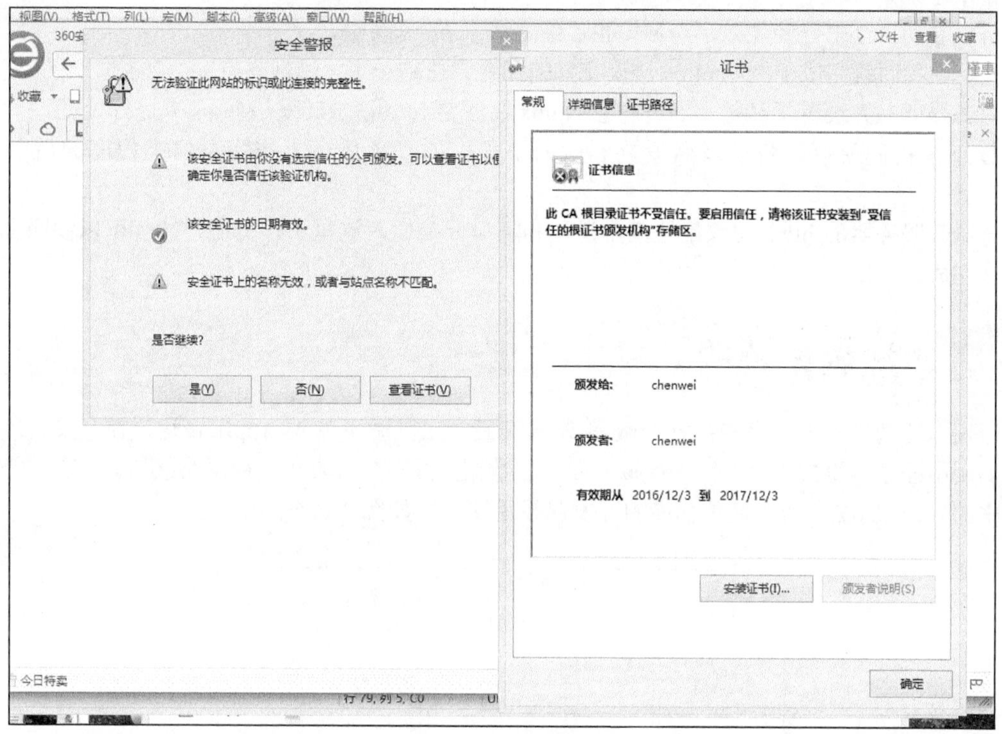

▲图 2.17 证书提示框

这说明上传的证书和修改的配置已经生效了。单击“是”，页面正常显示出来，如图 2.18 所示。

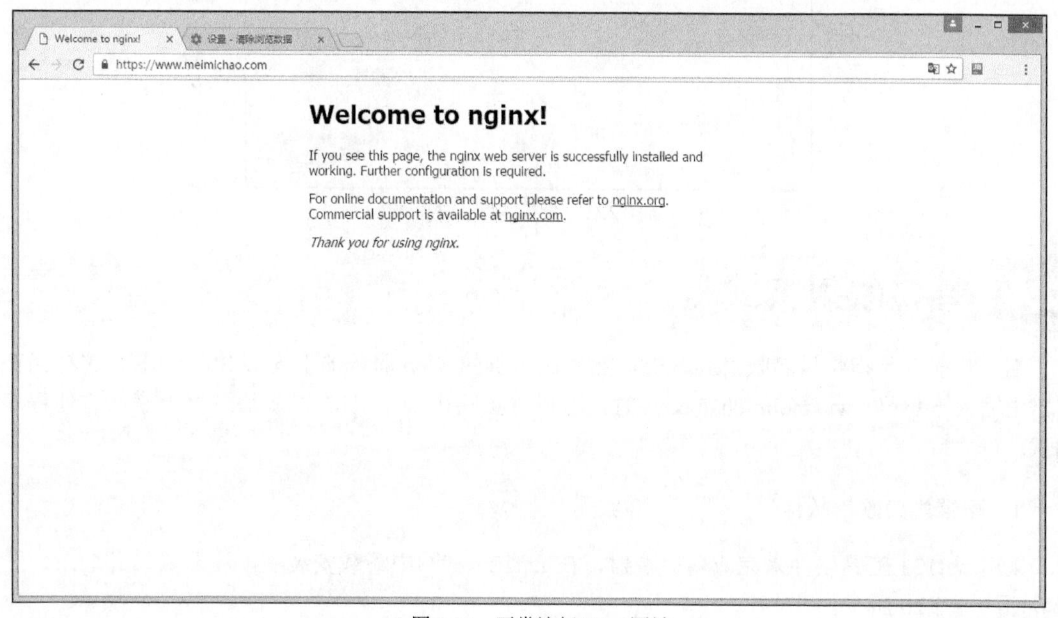

▲图 2.18 正常访问 https 网站

可以看到，证书已经生效了，网站也已经变成了 https 网站。

至此，我们就完成了网站 https 协议支持的配置。总结一下，网站支持 https 的本质为：网站安装了服务器证书并设置了私钥，通过配置 Nginx 将正常 http 请求转发给 https 来进行处理。

接下来我们就可以将该域名设置到微信小程序的管理后台，作为微信小程序的后台来使用了。

腾讯云服务器的 https 协议配置基本过程和阿里云类似，这里不再赘述，读者可以参照上面的步骤来完成。

2.3 本地调试模式

所谓本地调试模式，是指在打开微信 Web 开发者工具时不输入 AppID，这样在开发程序的过程中调用小程序网络接口时，只是模拟返回一些数据，并不会去真正调用网络接口。这有些类似于测试中的 mock 方法，对于简单功能的开发已经足够了，如图 2.19 所示。

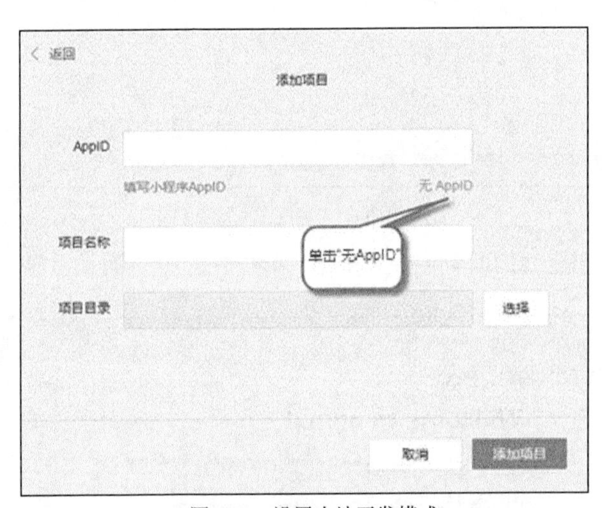

▲图 2.19　设置本地开发模式

2.4 端口映射模式

端口映射，是指将域名映射到本机，然后在本机的 Web 服务器上安装 SSL 证书，这样当在浏览器中输入 https://www.meimichao.com 时，可以直接路由到本机的 Web 服务器上来，方便程序的调试。

1. 配置端口映射软件

采用 nat123 工具软件来完成端口映射，在 nat123 官网中下载安装后，注册账号并登录，登录后界面如图 2.20 所示。

单击“添加映射”，打开添加映射页面。选择应用类型是“443（https）应用”，应用名称处可自己定义一个名字描述当前映射的用途，例如我的应用名称是“小程序本地后台”。因为我的本机小程序后台程序的访问地址是 localhost，采用的是 wamp 的 80 端口，所以这里的内网端口填写“80”，内网地址填写“localhost”即可。

下面我们来配置外网域名，这个是最重要的，我们采用自己已备案的域名 meimichao.com。首先，复制分配的唯一 cname，如图 2.21 所示。

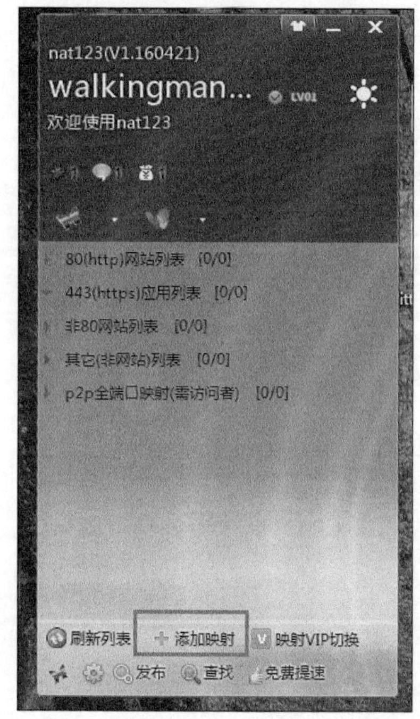

▲图 2.20 nat123 界面

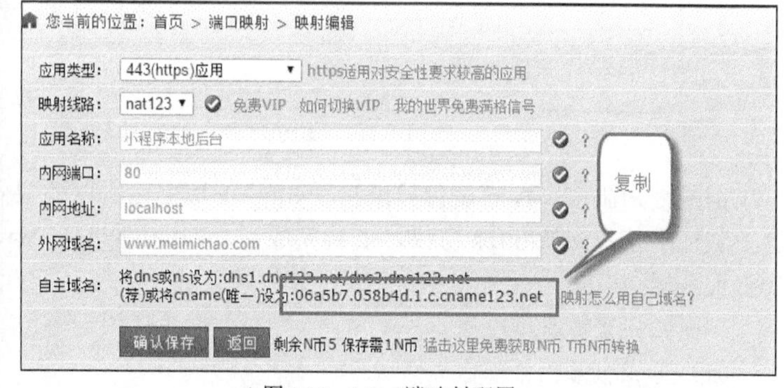

▲图 2.21 https 端映射配置

复制后登录阿里云域名服务管理后台配置 cname 记录，在 cname 的主机记录 www 处的记录值处粘贴复制的值“06a5b7.058b4d.1.c.cname123.net”，并保存。这条记录的意思是当浏览器中输入 www.meimichao.com 时，跳转到 06a5b7.058b4d.1.c.cname123.net 这个域名，交由 nat123 进行端口映射处理。当然你还可以增加一条 cname 记录，其中主机记录处设置成“@”，记录值处设置成“www.meimichao.com”，作用是当浏览器中输入 meimichao.com 时，跳转到 www.meimichao.com，其实就是个域名跳转，这样不管在浏览器中输入“meimichao.com”，还是“www.meimichao.com”，都可以交由 nat123 进行端口映射处理，最终路由到本机，具体配置如图 2.22 所示。

最后，回到 nat123 映射配置页面保存刚才的配置，这时出现充值提示，按照提示至少充值 30 元才可以保存成功。

2. 本地 Web 服务器 SSL 配置

添加完上面的配置后，我们已经可以将域名 www.meimichao.com 和 meimichao.com 的访问映射到本地的 80 端口了，如图 2.23 所示。

▲图 2.22　域名解析配置

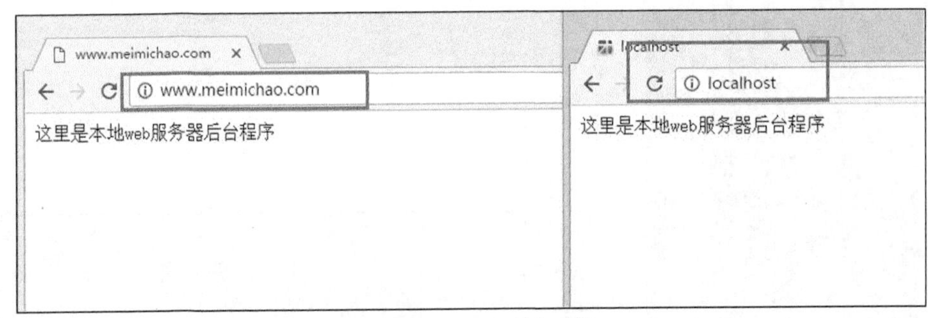

▲图 2.23　nat123 域名映射

但是因为微信小程序后台只能接受 https 的域名，所以还要做一步配置，即为本地的 Web 服务器安装证书使其支持 https 协议，安装完成后，即使用 https://www.meimichao.com 来映射到本地的 Web 服务器。

下面如何来看具体配置。

（1）生成服务器证书。

安装好 Web 服务器后，在 bin 目录下有一个 openssl.exe 文件，用来生成证书和密钥。我们首先来生成服务器用的私钥文件 server.key，进入 conf 目录，执行命令行 openssl genrsa -out server.key 1024。接下来生成未签署的 server.csr，进入 conf 目录，执行命令行 openssl req -new -key server.key -out server.csr -config openssl.cnf，提示输入一系列的参数，注意 Common Name 必须和 httpd.conf 中的 server name 一致，否则 apache 不能启动，且错误提示为“RSA server certificate CommonName (CN) 'Koda' does NOT match server name!?”。签署服务器证书文件 server.crt，进入 conf 目录，执行命令行 openssl x509 -req -days 365 -in server.csr -signkey server.key -out server.crt。用 openssl x509 -noout -text -in server.crt 可以查看证书的内容，证书实际上包含了 Public Key。

（2）配置 httpd.conf。

修改两个配置文件，一个为 conf/httpd.conf，另一个为 conf/extra/httpd-ssl.conf。

❑ 修改 httpd.conf。

为了使 apache 启动时调用 SSL 的服务，我们需要在配置文件中做一些修改，找到以下两行代码并去掉注释即可。

```
#LoadModule ssl_module modules/mod_ssl.so
#Include conf/extra/httpd-ssl.conf
```

- 修改 httpd-ssl.conf。

找到一个 443 的虚拟主机配置项，如下所示。

```
<VirtualHost _default_:443>
SSLEngine On
SSLCertificateFile conf/ssl.crt/server.crt
SSLCertificateKeyFile conf/ssl.key/server.key
#SSLCertificateChainFile conf/ssl.crt/ca.crt // 暂未启用
#......
DocumentRoot "C:/programs/Apache2/htdocs"
ServerName www.my.com:443
</VirtualHost>
```

可以看到，SSLCertificateFile 和 SSLCertificateKeyFile 两个配置项，所以应该在 conf 下建立两个子目录 ssl.crt 和 ssl.key，然后把签署过的证书文件（.crt）和私钥文件（.key）放在相应的目录下。

接下来看 DocumentRoot 下的 ServerName 配置项，ServerName 修改为任意想要的域名，注意：前面生成.csr 时输入的 Common Name 必须与这里的 ServerName 项一致。

经过上面的配置后，我们在本地浏览器中来验证配置的正确性。在浏览器中输入“localhost”，发现本地的 https 配置已经生效了，如图 2.24 所示。

▲图 2.24　本地配置 https

第 3 章　项目结构和目录结构

小程序项目遵循固定的项目目录结构，在开发小程序应用时需要遵循该目录结构的约定。

3.1 项目结构

小程序项目必须遵循官方规定的项目结构，以官方默认创建的 QuickStart 项目为例，来说明小程序项目结构，如图 3.1 所示。

▲图 3.1　QuickStart 项目结构

每一个小程序都包含一个主体部分，主体部分也就是 App 部分，其中包括 app.js 文件和 app.json 文件，根据需要还可以包括 app.wxss 文件。每个页面部分都包括页面名称.js 文件和页面名称.wxml 文件，也可以包括页面名称.wxss 文件和页面名称.json 文件。

在小程序的规范中，js 文件也称为页面逻辑文件，主要用于书写控制页面处理逻辑的 js 脚本；wxml 也称为页面结构文件，定义了页面的基本框架结构和布局，类似于 html 文件的功能；json 文件则是页面的配置文件，它以 json 的格式定义了页面的相关配置项；而 wxss 则是页面的样式文件，类似于 css 文件的作用，主要用于定义结构文件中所用到的各种样式。

主体部分的样式和配置会被各个页面自己的样式或配置所覆盖，也就是说，当在 app.wxss 文件中定义一个样式类时，如果在 index 页面的 index.wxss 文件中也定义了同名的样式类，那么 app.wxss 中所定义的样式类将会被 index.wxss 文件中的同名样式类覆盖。真正用于 index 的结构文件中的样式类将是 index.wxss 中定义的样式类，除非页面的样式类中没有定义同名样式类，才会默认继承 app.wxss 中定义的样式类。

配置文件 json 也遵循同样的规律。

每个小程序必须提供 app.js 和 app.json 文件，如果存在公共样式，也可以定义 app.wxss 文件，但这几个文件必须位于项目的根目录下，且名称都不能变。所有的页面都必须放在根目录的 pages 目录下，且根据自己的需要确定页面的名称，例如我们确定页面名称是 index，那么就需要在 pages 目录下创建一个 index 的文件夹，在该文件夹下面的所有文件都必须以 index 作为名称，只是后缀可能不同，例如 index.js、index.json、index.wxml 等。index 文件夹及下面的所有文件共同组成了 index 页面。当然，我们还可以根据需要在项目根目录创建 utils 的文件夹，用于存放一些公共函数。

具体的页面构成说明如图 3.2 所示。

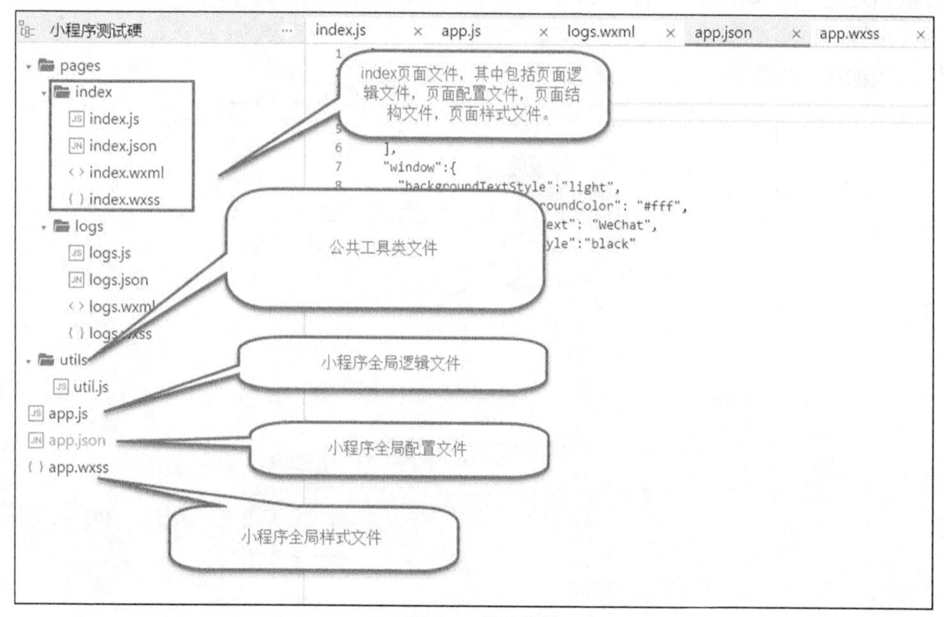

▲图 3.2　目录结构

3.2 小程序启动执行流程

了解了小程序的基本目录结构后，下面探究小程序的启动执行流程。

小程序在启动时，首先引擎会调用 app.js 文件，该文件执行时会新建一个 App 的 js 对象，并将以下信息传入该对象。

1. 生命周期函数

在小程序启动过程中，会执行这些生命周期函数中的代码，从而完成对小程序的初始化或者一些生命周期事件的处理。目前可以支持的 App 小程序生命周期函数包括以下内容。

（1）onLaunch：当小程序初始化完成时，会触发 onLaunch（全局只触发一次）。

（2）onShow：当小程序启动，或从后台进入前台显示，会触发 onShow，即小程序首次显示或者从隐藏变成显示时会调用该函数。

（3）onHide：当小程序从前台进入后台，由显示变成隐藏时会触发 onHide。

（4）onError：当小程序发生脚本错误，或者 API 调用失败时，会触发 onError，并带上错误信息。

2. 自定义函数

自定义函数会作为新建的 App 对象的方法，可以在其他地方通过引用 App 对象来调用该方法。

3. 全局数据

全局数据通过 globalData 属性定义。定义的全局数据将会被保存到 App 对象的 globalData 属性中，方便在小程序的任何地方访问。

具体示例如图 3.3 所示。

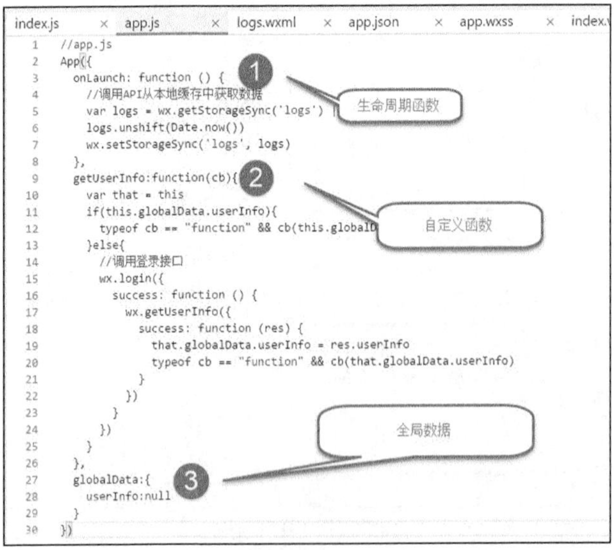

index.js × app.js × logs.wxml × app.json × app.wxss × index.

```
1  //app.js
2  App({
3    onLaunch: function () {
4      //调用API从本地缓存中获取数据
5      var logs = wx.getStorageSync('logs')
6      logs.unshift(Date.now())
7      wx.setStorageSync('logs', logs)
8    },
9    getUserInfo:function(cb){
10     var that = this
11     if(this.globalData.userInfo){
12       typeof cb == "function" && cb(this.globalD
13     }else{
14       //调用登录接口
15       wx.login({
16         success: function () {
17           wx.getUserInfo({
18             success: function (res) {
19               that.globalData.userInfo = res.userInfo
20               typeof cb == "function" && cb(that.globalData.userInfo)
21             }
22           })
23         }
24       })
25     }
26   },
27   globalData:{
28     userInfo:null
29   }
30 })
```

① 生命周期函数
② 自定义函数
③ 全局数据

▲图 3.3　app.js 构成

接下来，引擎会读取 app.wxss 全局样式文件，将该文件中定义的样式加载到内存中，作为小程序的全局样式表。

然后，引擎会读取 app.json 全局配置文件，首先解析 pages 节点，以获知该小程序一共包含多少个页面，并且把排在第一的页面作为小程序的首页。这也是每添加一个新页面都要在 pages 节点注册一下该页面的原因，因为如果不注册，那么小程序引擎无法获知该新增页面的存在。

最后，引擎会读取有关窗口的全部配置信息，并将这些配置信息保存到内存中，用于后面页面窗口的渲染。窗口渲染的原则依然是局部风格覆盖全局风格，也就是说在后面渲染窗口风格时，如果单个页面的 json 配置文件中已经指定了和全局风格同名的风格，那么就采用页面自身定义的风格，否则采用全局风格来显示窗口，如图 3.4 所示。

获取到小程序的首页路径后，引擎会接入首页页面的解析过程。例如，上面的例子中排在第一的是 pages/index/index 页面，所以接入 index 页面也就是如图 3.5 所示的部分。

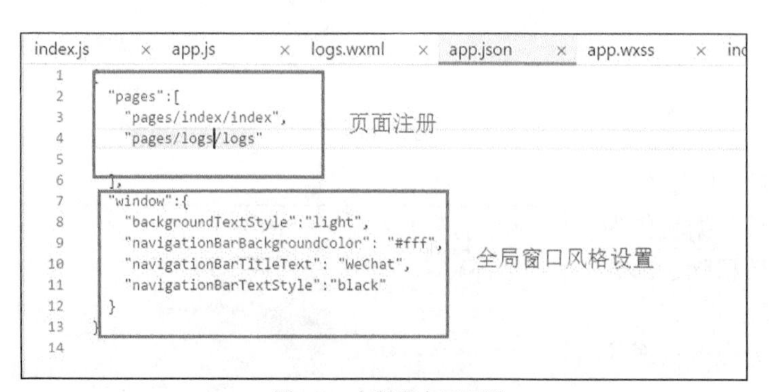

▲图 3.4 小程序全局配置

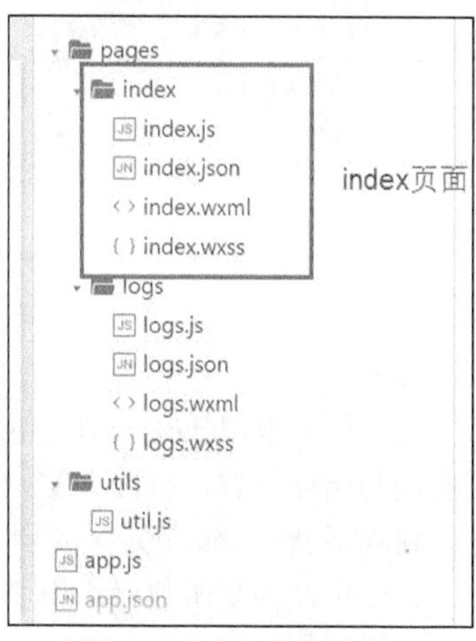

▲图 3.5 小程序单页组成

这里需要说明的是，index 页面解析过程同样适合于所有其他页面的解析过程。例如，当从一个页面跳转到另一个页面时，将进入了一个页面的解析，这个解析过程和 index 页面的解析过程完全一样。下面来分析 index 页面的解析过程。

index 页面一共包括下面 4 个文件。

（1）index.js：页面逻辑文件。

（2）index.json：页面配置文件。

（3）index.wxml：页面结构文件。

（4）index.wxss：页面样式文件。

引擎首先读取页面样式文件 index.wxss 的内容，将页面样式文件中定义的样式覆盖全局样式文件中的同名样式，将得到的结果应用于页面结构文件进行样式渲染。对于页面配置文件 index.json 也执行同样的操作，得到的配置也要用到页面结构文件。经过这两步操作后，基本上就确定了页面结构文件的样式和风格布局。最后，引擎会读取页面逻辑文件 index.js，这个文件的内容如下：

```
//index.js
//获取应用实例
var app = getApp()
Page({
  data: {
    motto: '欢迎',
    userInfo: {}
  },
  //事件处理函数
  bindViewTap: function() {
    wx.navigateTo({
      url: '../logs/logs'
    })
  },
  onLoad: function () {
    console.log('onLoad')
    var that = this
    //调用应用实例的方法获取全局数据
    app.getUserInfo(function(userInfo){
      //更新数据
      that.setData({
        userInfo:userInfo
      })
    })
  }
})
```

和 app.js 文件的结构类似，主要包括如下部分。

（1）页面数据 data 部分：这部分数据将作为页面的初始化数据，页面的初始化数据除这部分外，还包括 app.json 中定义的全局数据。

（2）生命周期函数：用于监听处理该页面的生命周期事件。

（3）事件处理函数：用于绑定到页面结构文件上定义的具体元素，实现页面元素交互的逻辑处理。

（4）自定义函数：用于在其他地方被调用执行。

如图 3.6 所示。

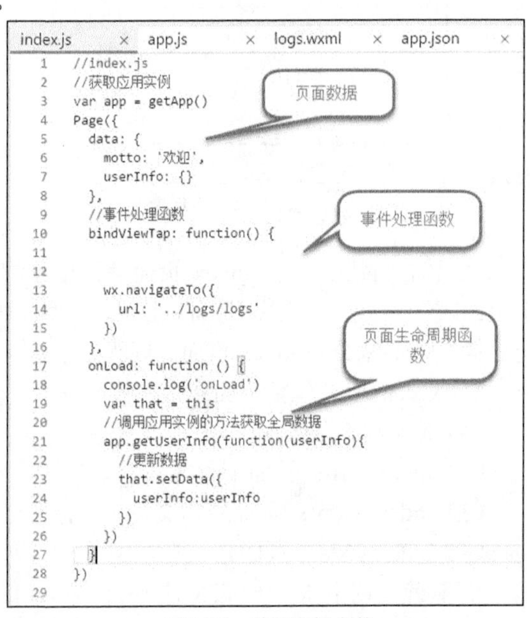

▲图 3.6　单页逻辑文件

引擎读取到页面数据后，将和全局数据一起作为该页面的初始化数据，用于在页面渲染时显示。同时，引擎去执行 onLoad 生命周期函数，做一些处理。最后，引擎会将 index.js 中所定义的事件处理函数绑定到页面结构文件对应的元素上，这样当和这些元素交互（例如单击）时就会调用这些事件处理函数。

做好了所有这些准备操作后，引擎会读取并解析页面结构文件。在解析的过程中，会进行样式渲染、事件绑定以及数据显示操作，最后才显示最终的页面。

当用户在显示的页面上进行交互操作时，会导致页面的生命周期事件被触发，这时页面的生命周期函数将会被调用。同时，如果触发了一些页面元素的交互事件，对应的 index.js 中所定义的交互事件处理函数也会被执行，如图 3.7 所示。

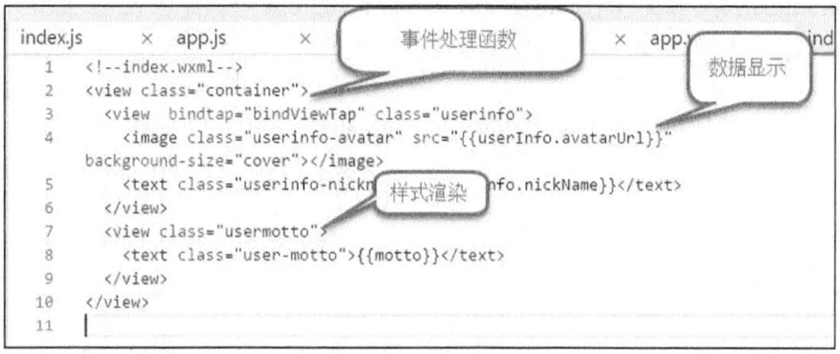

```
1  <!--index.wxml-->
2  <view class="container">
3    <view  bindtap="bindViewTap" class="userinfo">
4      <image class="userinfo-avatar" src="{{userInfo.avatarUrl}}"
   background-size="cover"></image>
5      <text class="userinfo-nickn          fo.nickName}}</text>
6    </view>
7    <view class="usermotto">
8      <text class="user-motto">{{motto}}</text>
9    </view>
10 </view>
11
```

▲图 3.7　页面交互

当跳转到另一个页面时，同样的处理过程又会重复一次。

以上我们就了解了小程序的执行原理，在调试过程中就更加游刃有余了。当在小程序项目中添加新页面时，首先要在 pages 目录下创建一个页面文件夹，然后在该文件夹下面创建同名（和页面名称相同）的页面逻辑文件、页面样式文件、页面结构文件和页面配置文件，最后把该页面的路径注册到 app.json 中即可。

3.3 QuikStart 代码解读

有了以上的基础，下面来看开发者工具生成的默认的 QuikStart 项目代码。

首先，在 app.json 里面注册两个页面：index 和 logs。index 排在最前面，作为小程序的首页。app.json 中同时定义了 window 的全局风格选项，代码如下：

```
{
  "pages":[
    "pages/index/index",
    "pages/logs/logs"
  ],
  "window":{
    "backgroundTextStyle":"light",
    "navigationBarBackgroundColor": "#fff",
    "navigationBarTitleText": "WeChat",
    "navigationBarTextStyle":"black"
  }
}
```

接下来看 app.js 页面，该页面包含一个自定义函数 getUserInfo，用于获取用户信息，同时包含全局数据域 globalData。另外还定义了一个生命周期函数 onLaunch，该函数会将本地缓存中存储的日志记录读取出来，并且将当前登录的日志添加到日志记录尾部，再保存到本地缓存中去。执行完上述内容后，开始加载首页 index，在 index 页面的页面逻辑中的 onLoad 函数中，首先回调 app.js 中定义的 getUserInfo 函数来获取用户信息，将获取到的用户信息设置到 index 页面的页面数据域

userInfo 中，这样在加载页面结构时，通过{{userInfo.nickName}}和{{userInfo.avatarUrl}}就可以获取用户相关信息了。

除此之外，index 页面中还通过 bindtap="bindViewTap"进行了事件绑定，当点击用户图像或昵称时，会调用事件处理函数 bindViewTap，该函数会将页面跳转到 logs 页面。在 logs 页面中，首先定义了一个页面数据域 logs，并且在页面的 onLoad 生命周期事件中从缓存中读取 logs 记录值，然后设置到页面数据域 logs 中去。代码如下：

```
//logs.js
var util = require('../../utils/util.js')
Page({
  data: {
    logs: []
  },
  onLoad: function () {
    this.setData({
      logs: (wx.getStorageSync('logs') || []).map(function (log) {
        return util.formatTime(new Date(log))
      })
    })
  }
})
```

最后，通过 wx:for 标签迭代输出 logs 的具体内容，相关代码如下：

```
<!--logs.wxml-->
<view class="container log-list">
  <block wx:for="{{logs}}" wx:for-item="log" wx:key="*this">
    <text class="log-item">{{index + 1}}. {{log}}</text>
  </block>
</view>
```

以上就是 QuickStart 整个页面的处理逻辑。

第 4 章　页面布局设计

我们在开发小程序时，一般从页面部分开始，遵循良好的页面设计规范将有利于我们制作出效果更好的小程序界面。

4.1 微信小程序 UI 设计规范

4.1.1 友好礼貌

为了避免用户在微信中使用小程序服务时注意力被周围复杂环境干扰，在设计小程序时应该注意减少无关的设计元素，避免对用户目标造成干扰，应礼貌地向用户展示程序提供的服务，友好地引导用户进行操作。

1. 重点突出

每个页面都应有明确的重点，以便于用户每进入一个新页面时，都能快速地理解页面内容。在确定了重点的前提下，应尽量避免页面上出现其他与用户的决策和操作无关的干扰因素。

2. 流程明确

为了让用户顺畅地使用页面，在用户进行某一个操作流程时，应避免出现用户目标流程之外的内容而打断用户。

4.1.2 清晰明确

一旦用户进入小程序页面，我们就有责任和义务清晰明确地告知用户身在何处、可以向何处去，确保用户在页面中游刃有余地“穿梭”而不“迷路”，这样才能为用户提供安全且愉悦的使用体验。

1. 导航明确，来去自如

导航是确保用户在网页中浏览跳转时不迷路的最关键因素。导航需要告诉用户，当前在哪、可以去哪、如何回去等问题。在微信系统内的所有小程序的全部页面，均会自带微信提供的导航栏，统一解决当前在哪、如何回去的问题。在微信层级的导航保持体验一致，有助于用户在微信内形成统一的体验和交互认知，无需在各小程序和微信切换中新增学习成本或改变使用习惯。

2. 微信导航栏

微信导航栏，直接继承于客户端，除导航栏颜色之外，开发者无需亦不可对其中的内容进行自定义。但开发者需要规定小程序各个页面的跳转关系，让导航系统能够以合理的方式工作。

微信导航栏分为导航区域、标题区域和操作区域。其中，导航区控制程序页面进程，目前导航栏分深、浅两种基本配色。

3. 导航区（iOS）

导航区通常只有一个操作，即返回上一级界面。

4. 导航区（Android）

同 iOS 一样，导航区也只有一个返回上一级页面的操作，而单击安卓手机自带的硬件返回键也能起到相同的作用，如图 4.1 所示。

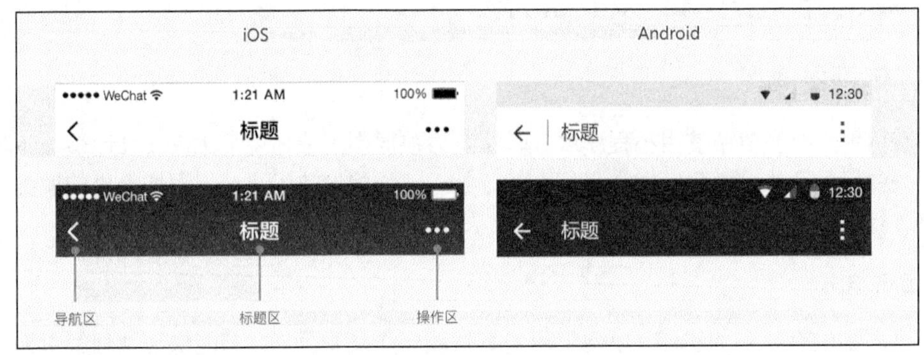

▲图 4.1　导航区

5. 微信导航栏自定义颜色规则（iOS 和 Android）

小程序导航栏支持基本的背景颜色自定义功能，选择的颜色需要在满足可用性前提下和谐搭配微信提供的两套主导航栏图标，建议参考如图 4.2 所示的选色方案示例。

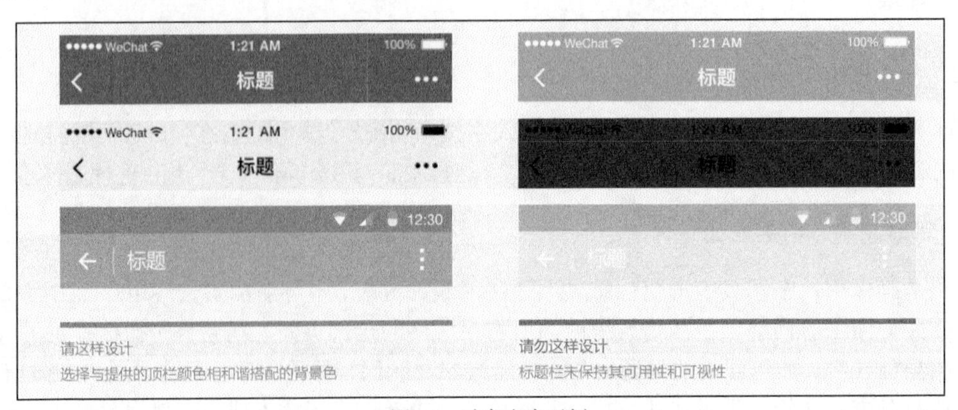

▲图 4.2　选色方案示例

6. 页面内导航

开发者可根据自身功能的设计需要，在页面内添加自有导航，并保持不同页面间导航一致。但是由于手机屏幕尺寸的限制，小程序页面的导航应尽量简单，若仅为一般线性浏览的页面，建议仅使用微信导航栏即可。

开发者可选择小程序页面添加标签分页（Tab）导航。标签分页栏可固定在页面顶部或者底部，便于用户在不同的分页间做切换。标签数量不得少于两个，最多不得超过 5 个，为避免可点击区域过小，建议标签数量不超过 4 个。一个页面也不应出现一组以上的标签分页栏，如图 4.3 所示。

▲图 4.3　底部 Tab 选项卡导航

小程序首页可选择微信提供的原生底部标签分页样式，该样式仅供小程序首页使用。开发时可自定义图标样式、标签文案和文案颜色等，具体设置项可参考开发文档。

顶部标签分页栏颜色可自定义。在自定义颜色选择中，务必注意保持分页栏标签的可用性、可视性和可操作性，如图 4.4 所示。

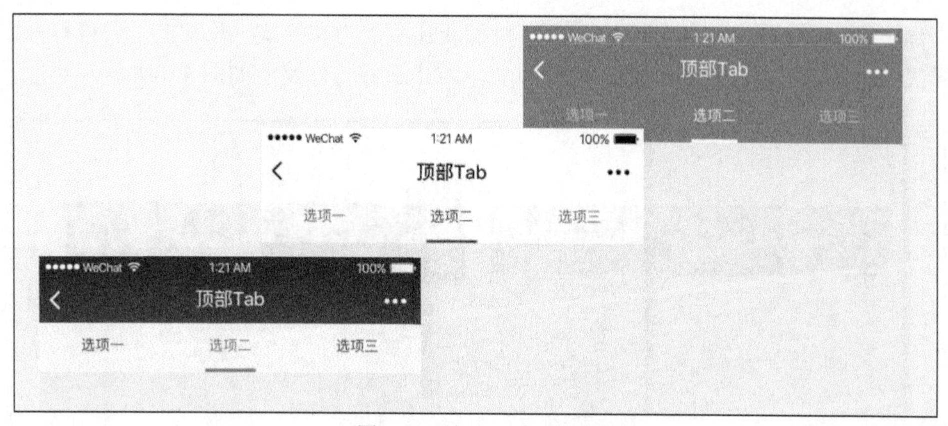

▲图 4.4　顶部 Tab 选项卡导航

7. 减少等待，及时反馈

页面等待时间过长会引起用户的不良情绪，微信小程序项目提供的技术已经在很大程度上缩短了等待时间。即便如此，当不可避免地出现加载和等待时，需要提供及时的反馈渠道以舒缓用户因等待而产生的不良情绪。

8. 启动页加载

小程序启动页是微信中展现品牌特征的页面之一。本页面将突出展示小程序品牌特征和加载状态，如图 4.5 所示。除启动页品牌标志展示外，页面上的其他所有元素（例如加载进度指示）均由微信统一提供且不能更改，因此无需开发者开发。

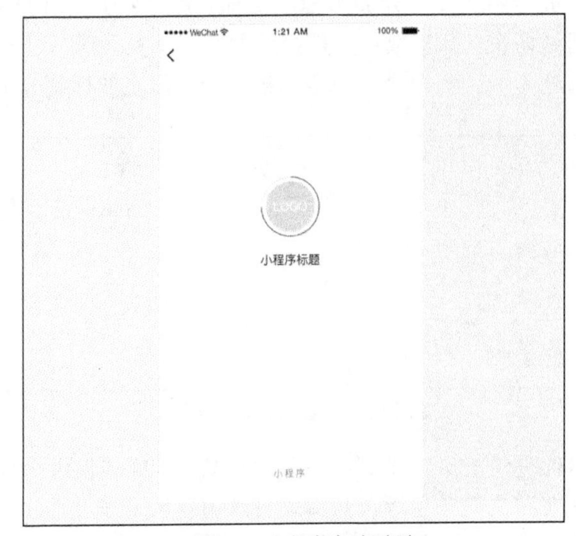

▲图 4.5　小程序启动页面

9. 页面下拉刷新加载

在微信小程序内，微信提供标准的页面下拉刷新加载能力和样式，开发者无需自行开发。标准的刷新样式和动画能向用户明确小程序的归属者，防止造假与作弊，如图 4.6 所示。

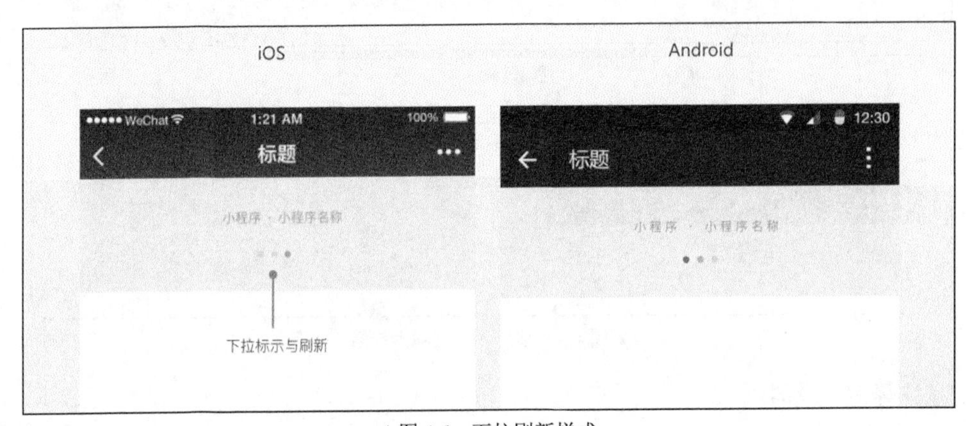

▲图 4.6　下拉刷新样式

10. 深浅两套下拉样式

在样式上，下拉时出现的图标与文字标示颜色已捆绑，分为深、浅两套方案，开发者可在其中选择，如图 4.7 所示。背景色可自定义，开发者在自定义背景色时，应注意保证下拉时出现的图标及文字标示的辨识度。

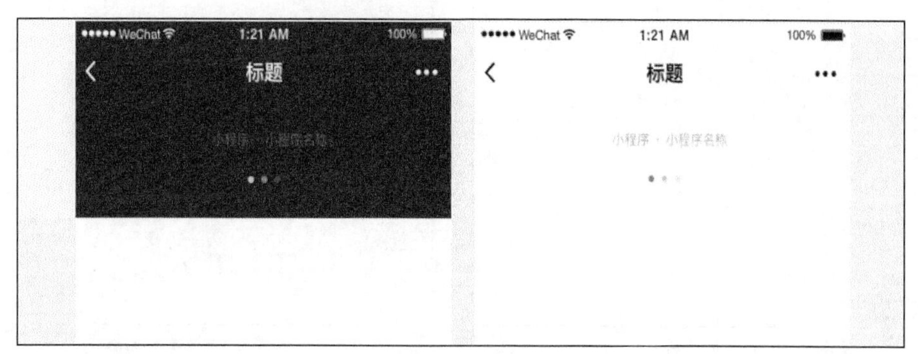

▲图 4.7　下拉样式

11. 微信下拉标示错误使用案例

请避免以下错误使用情况，确保信息的可见性和页面的可用性，如图 4.8 所示。

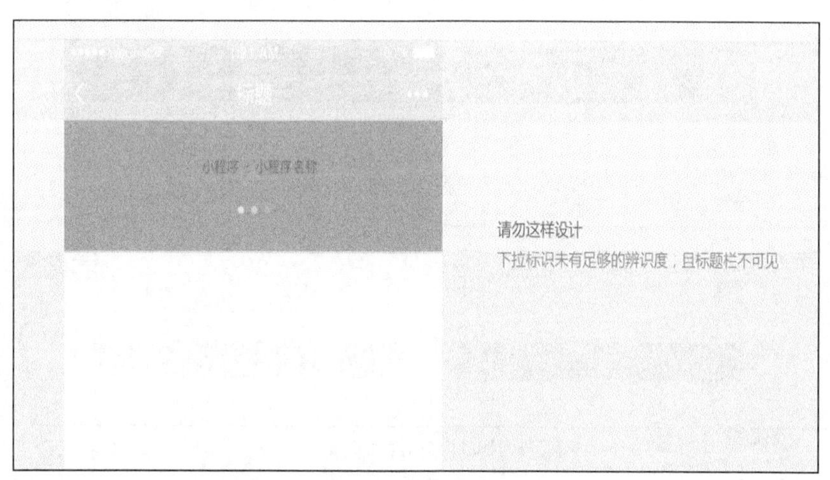

▲图 4.8　下拉标识反例

12. 页面内加载反馈

开发者可在小程序里自定义页面内容的加载样式。不管是使用在局部还是全局加载，自定义加载样式都应该尽可能简洁，并使用简单动画告知用户加载过程。开发者也可以使用微信提供的统一的页面加载样式，如图 4.9 所示。

13. 模态加载

模态的加载样式将覆盖整个页面，如图 4.10 所示。由于无法明确告知具体加载的位置或内容，可能引起用户的焦虑感，因此应谨慎使用。除了在某些全局性操作下，其他情况尽量不要使用模态的加载。

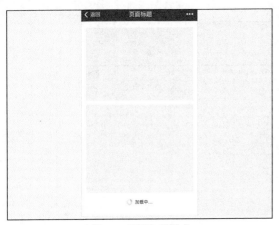

▲图 4.9　页面加载样式

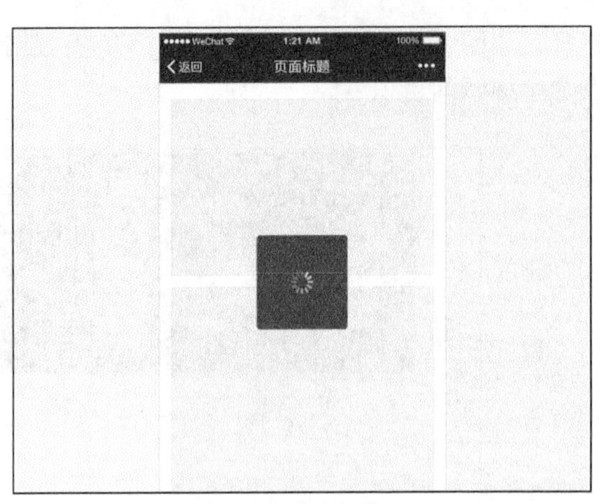

▲图 4.10　模态加载

14. 局部加载反馈

局部加载反馈，即只在触发加载的页面局部进行反馈，这样的反馈机制更加有针对性，页面跳动小，是微信推荐的反馈方式，如图 4.11 所示。

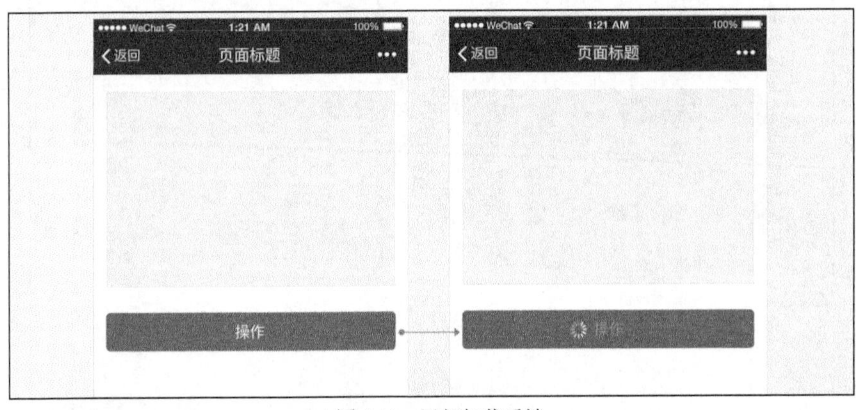

▲图 4.11　局部加载反馈

15. 加载反馈注意事项

若载入时间较长，应提供取消操作，并使用进度条显示载入的进度。

在载入过程中，应保持动画效果，无动画效果的加载很容易让人产生该界面已经卡死的错觉。注意不要在同一个页面同时使用多于 1 个的加载动画。

16. 结果反馈

在用户等待的过程中除了需要予以及时反馈外，对操作的结果也需要予以明确反馈。根据实际情况，可选择不同的结果反馈样式。对于页面局部的操作，可在操作区域予以直接反馈；对于页面级操作结果，可使用弹出式提示（Toast）、模态对话框或结果页面展示。

17. 页面局部操作结果反馈

对于页面局部的操作，可在操作区域予以直接反馈，例如单击多选控件，如图 4.12 所示。对于常用控件，微信设计中心将提供控件库，其中的控件都已提供完整的操作反馈。

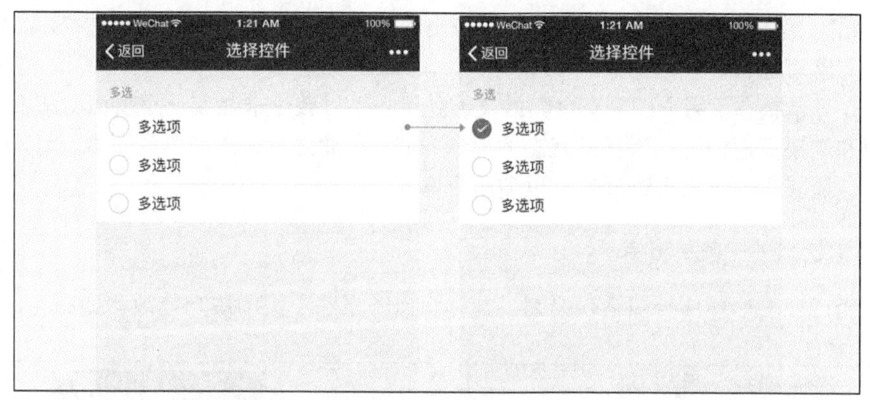

▲图 4.12　局部操作反馈

18. 页面全局操作结果——弹出式提示

弹出式提示适用于轻量级的成功提示，它能够在 1.5 秒后自动消失，并且不打断流程，对用户影响较小，适用于不需要强调的操作提醒，例如成功提示，如图 4.13 所示。特别注意该形式不适用于错误提示，因为错误提示需要明确告知用户，因而不适合使用一闪而过的弹出式提示。

19. 页面全局操作结果——模态对话框

对于需要用户明确知晓的操作结果状态，可通过模态对话框来提示，并可附带下一步操作指引，如图 4.14 所示。

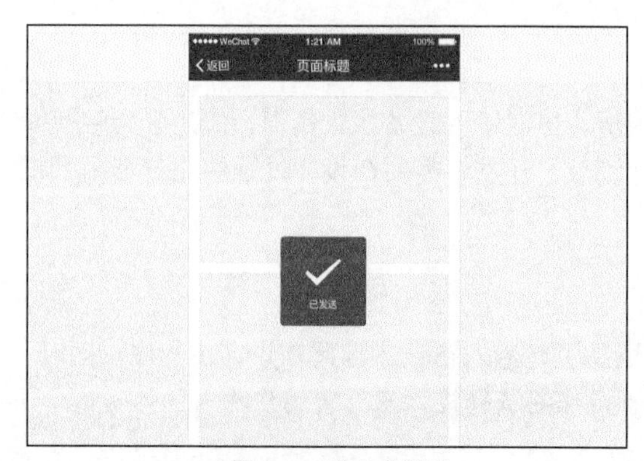

▲图 4.13　弹出式提示

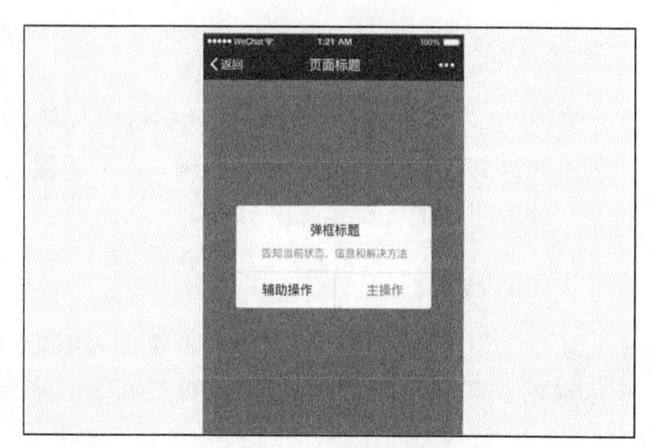

▲图 4.14　模态对话框

20. 页面全局操作结果——结果页

对于操作结果已经是当前流程终结的情况，可使用操作结果页来反馈。这种方式能够最为强烈和明确地告知用户操作已经完成，并可根据实际情况给出下一步操作的指引，如图 4.15 所示。

21. 异常可控，有路可退

在设计任务和流程时，异常状态和流程往往容易被忽略，而这些异常场景往往是最令用户感到无助的，因此需要格外注意异常状态的设计。在出现异常时予以用户必要的状态提示，并告知解决方案，使其有路可退。

要杜绝在异常状态下用户感到莫名其妙又无处可去，以致于卡在某一个页面的情况。上文中所提到的弹窗和结果页面都可作为异常状态的提醒方式。除此之外，在表单页面中，尤其是表单项较多的页面中，还应明确指出出错项目，以便用户修改。

22. 异常状态——表单出错

表单报错，在表单顶部告知错误原因，并标识出错误字段提示用户修改，如图 4.16 所示。

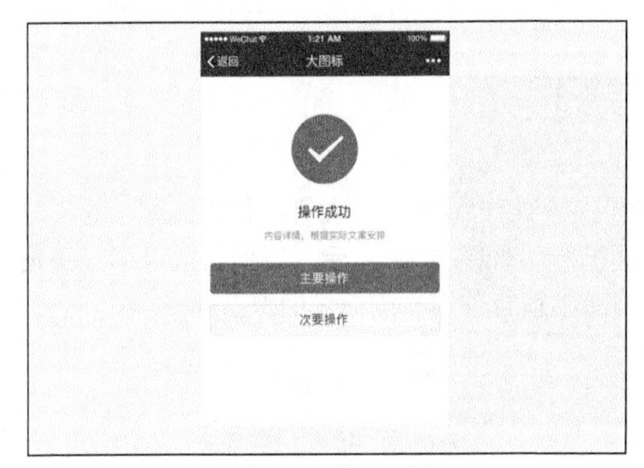

▲图 4.15　操作结果页

▲图 4.16　表单错误提示

4.1.3　便捷优雅

从 PC 时代的物理键盘鼠标到移动端时代的触摸屏，虽然输入设备极大精简，但是手指触摸操作的准确性却远远不如键盘鼠标精确。为了适应这个变化，开发者需要在设计过程中充分利用手机特性，让用户便捷优雅地操控界面。

1. 减少输入

由于手机键盘区域小且密集，不仅输入困难，还易引起输入错误，因此在设计小程序页面时，应尽量减少用户输入，利用现有接口或其他一些易于操作的选择控件来改善用户输入的体验。

2. 巧用接口

如图 4.17 所示，在添加银行卡时，可以采用摄像头识别接口来帮助用户输入。除此之外，微信团队还对外开放多种微信小程序接口，例如地理位置接口等，充分利用这些接口将大大提高用户输入的效率和准确性，进而优化体验。

除了利用接口外，在不得不让用户进行手动输入的情况下，应尽量让用户做选择，而不是键盘输入。这样做的好处在于一方面易于记忆，因为让用户在有限的选项中做选择比完全靠记忆输入更容易；另一方面，手机键盘密集的单键输入极易造成输入错误。如图 4.18 所示，在用户搜索时提供搜索历史快捷选项，将帮助用户快速进行搜索，而减少或避免不必要的键盘输入。

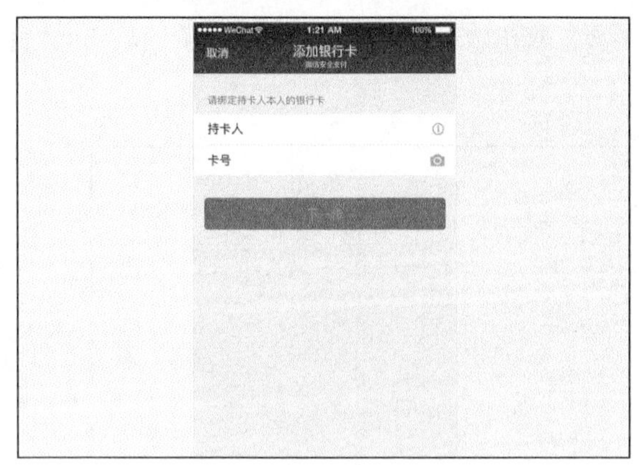

▲图 4.17　优化用户输入体验

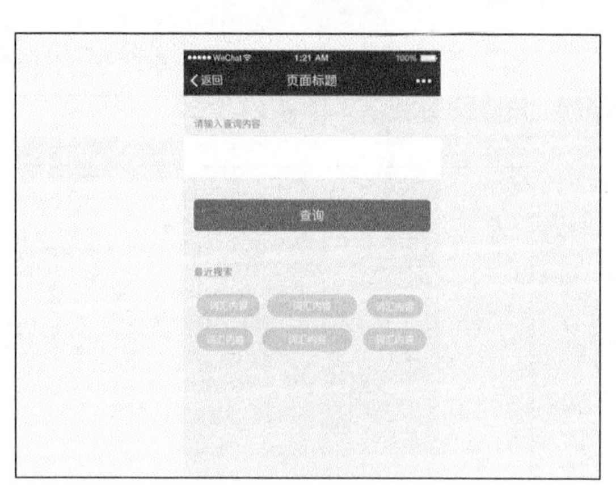

▲图 4.18　搜索历史

3. 避免误操作

在手机上通过手指触摸屏幕来操控界面，而手指的点击精确度远不如鼠标，因此在设计页面上点击控件时，需要充分考虑到其热区面积，避免由于可点击区域过小或过于密集而造成误操作。将原本在电脑屏幕上使用的界面不做任何适配直接移植到手机上时，往往就容易出现问题。由于手机屏幕分辨率各不相同，因此最适宜点击像素尺寸也不完全一致，换算成物理尺寸后大致是在 7mm～9mm。在微信提供的标准组件库中，各种控件元素均已考虑到了页面点击效果以及不同屏幕的适配，因此推荐使用或模仿标准控件尺寸进行设计。

4. 利用接口提升性能

微信设计中心已推出了一套网页标准控件库，包括 Sketch 设计控件库和 Photoshop 设计控件库，后续还将完善小程序组件，这些控件都已充分考虑了移动端页面的特点，能够保证其在移动端页面上的可用性和操作性能。同时，微信开发团队也在不断完善和扩充微信小程序接口，并提供微信公共库。利用这些资源，不但能够为用户提供更加快捷的服务，而且提升了页面性能，无形之中优化了用户体验。

4.1.4 统一稳定

除了以上所提到的种种原则，建议接入微信的小程序还应该时刻注意不同页面间的统一性和延续性，在不同的页面尽量使用一致的控件和交互方式。

统一的页面体验和有延续性的界面元素都将能达到使用较少的学习成本达成使用目标的目的，

减轻页面跳动所造成的不适感。正因如此，小程序可根据需要使用微信提供的标准控件，以达到统一稳定的目的。

4.1.5　视觉规范

1. 字体规范

微信内使用的字体与所运行的系统字体保持一致，常用字号为 20、18、17、16、14、13、11（pt），具体使用场景如图 4.19 所示。

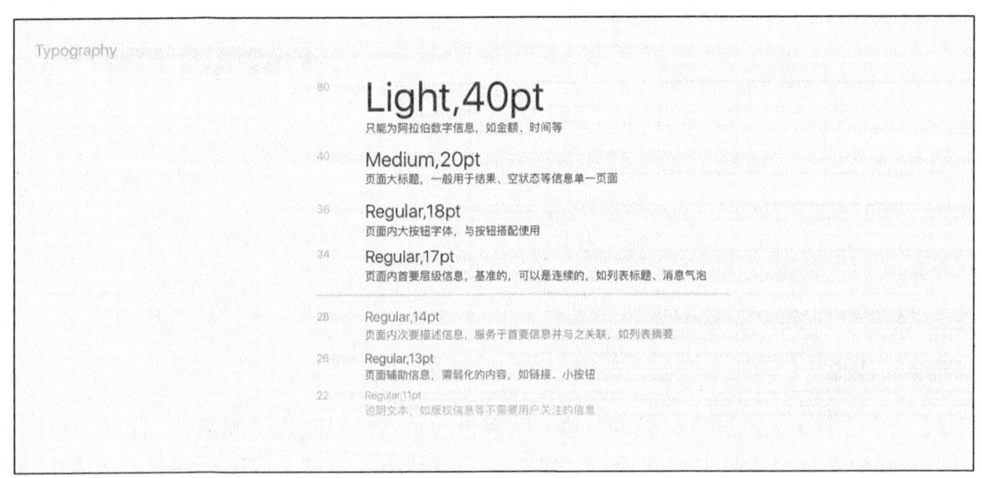

▲图 4.19　字体规范

2. 字体颜色

主内容为 Black 黑色，次要内容为 Grey 灰色，时间戳与表单缺省值为 Light 灰色，大段的说明内容属于主要内容用 Semi 黑，如图 4.20 所示。

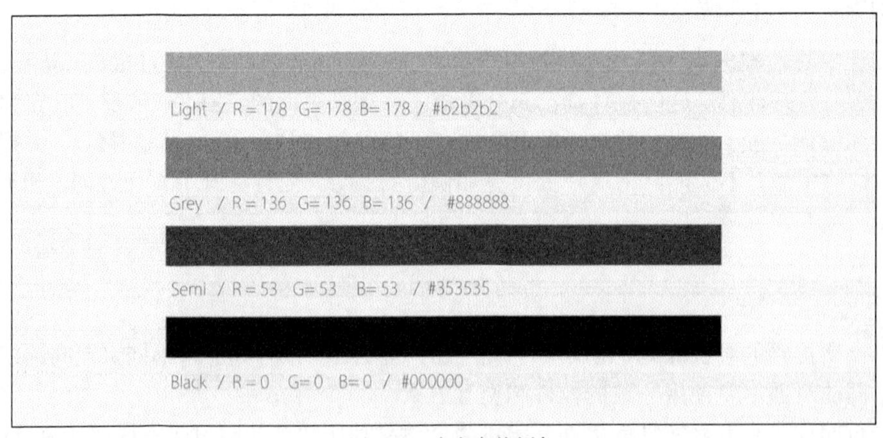

▲图 4.20　内容字体颜色

蓝色为链接用色，绿色为完成字样色，红色为出错用色，Press 与 Disable 状态分别降低透明度为 20%与 10%，如图 4.21 所示。

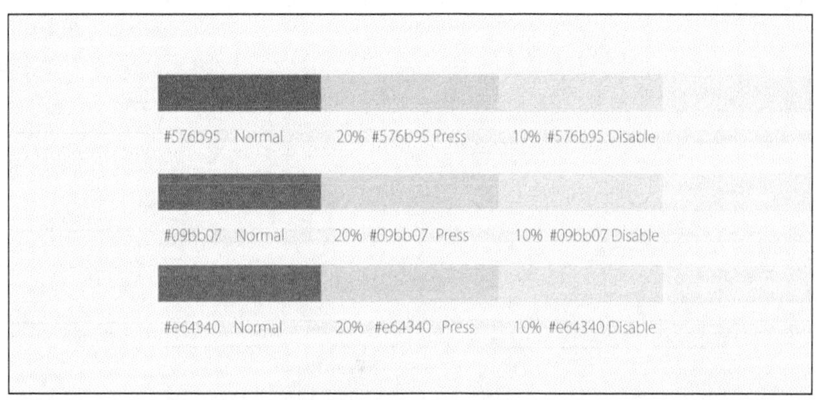

▲图 4.21　其他字体颜色

4.2 小程序组件库的使用

在遵循上述界面设计规范的基础上，微信官方也提供了一整套的组件库，可以通过 https://weui.io 地址预览这些组件的显示效果。

图 4.22 所示是部分组件效果截图。

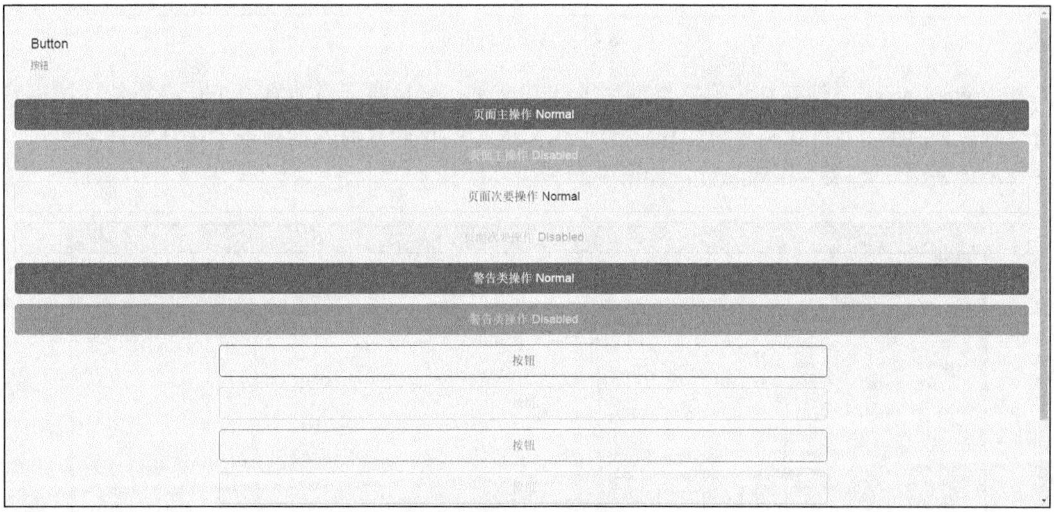

▲图 4.22　组件效果

那么如何使用这套组件库来开发微信小程序呢？

首先打开微信官方的小程序项目托管地址 https://github.com/weui/weui-wxss，并将源码下载到本地，如图 4.23 所示。

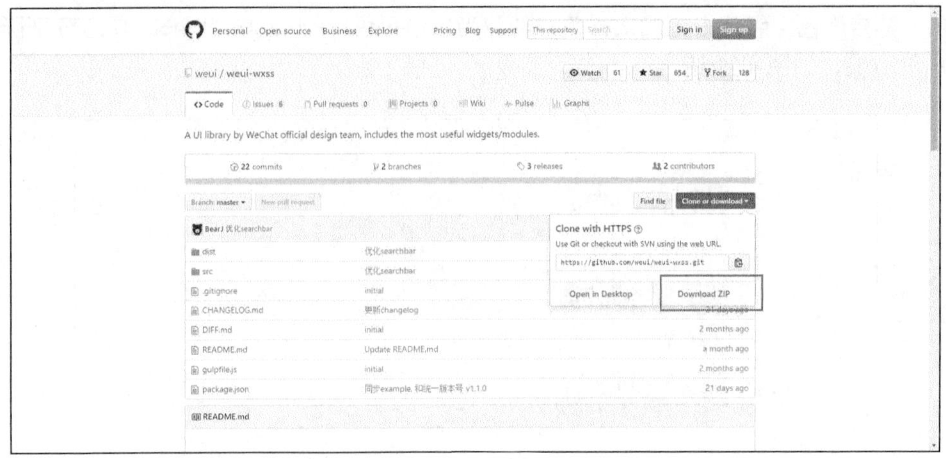

▲图 4.23　weui 小程序项目

下载解压后得到的目录中有一个 dist 文件夹，该文件夹中包括 example 和 style 两个文件夹，其中，style 文件夹中的文件如图 4.24 所示。

▲图 4.24　项目目录

其中 weui.wxss 文件就是我们需要使用的样式文件，它包含了微信官方小程序组件库所需要的所有样式。而 widget 目录则是单个组件的样式文件，当我们只需要使用某个组件的样式时，可以单独使用该目录下的某个样式文件，如图 4.25 所示。

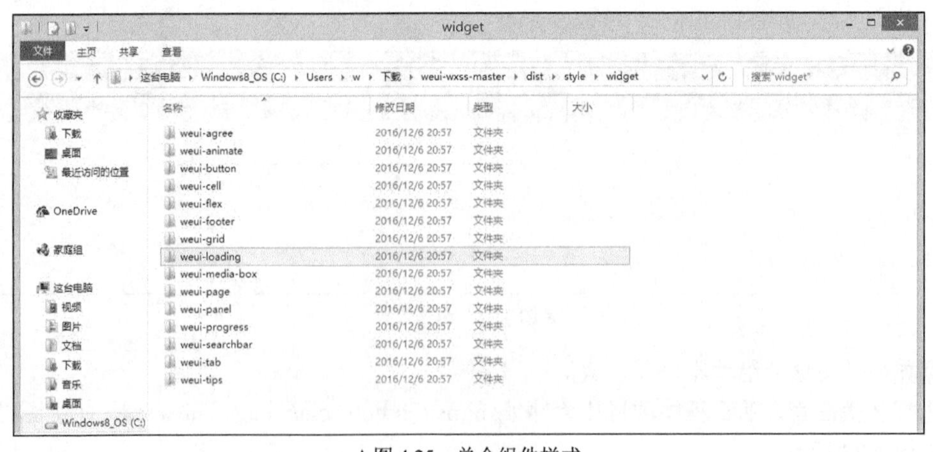

▲图 4.25　单个组件样式

而 example 文件夹中则是所有组件的使用示例，使用小程序开发者工具将该目录导入小程序项目的 pages 目录中，就可以查看所有小程序官方组件的使用方法了。

接下来我们将在项目中使用微信小程序官方组件库。

1．首先将 dist/style/目录下的 weui.wxss 样式文件复制到小程序项目的根目录，如图 4.26 所示。

2．在 app.wxss 页面中导入 weui.wxss 样式文件，如图 4.27 所示。

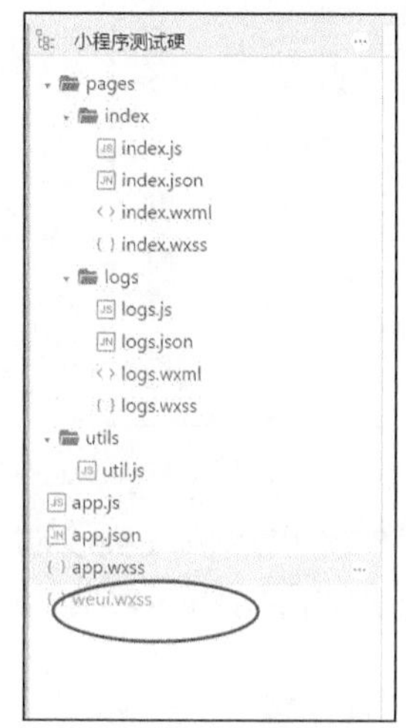

▲图 4.26 样式导入

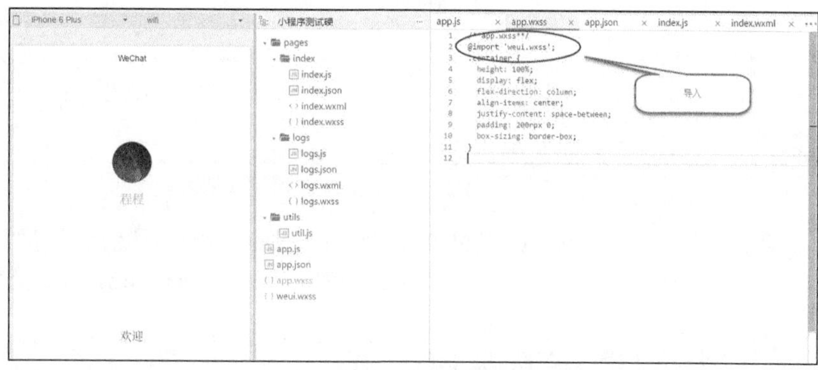

▲图 4.27 引入样式

这样我们就成功地导入了小程序样式文件，那么如何使用呢？

在使用时，将根元素的样式设置为 class="page"，例如：

```
<view class="page">
</view>
```

根元素的子级布局类元素使用 page__**样式，注意是两个下划线。例如：

```
<view class="page">
<!--页头-->
<view class="page__hd"></view>
<!--主体-->
<view class="page__bd"></view>
<!--没有页脚-->
</view>
```

最后，在布局元素内部的组件元素使用“weui-”开头后接组件名称作为样式，例如 class="weui-footer"。

我们来看一个相对完整的例子：

```
<view class="page"> //根元素
    <view class="page__hd">//子级布局元素
   <button class="weui-btn" type="primary">页面主操作 Normal</button>//真正的组件
   <button class="weui-btn" type="primary" disabled="true">页面主操作 Disabled</button>
 </view>
</view>
```

实际显示效果如图 4.28 所示。

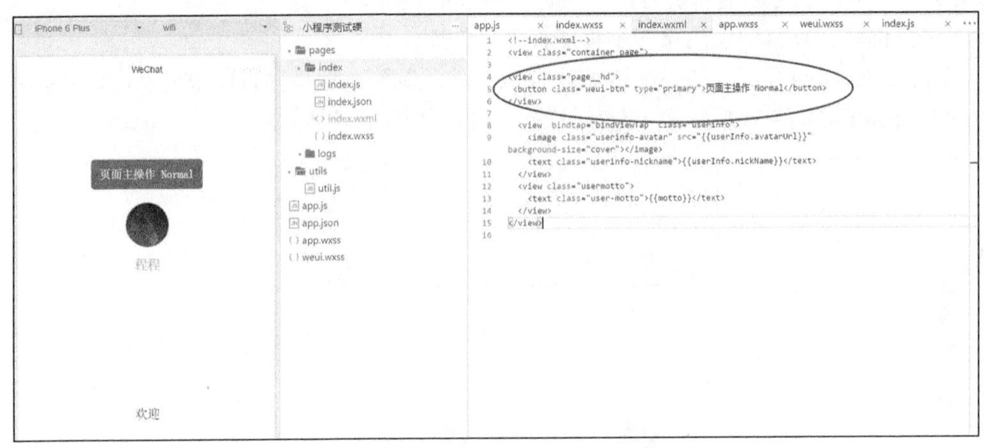

▲图 4.28　预览效果

我们只要导入了 weui.wxss 样式文件，官方提供的其他所有微信小程序组件的使用方法都是类似的，其基本原理是通过在组件标签（例如 button 标签）上添加不同的 class 样式类来达到不同的显示效果。

4.3 小程序页面布局

微信小程序页面布局方式采用 flex 布局。flex 布局是 W3C 在 2009 年提出的一种新的方案，可以简便、完整、响应式地实现各种页面布局。

flex 布局提供了元素在容器中的对齐，方向以及顺序，甚至可以是动态的或者大小不确定的。

4.3.1 flexbox 模型

首先来看 flexbox 模型的相关属性。

1. display 属性

flexbox 由伸缩容器和伸缩项目组成。将元素的 display 属性设置为 flex 或 inline-flex，可以得到一个伸缩容器。设置为 flex 的容器被渲染为一个块级元素，而设置为 inline-flex 的容器则被渲染为一个行内元素。

2. flex-direction 属性

flex-direction 属性和旧版本 box-orient 属性相似，都是设置伸缩项目的排列方式，设置从上往下排列如下所示。

```
div { flex-direction: column;}
```

其他选项值的含义如表 4.1 所示。

表 4.1 flex-direction 选项值含义表

属性值	说明
row	设置从左到右排列
row-reverse	设置从右到左排列
column	设置从上到下排列
column-reverse	设置从下到上排列

3. flex-wrap 属性

flex-wrap 属性类似与旧版本中的 box-lines 相似。设置无法容纳时，自动换行如下所示。

```
div {-ms-flex-wrap: wrap;}
```

flex-wrap 属性其他选项值取值含义如表 4.2 所示。

表 4.2 flex-wrap 属性取值

属性值	说明
nowrap	默认值，都在一行或一列显示
wrap	伸缩项目无法容纳时，自动换行
wrap-reverse	伸缩项目无法容纳时，自动换行，方向和 wrap 相反

4. flex-flow 属性

flex-flow 属性是集合了排列方向和控制换行的简写形式。

justify-content 属性和旧版本中的 box-pack 相似，设置伸缩项目的对齐方式。

```
//按照中心点对齐
div { justify-content: space-around;}
}
```

flex-flow 属性其他取值如表 4.3 所示。

表 4.3 flex-flow 属性取值

属性值	说明
flex-start	伸缩项目以起始点靠齐
flex-end	伸缩项目以结束点靠齐
Center	伸缩项目以中心点靠齐
space-between	伸缩项目平局分布
space-around	同上，但两端保留一半的空间

5. align-items 属性

align-items 属性和旧版本中的 box-align 相似，用于处理伸缩项目容器的额外空间。

```
//处理额外空间
div { align-itmes: center;
}
```

align-items 属性其他取值如表 4.4 所示。

表 4.4　　align-items 属性取值表

属性值	说明
flex-start	伸缩项目以顶部为基准，清理下部额外空间
flex-end	伸缩项目以底部为基准，清理上部额外空间
center	伸缩项目以中部为基准，平均清理上下部额外空间
baseline	伸缩项目以基线为基准，清理额外的空间
stretch	伸缩项目填充整个容器，默认

6. align-self 属性

align-self 和 align-items 相似，都用于清理额外空间，但 align-secf 是单独设置某一个伸缩项目的，所有的值和 align-itmes 一致。

```
//单独设置清理额外空间
p:nth-child(2) { align-self: center;
}
```

7. flex 属性

flex 属性和旧版本中的 box-flex 相似，用于控制伸缩容器的比例分配。

```
//设置比例分配
p:nth-child(1) { flex: 1 ; } p:nth-child(2) { flex: 3 ; } p:nth-child(3) { flex: 1 ;
}
```

8. order 属性

order 属性和 box-ordinal-group 属性相似，用于控制伸缩项目出现的顺序。

```
//设置伸缩项目顺序
p:nth-child(1) { order: 2 ;
}
p:nth-child(2) { order: 3 ; } p:nth-child(3) { order: 1 ;
}
```

了解了这些属性以后，我们来看这些属性在微信小程序布局中的实际使用。

设有 display:flex 或者 display:block 的元素就是一个 flex container（伸缩容器），其中，子元素称为 flex item（伸缩项目），flex container 中子元素都是使用 flex 布局排版。

display:block 指定为块内容器模式，总是使用新行开始显示，微信小程序的视图容器（view，scroll-view 和 swiper）默认都是 dispaly:block。

display:flex:指定为行内容器模式，在一行内显示子元素，可以使用 flex-wrap 属性指定其是否换行，flex-wrap 有 3 个值：nowrap（不换行）、wrap（换行）、wrap-reverse（换行第一行在下面）。

使用 display:block（默认值）的代码如下。

```
<view class="flex-row" style="display: block;">
      <view class="flex-view-item">1</view>
      <view class="flex-view-item">2</view>
```

```
    <view class="flex-view-item">3</view>
</view>
```

显示效果如图 4.29 所示。

换成 display:flex 的显示效果如图 4.30 所示。

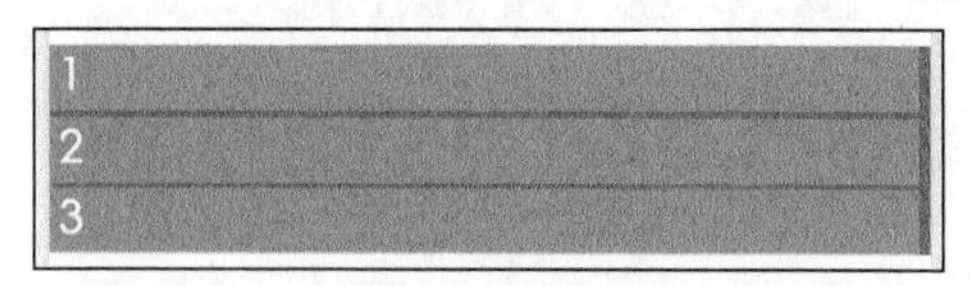

▲图 4.29 伸缩容器 display: block 显示效果

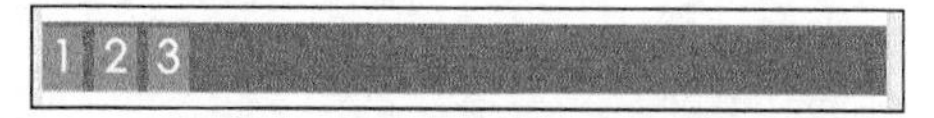

▲图 4.30 伸缩容器 display:flex 显示效果

可以从效果图中看到，block 和 flex 的区别在于子元素 view 是在换行显示（block）还是行内显示（flex）。

flex 布局的伸缩容器可以使用任何方向进行布局。

容器默认有两个轴：主轴（main axis）和侧轴（cross axis）。主轴的开始位置为主轴起点（main start）、结束位置为主轴终点（main end）、长度为主轴长度（main size）。同理，侧轴的起点为侧轴起点（cross start）、结束位置为侧轴终点（cross end）、长度为侧轴长度（cross size）。详情见图 4.31。

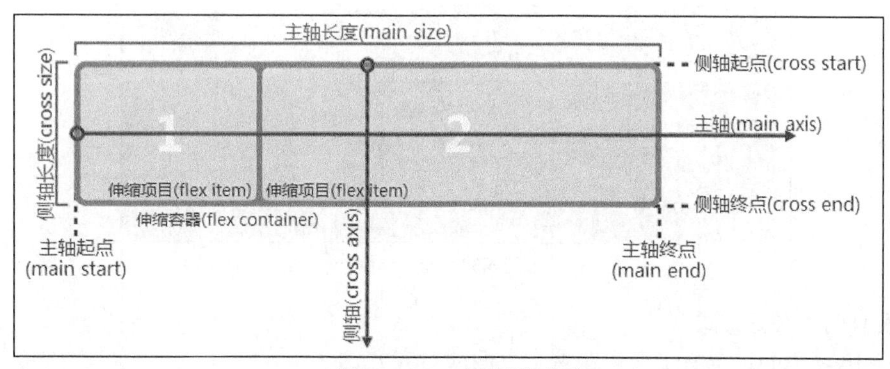

▲图 4.31 flex 布局坐标体系

注意，主轴并不是一定是从左到右的，同理，侧轴也不一定是从上到下的，主轴的方向使用 flex-direction 属性控制，它有 4 个可选值。

（1）row：从左到右的水平方向为主轴。

（2）row-reverse：从右到左的水平方向为主轴。

（3）column：从上到下的垂直方向为主轴。

（4）column-reverse：从下到上的垂直方向为主轴。

如果水平方向为主轴，那个垂直方向就是侧轴，反之亦然。

4 种主轴方向设置的效果图如图 4.32 所示。

图中的实例展示了使用不同的 flex-direction 值排列方向的区别。

实例代码如下：

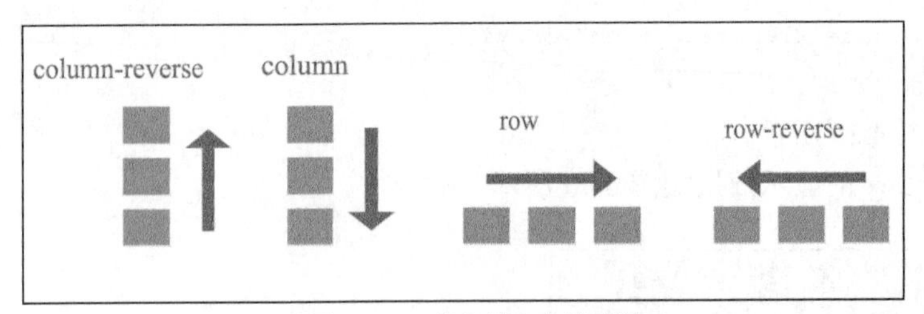

▲图 4.32　4 种主轴方向显示图

```
<view >
    <view class="flex-row" style="display: flex;flex-direction: row;">
        <view class="flex-view-item">1</view>
        <view class="flex-view-item">2</view>
        <view class="flex-view-item">3</view>
    </view>
    <view class="flex-column" style="display:flex;flex-direction: column;" >
        <view class="flex-view-item">c1</view>
        <view class="flex-view-item">c2</view>
        <view class="flex-view-item">c3</view>
    </view>
</view>
```

运行效果如图 4.33 所示。

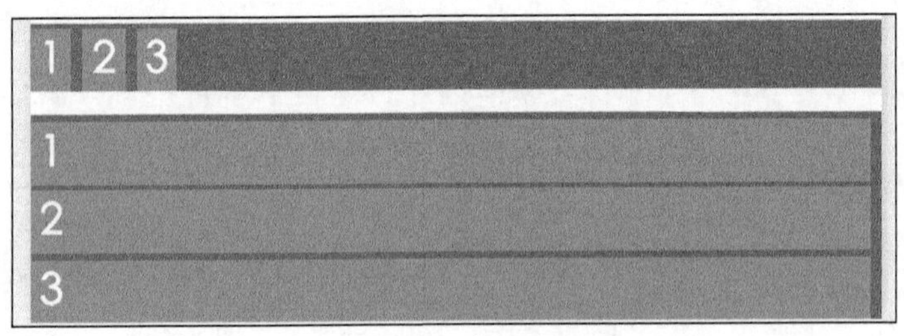

▲图 4.33　布局示例

子元素有两种对齐方式。

（1）justify-conent：定义子元素在主轴上面的对齐方式。

（2）align-items：定义子元素在侧轴上对齐的方式。

justify-content 有 5 种可选的对齐方式。

（1）flex-start：主轴起点对齐（默认值）。

（2）flex-end：主轴结束点对齐。

（3）center：在主轴中居中对齐。

（4）space-between：两端对齐，除了两端的子元素分别靠向两端的容器之外，其他子元素之间的间隔都相等。

（5）space-around：每个子元素之间的距离相等，两端的子元素距离容器的距离也和其他子元素之间的距离相同。

justify-content 的对齐方式和主轴的方向有关。以 flex-direction 为 row，主轴方式是从左到右，描述 jstify-content 的 5 个值的显示效果如图 4.34 所示。

align-items 表示侧轴上的对齐方式。

（1）stretch：填充整个容器（默认值）。

（2）flex-start：侧轴的起点对齐。

（3）flex-end：侧轴的终点对齐。

（4）center：在侧轴中居中对齐。

（5）baseline：以子元素的第一行文字对齐。

align-tiems 设置的对齐方式，和侧轴的方向有关。以 flex-direction 为 row，侧轴方向是从上到下，描述 align-items 的 5 个值显示效果如图 4.35 所示。

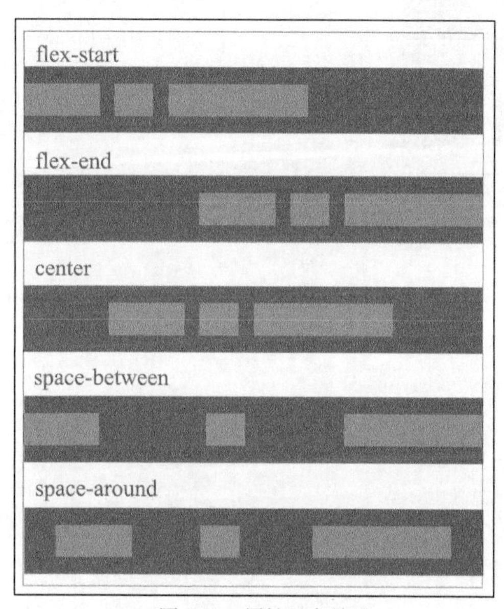

▲图 4.34 属性对齐效果

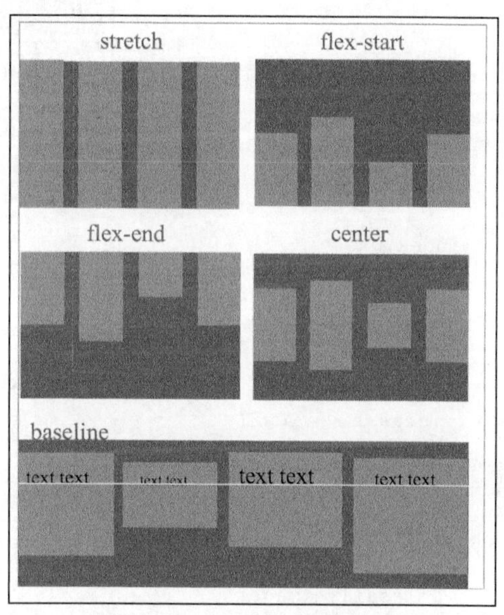

▲图 4.35 align-items 属性显示效果

有了主轴和侧轴的方向，再加上设置它们的对齐方式，即可实现大部分的页面布局。

4.3.2 布局示例

实例的效果图如图 4.36 所示。

其页面结构代码如下：

```
<!--index.wxml-->
<view class="classfiy-view1">
        <block wx:for="{{imgs}}" wx:for-index="index">
            <view class="classfiy-view2">
                    <text class="classfiy-text">{{item.title}}</text>
                    <image class="classfiy-image" src="{{item.img}}"></image>
            </view>
        </block>
</view>
```

其中使用到的样式文件如下：

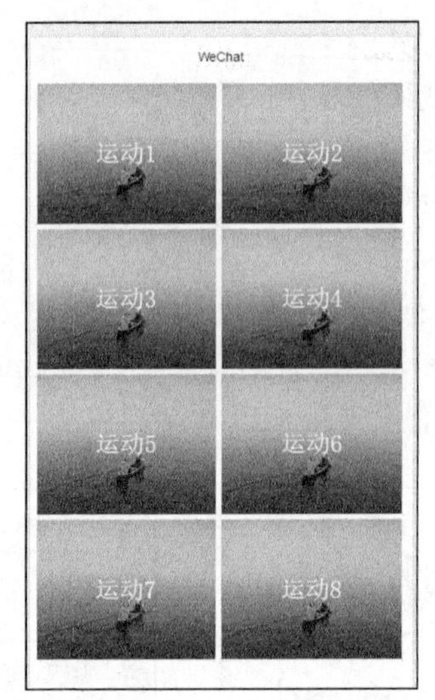

▲图 4.36　实例的布局效果

```
/**index.wxss**/
.classfiy-view1{
      display: flex;
      flex-direction: row;
      flex-wrap: wrap;
      margin: 5px;
    }
    .classfiy-view2{
      display: flex;
      justify-content: center;
      align-items: center;
      width: 48%;
      margin: 3px;
    }
    .classfiy-image{
        height: 150px;
    }
    .classfiy-text{
      position: absolute;
      font: bold;
      font-size: 26px;
      color: white;
    }
```

注意，其中.classfiy-view1 和.classfiy-view2 都使用 display: flex;的伸缩盒子布局。有关布局的内容会在后文中结合具体的案例详细讲述。

第5章　页面组件

5.1 MVVM 前端架构

MVVM 的全称是 Model View View Model，这种架构模式最初由微软公司的 Martin Fowler 作为微软软件的展现层设计模式的规范提出。它是 MVC 模式的衍生物，MVVM 模式的关注点在于能够支持事件驱动的 UI 开发平台，例如 HTML5、Windows Presentation Foundation（WPF）、Silverlight、ZK framework 和 Adobe Flex。

对这种模式的实现，大部分都是通过在 View 层声明数据绑定来和其他层分离的，这样就方便了前端开发人员和后端开发人员的分工，前端开发人员在 html 标签中写对 ViewModel 的绑定数据，后端开发人员通过开发应用的逻辑来维护 Model 层和 ViewModel 层。

最近几年，开始有人在 JavaScript 中实现 MVVM 模式，目前比较成熟的框架有 KnockoutJS、Kendo MVVM 和 Knockback.js。下面以 KnockoutJS 为例，来看 MVVM 模式中各部分的具体职责和实例代码，同时理解使用该模式开发的优点和缺点。

1. Model

同其他的 mv*家族成员一样，Model 代表特定领域的数据或者应用所需的数据，一个典型的特定领域的数据，如用户信息（用户名、头像、E-mail、电话等），或者一首音乐的信息（歌曲名、发行年份、专辑等）。

Model 仅仅关注数据信息，不关心任何行为。它不格式化数据或者影响数据在浏览器中的展现，因为这些不是它的职责；格式化数据是 View 层的任务，同时业务逻辑层被封装在 ViewModel 中，用于和 Model 进行交互。View 指在应用中每用户直接交互的部分，它是一个交互式的 UI，用于表示 ViewModel 的状态。View 被认为是主动的，而不是被动的，被动的 View 在应用中不关心 Model 的领域，Model 的领域在 controller 中维护。MVVM 的主动式的 View 包含数据绑定、事件和需要理解 Model 和 ViewModel 的行为，尽管这些行为可以和属性对应，View 仍然需要响应 ViewModel 的事件，同时 View 不负责控制状态。

KnockoutJS 的 View 层就是一个简单的 html 文档，其中会有关联到 ViewModel 的数据声明，同时 KnockoutJS 的 View 层显示从 ViewModel 中获取的数据，传递命令给 ViewModel，并且更新 ViewModel 改变的状态。

以 Vue.js 框架为例来阐述 MVVM 的实现原理。

每个 Vue.js 应用都是通过构造函数 Vue 创建一个 Vue 的根实例启动的，代码如下：

```
var vm = new Vue({
  // 选项
})
```

在实例化 Vue 时，需要传入一个选项对象，它可以包含数据、模板、挂载元素、方法和生命周期钩子等选项。

2. 数据

在实例化 Vue 对象时，我们可以在选项对象中的 data 属性中添加数据，代码如下：

```
// 直接创建一个实例
var vm = new Vue({
  data: { a: 1 }
})
```

5.2 视图容器组件

5.2.1 视图区 view 组件

view 组件是普通视图容器组件，其主要作用是定义一块可以包含其他组件的视图区域，用于排版布局。

该组件自带的属性比较少，只是一个点击态的样式定义，我们可以设置点击后的样式以及相关的时间延迟。当开启 hover 属性时，表示开启点击态，这时可以通过属性 hover-class 来指定点击后的样式，也可以通过 hover-start-time 指定从点击到出现点击态时的时间延迟，通过 hover-stay-time 指定松开后点击态保持多久。

除此之外，我们还可以通过样式 flex-direction:row;来指定 view 组件内部的布局样式采用行排列，如图 5.1 所示。

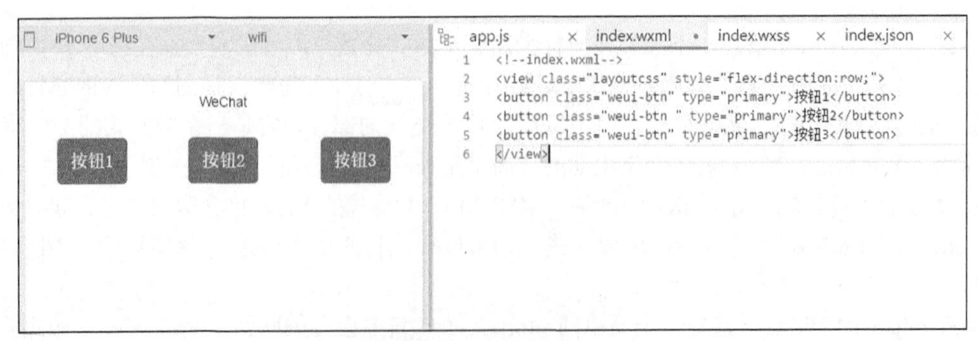

▲图 5.1　view 行排列

或者通过 flex-direction:column; 来指定 view 组件内部的布局样式采用列排列，如图 5.2 所示。

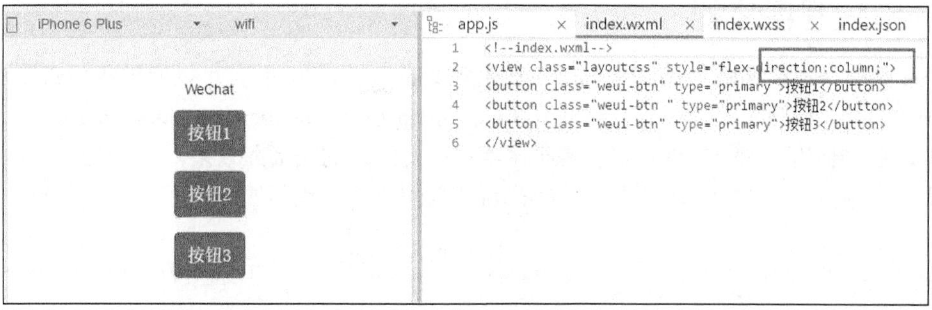

▲图 5.2 view 列排列

5.2.2 可滚动视图区 scroll-view 组件

和视图区组件相比，可滚动视图区组件多了一个滚动功能，可以指定允许横向或纵向的滚动以及滚动发生时的事件处理函数。下面以实例来说明如何使用，代码结构如下：

```
<!--index.wxml-->
<scroll-view  class="scroll-view_H" scroll-x="true" scroll-left="50"   class="layoutcss"
scroll-y="true"  scroll-top="50" bindscrolltolower="scrollLow" bindscroll="scroll"
 style="flex-direction:row;height: 100px;width: 100%" scroll-into-view="b1">
<text>自动驾驶卡车研发已经在美国掀起热潮。 2014 年，奔驰发布“未来卡车 2025 ”自动驾驶卡车，从此“自动驾驶卡车”由梦想变成现实。 2015 年，福莱纳“灵感”重卡成为了全球第一辆上牌成功的自动驾驶卡车，“灵感”重</text>
<button type="primary" id="b1"> primary </button>
<text>自动驾驶卡车研发已经在美国掀起热潮。 2014 年，奔驰发布“未来卡车 2025 ”自动驾驶卡车，从此“自动驾驶卡车”由梦想变成现实。2015 年，福莱纳“灵感”重卡成为了全球第一辆上牌成功的自动驾驶卡车，“灵感”重</text>
</scroll-view>
```

其中包括一个按钮和一段文字内容。

通过设置 scroll-y 为“true”，启用纵向滚动条，当然还必须要为<scroll-view/>设置一个固定高度。scroll-top 用于设置初始时纵向滚动条的初始位置，它的取值是一个百分数，例如，取值是 50 时，表示当页面加载完成后纵向滚动条停留在 50%的位置上。

bindscrolltolower 用于设置滚动监听处理事件，当纵向滚动条滚动到底部一定比例，或者横向滚动条滚动到右侧一定比例时，会触发该事件。这个比例是通过属性 lower-threshold 指定的，默认是 50，即在默认情况下，当纵向滚动条滚动到下侧 50%的位置时会触发事件，当横向滚动条横向滚动到右侧 50%的位置时会触发事件。

除此之外，bindscroll 是滚动时触发，一旦发生滚动就会触发该事件。

最后还有一个属性要说明，就是 scroll-into-view，它的值是内部一个子元素的 ID，是指在页面展现时将滚动到该 ID 对应的子元素，让该子元素的顶部和 scroll-view 的顶部紧贴。

读者可以到我的 git 中下载上述例子的代码，执行效果如图 5.3 所示。

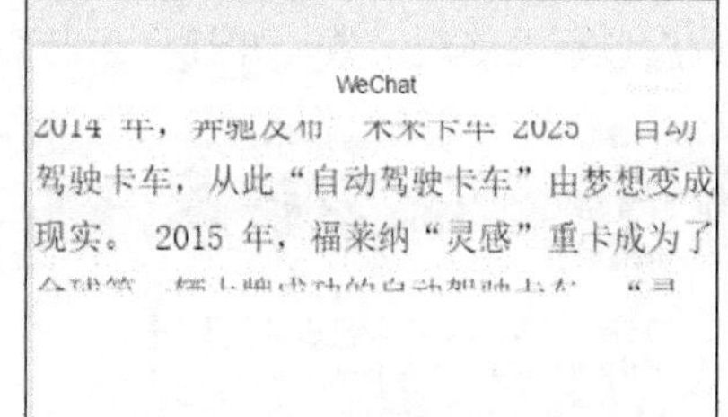

▲图 5.3 scroll-view 显示效果

5.2.3 滑块视图容器 swiper

swiper 是一个滑块容器，里面可以放多个滑块项 swiper-item，并且可以通过各种属性来控制其中滑块项的行为。swiper 组件中只允许放置 swiper-item 组件，swiper 组件和 swiper-item 组件往往是连用的，通过使用这两个组件可以实现很多类似于幻灯片的轮播图效果。

下面以 3 张图片作为滑块项的具体内容来说明使用方法，代码如下：

```
<!--index.wxml-->
<swiper  bindchange="change" autoplay="true" duration="1000" indicator-dots="true"
interval="5000" current="2"  >
<swiper-item>
<image src="http://img02.tooopen.com/images/20150928/tooopen_sy_143912755726.jpg"
class="slide-image" width="100%" height="150"/>
</swiper-item>
<swiper-item>
<image src="http://img06.tooopen.com/images/20160818/tooopen_sy_175866434296.jpg"
class="slide-image" width="455" height="150"/>
</swiper-item>
<swiper-item>
<image src="http://img06.tooopen.com/images/20160818/tooopen_sy_175833047715.jpg"
class="slide-image" width="455" height="150"/>
</swiper-item>
</swiper>
```

效果如图 5.4 所示。

其中，current="2"表示页面展现时默认显示第 3 张图片，autoplay="true"表示自动轮播图片，indicator-dots="true"表示显示指示点。interval="5000"表示每张图片显示时长为 5000 毫秒，也就是 5 秒。duration="1000"表示从上一张图片切换到下一张图片用时 1 秒。正常情况下，当轮播图从右向左切换到最后一张时，会倒过来按照从左向右的方向切换到第一张。但是如果设置了 circular="true"，那么当切换到最后一张图片时，仍然按照从右向左的方向切换到第一张图，呈现一种衔接的效果。

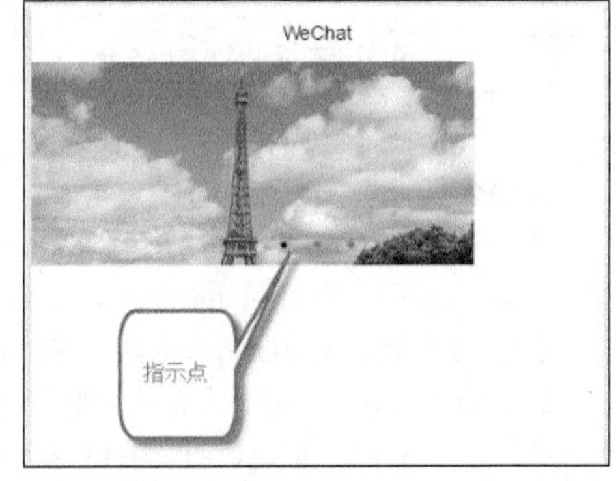

▲图 5.4 滑块视图组件 swiper 显示效果

此外，该组件还提供了一个事件绑定属性 bindchange，我们可以指定一个事件处理函数，当图片发生切换时会调用该事件处理函数，并且将当前切换到的图片的索引号作为事件参数传送给事件处理函数。

5.3 基础内容组件

5.3.1 icon 图标组件

图标组件提供了各种标准化的图标，通过属性 size 可以设置图标的大小（以像素 px 为单位），通过属性 color 可以设置图标的颜色。type 属性定义了图标的类型，支持的类型包括 success、

success_no_circle、info、warn、waiting、cancel、download、search、clear。

各种图标的显示效果如图 5.5 所示。

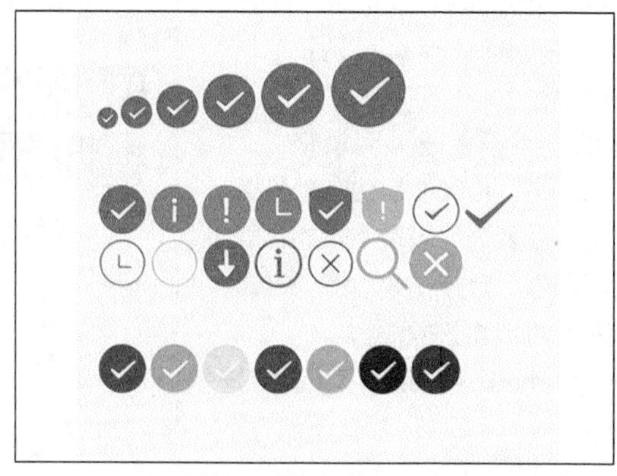

▲图 5.5　图标组件显示效果

5.3.2　text 组件

text 组件用于包含文字内容，包含在 text 组件内的文字可以通过长按选中，除了 text 组件以外的其他节点都无法长按选中。text 组件中可以嵌套 text 组件，但不能嵌套除了 text 组件以外的其他组件。

5.3.3　progress 进度条组件

小程序提供了标准化的进度条，我们可以通过属性定制化进度条的样式。show-info 属性确定是否显示进度条右侧的百分比文字，stroke- width 控制进度条的线宽，color 控制进度条的颜色，percent 表示进度条当前显示的百分比，其取值是 0~100 之间的数字，在程序中通过不断地增加 percent 的取值可以达到显示更新进度的目的。

除此之外，还有一个 active 属性用于控制是否显示一个从左到右逐步填充进度条到当前进度的效果。

典型的进度条显示效果如图 5.6 所示。

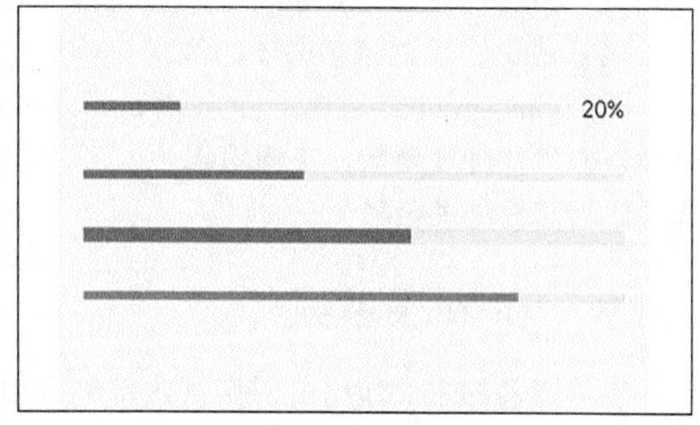

▲图 5.6　进度条组件

5.4 表单组件

表单组件是在小程序中使用最频繁，也是最重要的交互组件。

5.4.1　按钮 button

按钮是在小程序界面中使用最频繁的交互组件，通过各种不同属性的组合可以定制出满足需要的按钮。

主要属性说明如下。

（1）type：按钮类型，包括 primary、default、warn。

（2）size：按钮尺寸大小，支持 default 和 mini 两种取值。

（3）disabled：是否禁用按钮。

（4）plain：是否将按钮的背景设置成透明镂空。

（5）loading：按钮是否带正在加载的 loading 图标。

（6）hover-start-time：按钮按住多久后出现点击态样式。

（7）hover-stay-time：按钮松开后点击态保留多久。

（8）hover-class：指定按钮的点击态样式类。

（9）form-type：有效值为 submit 和 reset，表示将按钮设置成提交按钮或者重置按钮。

按钮显示效果如图 5.7 所示。

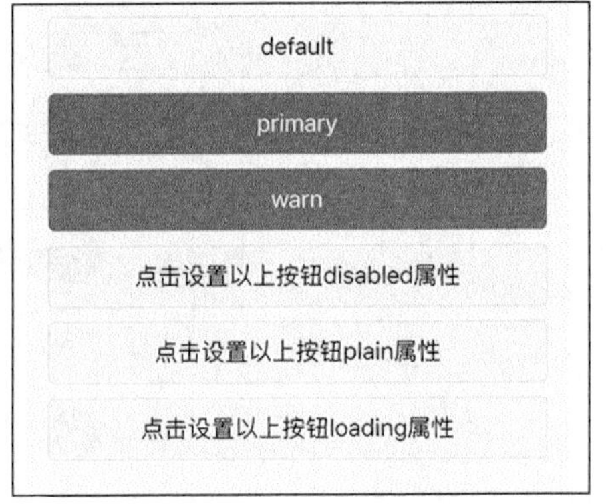

▲图 5.7　按钮显示效果

5.4.2　checkbox 及 checkbox-group

多选项和多选项组总是结合在一起使用的，在多选项组 checkbox-group 标签内可以嵌套多个多选项。

对单个多选项来说，有如下属性。

（1）disabled：是否禁用该多选项。

（2）checked：是否选中该多选项，设置为 true 后会选中该多选项。

（3）color：设置该多选项边框的颜色。

（4）value：设置该多选项的值。

checkbox-group 组件有一个属性 bindchange，用于指定当它所包含的多选项选中状态发生变化时触发的事件处理函数。在调用事件处理函数时，会将所有选中的多选项的 value 属性以数组的形式传送给事件处理函数。

5.4.3　form 表单组件

表单组件的主要作用是提交其内部输入组件的 value 值给服务器，当表单组件内部存在一个 type 是“submit”的 button 时，单击该 button，会将该表单中所有输入组件的值提交给服务器后台。为了能在服务器后台区分所提交的值分别是哪些组件的，表单组件内部的输入组件需要设置 name 属性。

除此之外，表单还有如下的特有属性。

（1）bindreset：绑定 reset 重置事件处理函数。

（2）bindsubmit：绑定 submit 提交事件处理函数，在触发提交事件时，将表单中的输入组件的值作为参数传入事件处理函数。

（3）report-submit：设置在表单提交时，是否将表单的 id 作为参数传递。

5.4.4　input 输入框组件

（1）type：设置输入框的类型，包括 text、number、idcard 和 digit。

（2）value：输入框的初始值，该初始值会在加载页面时显示在输入框中。

（3）password：输入框是否为密码输入框，当设置为 true 时，用户在输入框中所输入的内容会以黑点的形式来显示。

（4）placeholder：设置输入框的提示文字，当输入框的内容为空时，该提示文字将会以灰色字体的形式出现，以提示用户该输入框应该输入的内容。

（5）placeholder-style：用于自定义提示文字的样式。

（6）placeholder-class：指定提示文字的样式类，当同时设置 placeholder-style 和 placeholder-class 时，placeholder-style 中所设置的样式将会覆盖 placeholder-class 中所定义的样式。

（7）disabled：是否禁用该输入框。

（8）maxlength：设置该输入框允许输入的最大字符长度，当设置成-1 时，表示不限制输入字符的长度。

（9）focus：默认是否聚焦该输入框。

（10）bindfocus：当输入框获得焦点时，所触发的事件的处理函数。

（11）bindblur：当输入框失去焦点时，所触发的事件的处理函数。

（12）bindinput：当在输入框中输入内容时，触发的时间处理函数。

5.4.5　label 组件

label 组件的主要作用是实现点击 label 内部的文字时，选中或者取消选择 label 内部的第一个输入组件，如图 5.8 所示。

代码如下：

```
index.wxml
<view>
<label>
<checkbox value="a">选项 1</checkbox>
<checkbox value="b">选项 2</checkbox>
<checkbox value="c">选项 3</checkbox>
label 内部文字
</label>
</view>
```

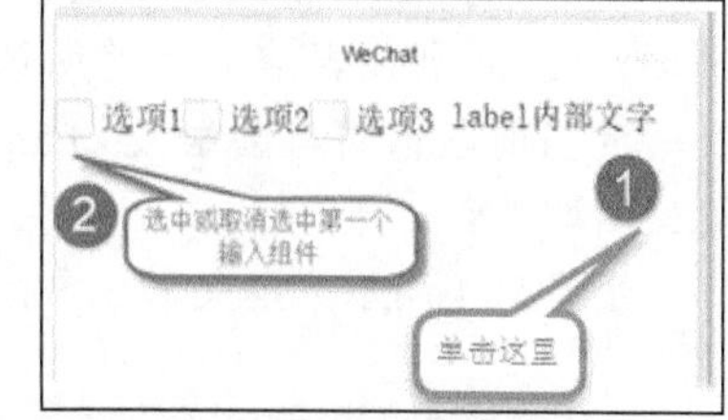

▲图 5.8　label 组件

当单击 label 内部的文字时，会选中或取消选中 label 内部第一个输入组件，效果和单击第一个输入组件一样。通常用于那些在页面中不方便直接选中的组件上，将这些不方便直接选中的组件放置在一个 label 标签中，这样就可以实现间接操作该组件了。

label 组件除了上面的用法以外，还有一个 for 属性，用于指定其所需要操作的组件的 id，如图 5.9 所示。

代码如下：

```
index.wxml
```

```
<view>
<checkbox id="ck1">选项 a</checkbox>
<checkbox id="ck2">选项 b</checkbox>
<checkbox id="ck3">选项 c</checkbox>
<label for="ck1">
<checkbox value="a">选项 1</checkbox>
<checkbox value="b">选项 2</checkbox>
<checkbox value="c">选项 3</checkbox>
label 内部文字
</label>
</view>
```

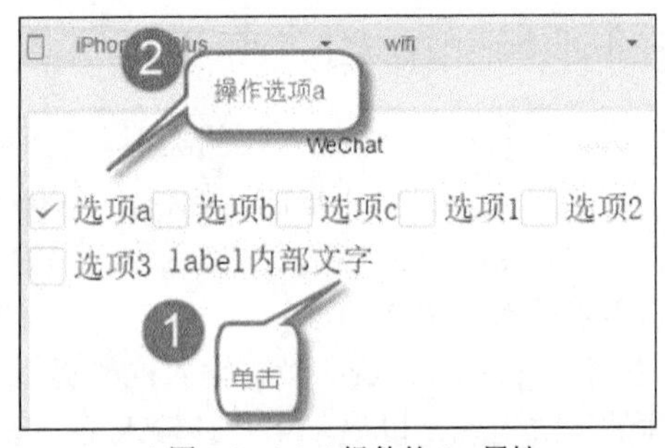

▲图 5.9　label 组件的 for 属性

当 label 组件存在属性 for 时，单击 label 内部的文字会操作 for 属性对应的 id 的输入组件。这时即使 label 内部有多个输入组件，也不会操作 label 内部的输入组件，因为当 for 属性和 label 内部组件同时存在时，for 的优先级更高。

目前 label 主要可以操作的输入组件包括<button/>、<checkbox/>、<radio/>和<switch/>。

5.4.6　滚动选择器 picker

在用户交互过程中，经常会出现要求用户选择一个出生年月或选择一个所在城市的情况，这时需要采用一个多列滚动选择器，如图 5.10 所示。

针对在小程序中经常会遇到的选择器的情况，官方提供了统一的解决方案，这就是 picker 和 picker-view 组件。我们先看 picker 组件，根据属性 mode 的取值不同，picker 组件分为 3 种。

（1）mode = selector：普通选择器，默认值。

（2）mode = time：时间选择器。

（3）mode = date：日期选择器。

普通选择器比较简单，它只有一个滚筒，通过属性 range 指定一个 js 数组作为滚筒的可选项，value 则代表滚动当前所选取值，可以通过设置 value 来设置选择器的当前取值。当改变滚筒当前取值时，会触发 change 事件，在该事件的处理函数中，可以通过事件参数获取滚筒最新取值。

如图 5.11 所示，定义了一个普通选择器。

▲图 5.10　多列滚动选择器

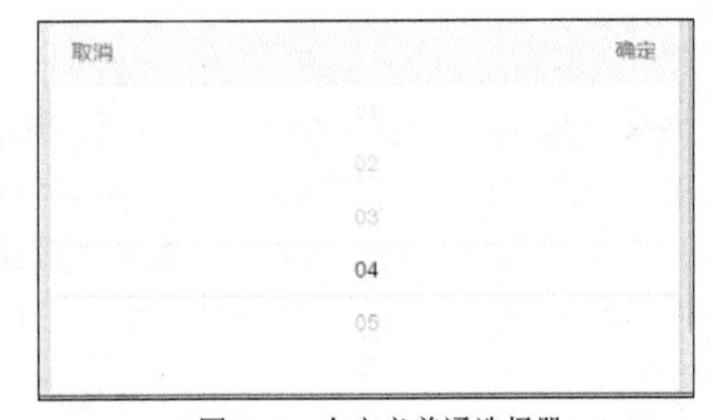

▲图 5.11　自定义普通选择器

代码如下：

```
index.wxml
<view >
<picker  value="3" range="{{r}}">
普通选择器
</picker>
</view>

index.js
Page({
data:{
r: ['01', '02', '03', '04', '05']
index:0}
})
```

其中，r 是一个 js 数组，value 表示将该数组中的第一个元素作为该普通选择器的当前取值（注意：value 是以 0 开始计算的索引号）。

除了以数组作为该选择器的可选项外，还可以将一个 js 对象的数组作为可选项，这时要借助 range-key 属性来具体指定以 js 对象中的哪个属性作为可选项。

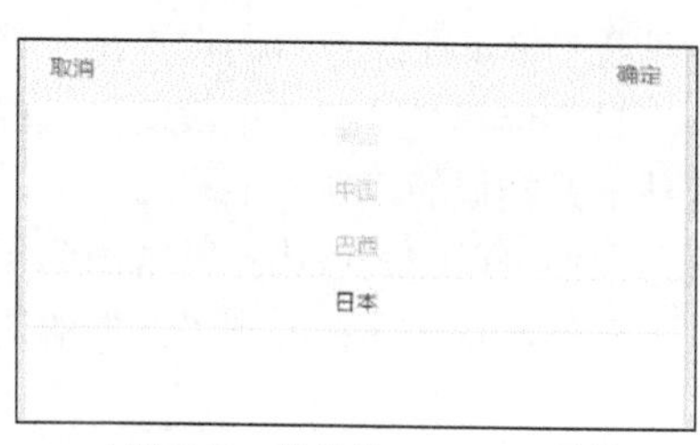

▲图 5.12　选择器 range-key 属性

如图 5.12 所示。

代码如下：

```
index.wxml
<view >
<picker  range="{{ objectArray }}"  range-key="name"  value="3">
普通选择器
</picker>
</view>
```

其中，objectArray 是一个 js 对象的数组：

```
objectArray: [
      {
        id: 0,
        name: '美国'
      },
      {
        id: 1,
        name: '中国'
      },
      {
        id: 2,
        name: '巴西'
      },
      {
        id: 3,
        name: '日本'
      }
],
```

通过 range-key 指定，以该对象的 name 属性的取值作为选择器的可选项，所以得到选择器的可选项是：美国、中国、巴西、日本。当把 range-key 设置成 id 时，那么得到的可选项将是 0、1、2、3。

普通选择器是一种最简单的选择器，它只有一个滚筒。而时间选择器有两个滚筒，可以让用户分别选择“小时”和“分”。

时间选择器的主要属性是 start 和 end，分别用于指定可选择的时间范围的起始值和结束值，格式是 hh:mm。如图 5.13 所示。

代码如下：

```
index.wxml
<view >
<picker  mode="time"  start="12:30"  end="24:00" value="13: 50">
时间选择器
</picker>
</view>
```

我们定义了一个时间选择器，其可选时间范围是 12:30 到 24:00，默认选中时间是 13:50。

日期选择器是有 3 个滚筒的选择器，它可以让我们选择年、月、日。日期选择器和时间选择器总体上是类似的，唯一不同的就是日期选择器可以自己控制选择的粒度，通过改变属性 fields 的取值，我们可以控制该选择器精确到年、月，还是日。

例如，默认的精确到“日”的选择器如图 5.14 所示，它包含 3 个滚筒。

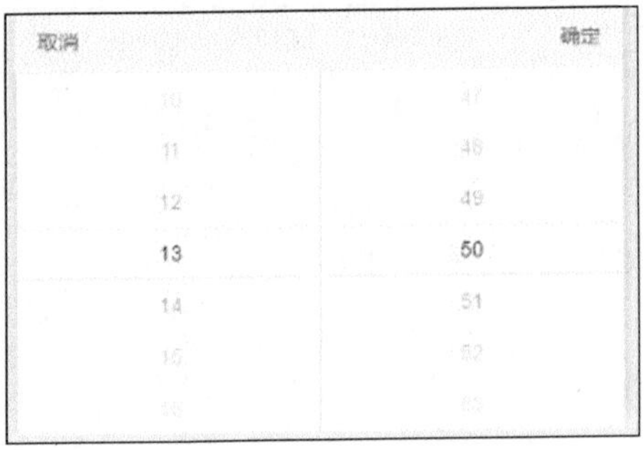

▲图 5.13　时间选择器

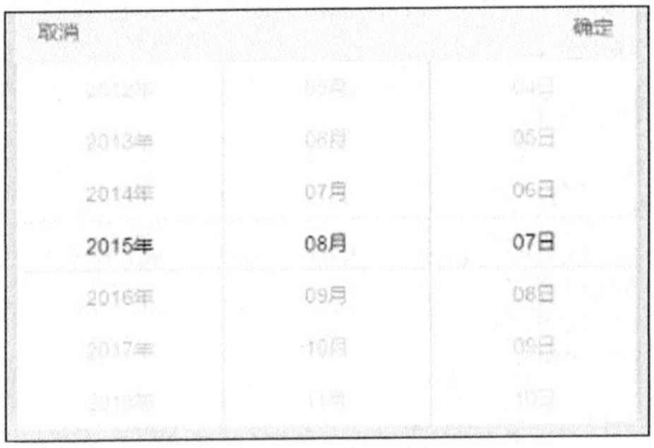

▲图 5.14　日期选择器

代码如下：

```
index.wxml
<view >
<picker  mode="date"  start="2013-09-12"  end="2015-08-07" value="13: 50">
日期选择器
</picker>
</view>
```

精确到“月”的选择器如图 5.15 所示。

代码如下：

```
index.wxml
<view >
<picker  mode="date"  field="month"  start="2013-09-12"  end="2015-08-07"
value="13: 50">
日期选择器
</picker>
</view>
```

精确到“年”的选择器如图 5.16 所示，它只有 1 个滚筒用于选择年份。

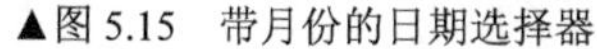
▲图 5.15　带月份的日期选择器

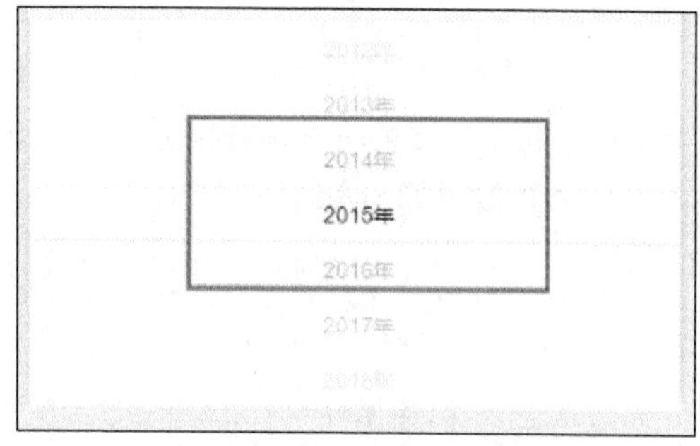

▲图 5.16　带年份的日期选择器

代码如下：

```
index.wxml
<view >
<picker  mode="date"   field="year"   start="2013-09-12"   end="2015-08-07" value="13: 50">
日期选择器
</picker>
</view>
```

5.4.7 picker-view 选择器

通过上面 picker 选择器的演示，可知 picker 选择器其实是很不灵活的，我们无法自定义选择器的滚筒数量，也无法定义滚筒上显示的文字，所以微信官方提供了一个更加灵活的选择器，这就是 picker-view 选择器。

picker-view 选择器可以实现自定义滚筒数量和滚筒上显示的文字，非常灵活，而且可以将定义好的选择器嵌入到任何我们想要用到的地方。

picker-view 选择器通过两个标签实现，<picker-view />和<picker-view-column/>，其中<picker-view-column/>就代表选择器的一个滚筒。注意，这两个标签必须配对使用，也就是说，<picker-view />标签内只能放<picker-view-column/>标签，<picker-view-column/>标签也只能放在<picker-view />标签内部。

<picker-view />标签的属性 value 用来设置或者获取该选择器当前各个滚筒的取值索引，它是一个数组，数组元素依次代表的是第 1 个滚筒，第 2 个滚筒……的取值索引。所谓取值索引就是取值的下标，例如第 1 个滚筒的可选取值有 1，2，3，那么当第 1 个滚筒的取值是 3 时，它的取值索引就是 2（因为数组的索引是从 0 开始的，所以第 3 个元素的索引是 2）。属性 indicator-style 则是专门用来定义选择器的选框样式的，我们可以根据自己喜欢的样式来使用 CSS 定义选框的风格样式。

下面以年、月、日为例来说明该选择器的具体用法。

首先定义 3 个滚筒：

```
<picker-view-column>
    <view wx:for="{{years}}" style="line-height: 50px">{{item}}年</view>
    </picker-view-column>
    <picker-view-column>
```

```
    <view wx:for="{{months}}" style="line-height: 50px">{{item}}月</view>
    </picker-view-column>
    <picker-view-column>
    <view wx:for="{{days}}" style="line-height: 50px">{{item}}日</view>
    </picker-view-column>
```

其中，每个滚筒的可选项分别通过 js 数组 years、months 和 days 获取。

这 3 个 js 数组的定义如下：

```
years : ['2013', '2014', '2015', '2016', '2017'],
months : ['01', '02', '03', '04', '05'],
days : ['01', '02', '03', '04', '05'],
```

通过 wx:for 标签循环迭代出各个数组里面的元素，再通过 item 获取到迭代出的各个数组元素值，最后得到的效果如图 5.17 所示。

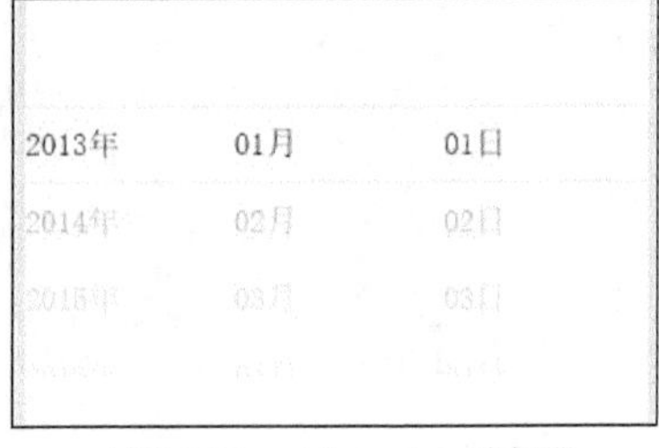

▲图 5.17　picker-view 选择器

5.4.8　radio 单选框

单选框组件是由 radio-group 和 radio 两个标签共同组成。它的使用方法和前文中的 checkbox 复选框组件的使用方法类似，唯一不同的是在同一时刻只能选中一个属于同一个组中的多个单选框。

单选框的显示效果如图 5.18 所示。

▲图 5.18　单选框组件

5.4.9　slider 滑动选择器

从外观上来看，滑动选择器很像一个带有滑块的进度条。其中，属性 min 和 max 分别用于指定滑动选择器起点和终点所表示的值的大小，而 step 表示每滑动一下所前进的距离，例如将 min 设置为 0，max 设置为 100，那么整个滑动条就表示 100 的距离；step 设置为 2，表示每滑动一下当前滑块所在的位置就向前增加 2 个距离。value 用于设置当前滑块所在的位置，show-value 控制是否在滑动条右侧显示当前值，如图 5.19 所示。

除此之外，我们还可以自定义滑动条的颜色，通过使用属性 color 设置整个滑动条的颜色，通过 selected-color 属性设置已经滑过部分的滑动条的颜色，如图 5.20 所示。

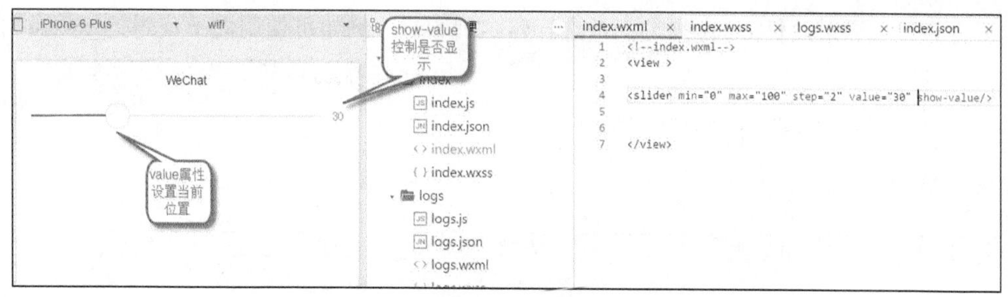

▲图 5.19　滑动选择器

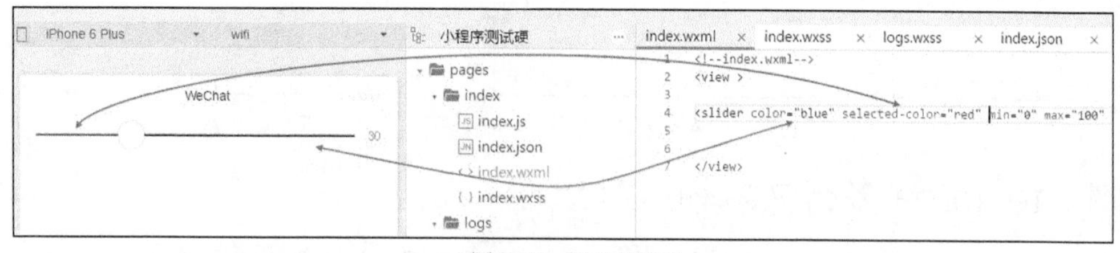

▲图 5.20　滑动条颜色

5.4.10　switch 开关选择器

开关选择器有两种样式风格，通过 type 属性可以定义其使用哪一种样式风格，type 属性的取值有 switch 和 checkbox。

switch 风格的开关选择器如图 5.21 所示。

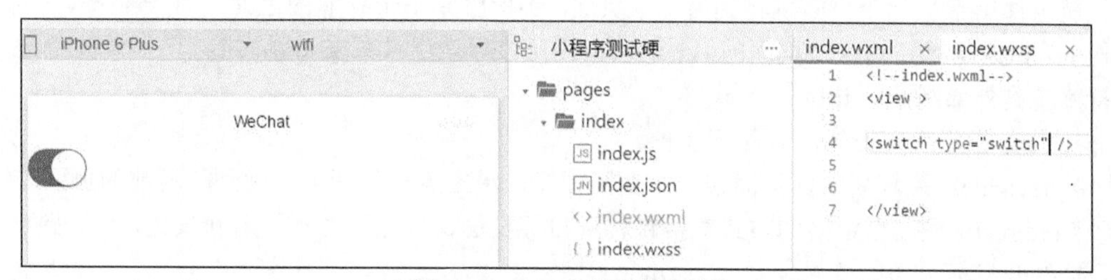

▲图 5.21　switch 风格开关选择器

checkbox 风格的开关选择器如图 5.22 所示。

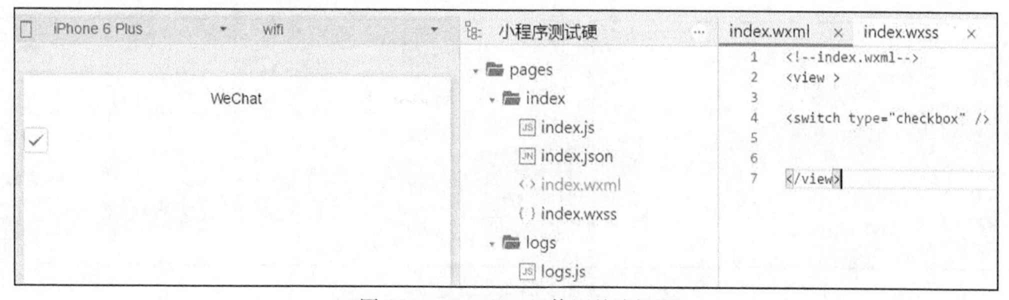

▲图 5.22　checkbox 风格开关选择器

此外，还可以通过属性 color 来为开关选择器定制颜色，例如可使用如下代码把 switch 开关选择器设置为红色：

```
<switch type="switch" color="red" />
```

如图 5.23 所示。

▲图 5.23　红色开关选择器

5.4.11　textarea 多行文本输入框组件

和 input 组件类似，textarea 也是文本输入框组件，不同的是 input 只能输入单行文本，而 textarea 允许输入多行文本。textarea 组件的属性和事件与 input 也类似，唯一多出来的一个属性就是 auto-height，该属性用于定义当文本内容超过 textarea 的可见范围时是否自动增加 textarea 的高度。

5.5　导航组件

导航组件用于从一个页面跳转到另一个页面。小程序中用于导航的组件只有一个 navigator。其中属性 url 指定跳转到的目的页面的 url 地址，注意该导航组件只支持跳转到同一个项目的内页，不支持跳转到外部网站的 url。

open-type 指定跳转方式，有如下 3 种。

（1）navigate：跳转后目标页面带一个返回按钮，单击返回按钮可以回到跳转前的页面。

（2）redirect：采用重定向的方式直接跳转到目标页面，目标页面不带返回按钮，这种跳转效果如同直接打开目标页面的效果。

（3）switchTab：采用选项卡的方式在另一个选项卡中打开目标页面。

定义一个导航，如图 5.24 所示。

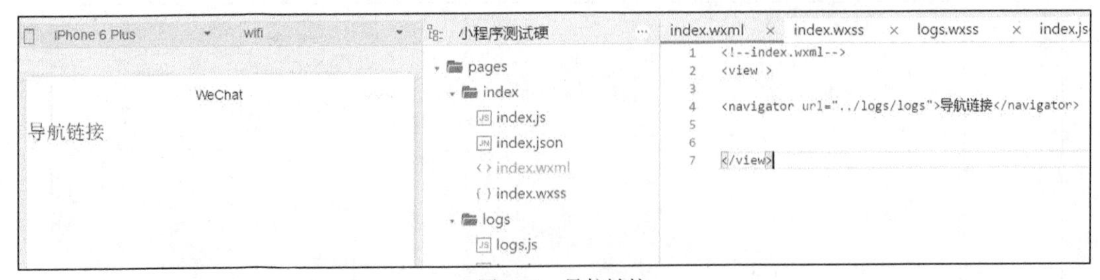

▲图 5.24　导航链接

当单击该导航链接时，会打开目标页面 logs，且目标页面带有一个返回按钮，如图 5.25 所示。

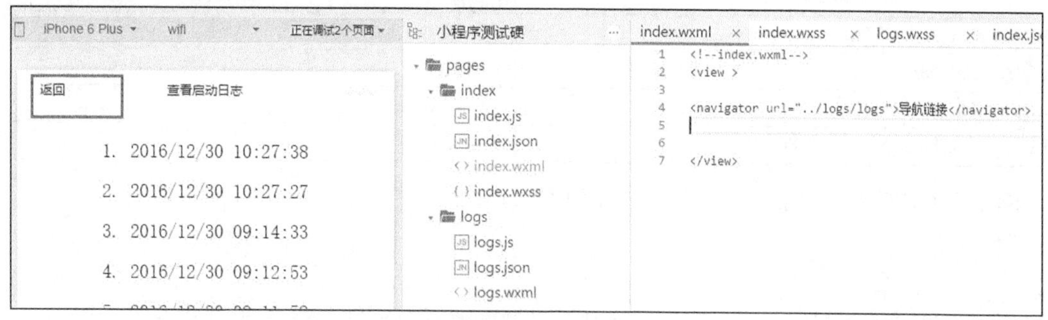

▲图 5.25　导航目标页面

导航组件的 hover-class、hover-start-time 和 hover-stay-time 的含义和与前文所述的含义是一样的，用于定义单击样式，单击多久才出现单击样式，以及松开鼠标经过多久才恢复到单击前的样式。

5.6 媒体组件

小程序中支持的媒体类型主要包括音频、视频和图像。

5.6.1　音频组件 audio

audio 组件是用于支持音频播放和控制的组件，首先来看其主要属性。

（1）id：唯一标识，用于在程序中获取该组件。

（2）src：指定播放的音频资源链接地址。

（3）loop：设置音频是否循环播放，如果不设置，或者设置成 false，则音频播放一次后就停止。

（4）controls：是否显示音频控制按钮，例如暂停、播放等按钮。

（5）poster：播放的音频的封面图片链接地址。

（6）name：设置所播放音频的名称。

（7）author：设置音频的作者名称。

binderror、bindplay、bindpause、bindtimeupdate 和 bindended 用于设置音频播放过程中的事件处理函数，分别对应：事件处理函数是播放出错事件处理函数、开始播放/继续播放事件处理函数、暂停播放事件处理函数、播放进度更新事件处理函数和播放结束事件处理函数。需要说明的是播放进度更新事件处理函数，在音频播放过程中，音频的播放进度始终是在更新的，所以播放进度更新事件处理函数会不断地被调用，调用频率大概是 250 毫秒一次。也就是说，只要音频在播放，该处理函数就会每隔 250 毫秒被调用一次，在调用该处理函数时，会将该音频已经播放的时长和总时长以参数的形式传递给事件处理函数。

另一个需要说明的事件处理函数是 binderror 函数，当播放出错时会调用该处理函数。当播放出错时，传入的参数是一个错误编码，我们根据该错误编码查找下面的对照表，就可以基本上知道是什么原因导致播放出错了，如表 5.1 所示。

表 5.1　　错误码对照表

返回错误码	描述
MEDIA_ERR_ABORTED	获取资源被用户禁止
MEDIA_ERR_NETWORK	网络错误
MEDIA_ERR_DECODE	解码错误
MEDIA_ERR_SRC_NOT_SUPPOERTED	不合适资源

下面通过实例来具体说明音频组件的使用方法。

代码如下：

```
<!--index.wxml-->
<view><audiosrc="http://ws.stream.qqmusic.qq.com/M500001VfvsJ21xFqb.mp3?guid=
ffffffff82def4af4b12b3cd9337d5e7&uin=346897220&vkey=6292F51E1E384E06DCBDC9AB7C49FD713D632
D313AC4858BACB8DDD29067D3C601481D36E62053BF8DFEAF74C0A5CCFADD6471160CAF3E6A&fromtag=46"
controls
poster='http://y.gtimg.cn/music/photo_new/T002R300x300M000003rsKF44GyaSk.jpg?max_age=
2592000'
 name='爱你一万年'
 author='刘德华'
>
</audio>
</view>
```

显示效果如图 5.26 所示。

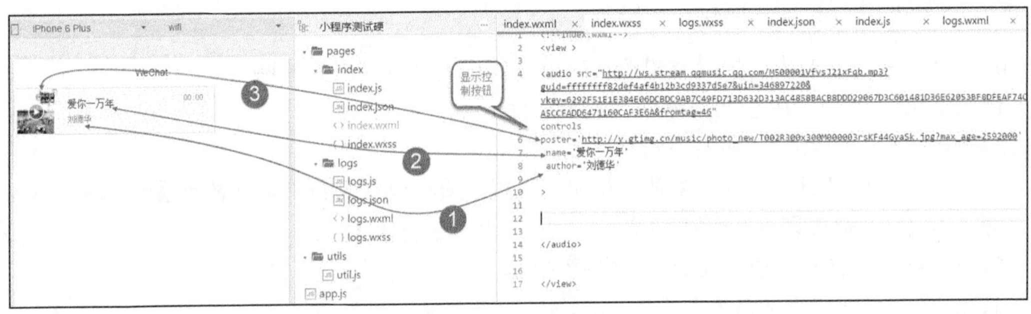

▲图 5.26　音频组件

当将 controls 设置为 false 时，我们看不到任何东西，但是可以听到播放的音频，这适合于播放背景音乐的情景。

最后，以 bindtimeupdate 为例来讲解事件处理函数。增加一个 bindtimeupdate="uphandler" 属性指定事件处理函数是 uphandler，同时在 index.js 文件中定义该事件处理函数，代码如下：

```
uphandler:function (e) {console.log("值="+JSON.stringify(e.detail)); },
```

其中，JSON.stringify 是一个 js 函数，用于将 json 对象转换成字符串格式方便显示。如果不经过转换，打印出来的日志中将是[objiect,object]的形式，不方便查看。

执行结果如图 5.27 所示。在音频播放过程中，不断地调用处理函数，输出音频当前播放的秒数和音频的总时长。

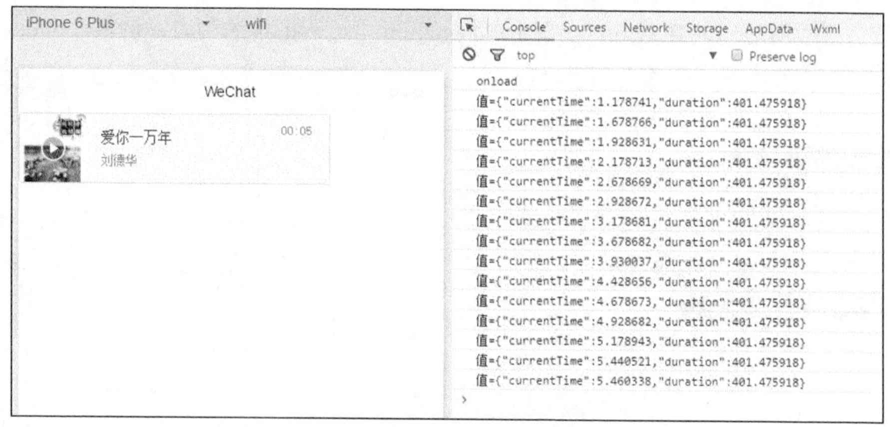

▲图 5.27　bindtimeupdate 事件处理

5.6.2　视频组件 video

视频组件用于在小程序中播放视频，其很多属性和音频组件的同名属性具有相同的含义，例如，src 用于指定要播放的视频资源的 url 地址，controls 用于指定是否显示暂停、播放等控制按钮。

而且视频组件的事件处理函数和音频的事件处理函数也是一样的，这里重点说明视频组件所特有的一些属性。

autoplay 用于设置视频组件是否自动播放视频，如果设置为 true，那么当页面一打开就自动开始播放视频；如果设置为 false，则需要手动单击播放按钮才会开始播放视频。

danmu-list、danmu-btn、enable-danmu 这 3 个属性用于控制弹幕相关的设置。其中，danmu-btn 设置是否显示弹幕控制按钮，通过单击该弹幕控制按钮可以打开弹幕显示或者屏蔽弹幕显示。enable-danmu 用于设置是否打开弹幕显示，如果设置为 true，表示开启弹幕显示，其效果和单击弹幕控制按钮打开弹幕显示相同；如果设置为 false，表示屏蔽弹幕显示，其效果和单击弹幕控制按钮关闭弹幕显示相同，如图 5.28 所示。

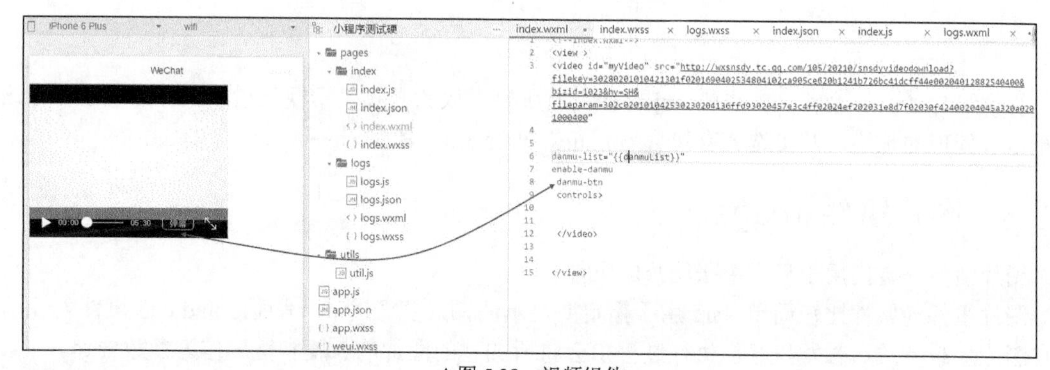

▲图 5.28　视频组件

当弹幕按钮打开为绿色时，播放视频过程中会显示弹幕；关闭弹幕，则弹幕按钮为白色，播放过程中不会显示弹幕。

在播放过程中所显示的弹幕内容来自于属性 danmu-list 所指定的列表，例如在 index.js 脚本的 data 中设置一个弹幕内容，如图 5.29 所示。

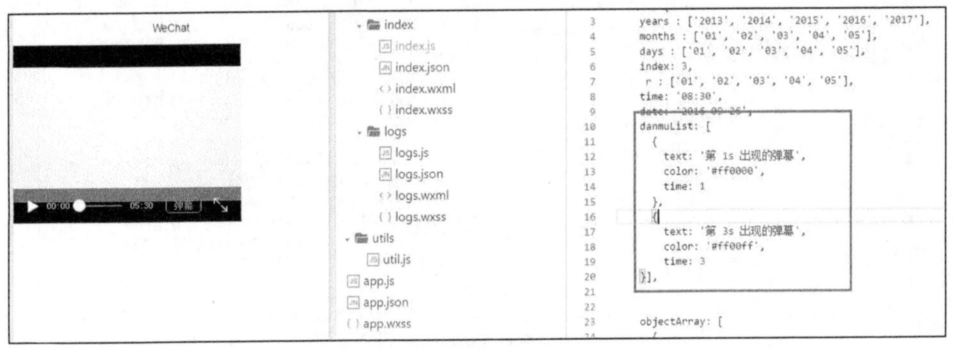

▲图 5.29　设置弹幕

该弹幕内容的含义是在视频播放到第 1 秒时，以颜色#ff0000 显示弹幕文字"第 1s 出现的弹幕"，在视频播放到第 3 秒时，以颜色#ff00ff 显示弹幕文字"第 3 秒出现的弹幕"，实际的播放效果如图 5.30 所示。

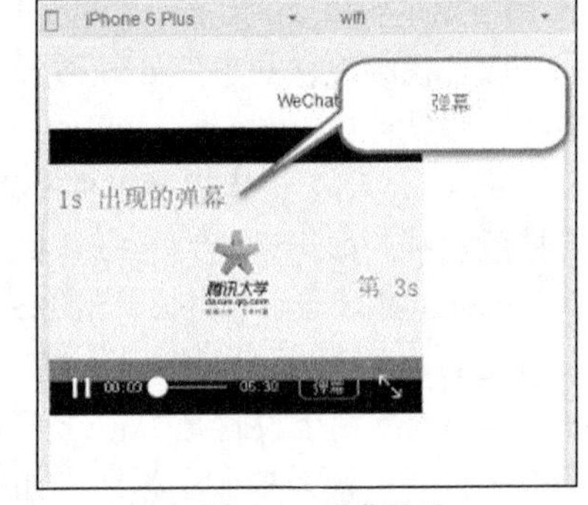

▲图 5.30　弹幕显示

代码如下：

```
index.js
Page({
data:{
danmuList:[
{
text:"第 1 秒出现的弹幕",
color: '#ff0000',
time: 1
},
{
text:"第 3 秒出现的弹幕",
color: '#ff0000',
time: 3
}]
}
})
```

视频组件还有一个特殊的属性 objectFit，当所要播放的视频大于视频播放组件的大小时，该属性指定了处理的策略，其可选值有包含 contain、填充 fill、覆盖 cover。

5.6.3　图片组件 image

图片组件是专门用于显示单张图片的组件。

图片组件的属性比较简单，src 用于指定要显示的图片资源的 url 地址，bindload 事件处理函数会在图片加载完成后触发执行，执行过程中会将所加载的图片的长度和宽度作为参数传递。

下面重点说明 mode 属性，mode 属性指定了当需要显示的图片比图片组件大，而无法完全显示完整时的处理策略，一共有 13 种处理策略。

总结归纳起来，主要是压缩图片或裁剪图片，以致只显示图片的一部分，压缩时分为保持长宽比压缩和不保持长宽比压缩。

model 的可选值和说明见表 5.2。

表 5.2　mode 可选值

模式	说明
scaleToFill	不保持纵横比缩放图片，使图片的宽高完全拉伸至填满 image 元素
aspectFit	保持纵横比缩放图片，使图片的长边能完全显示出来，即可以完整地将图片显示出来
spectFill	保持纵横比缩放图片，只保证图片的短边能完全显示出来。即图片通常只在水平或垂直方向是完整的，另一个方向将会发生截取
widthFix	宽度不变，高度自动变化，保持原图宽高比不变
scaleToFill	不保持纵横比缩放图片，使图片的宽高完全拉伸至填满 image 元素
aspectFit	保持纵横比缩放图片，使图片的长边能完全显示出来，即可以完整地将图片显示出来

5.7 地图组件

地图组件是所有组件中最复杂的一个组件，它主要完成内嵌入腾讯地图的功能。本章只介绍地图组件的配置以及基本的使用方法，实际使用地图组件时一般要结合后台接口调用来完成导航、路线规划以及测距或标注等功能。

地图组件的属性很多，按照这些属性的基本功能来划分，可以分为以下类别。

1. 基本属性

（1）longitude：定义地图组件中心点的经度数据。

（2）latitude：定义地图组件中心点的维度数据。

（3）scale：定义地图初始的放大倍数，默认 16，取值范围 5～18，取值越大，放大倍数越大。

（4）show-location：是否显示当前点标识。

例如，将经度 longitude 设置为 113.324520，把维度 latitude 设置为 23.099994，显示效果如图 5.31 所示。

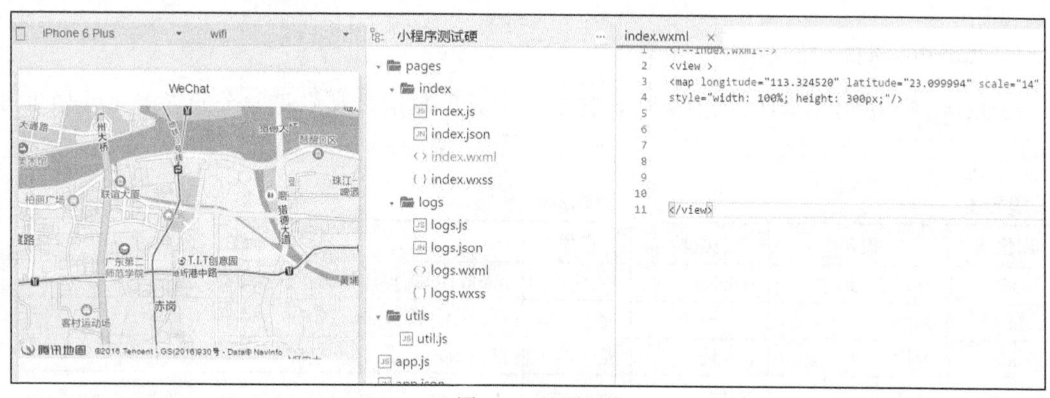

▲图 5.31　地图组件

可以看到，该经纬度的点正好位于地图的中心点，且放大倍数是 14。

接着把 scale 设置为 18，显示效果如图 5.32 所示，地图明显比以前更细致了。

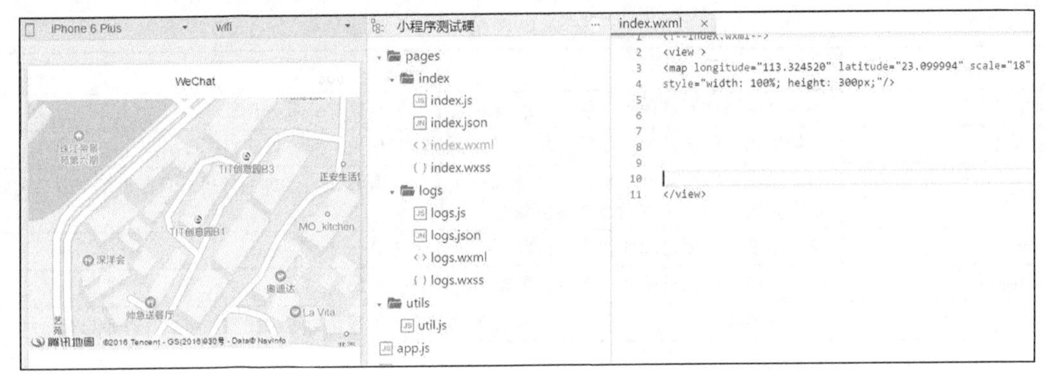

▲图 5.32　地图放大

当将 show-location 属性设置为 true 时，在地图右下角可以看到一个表示当前位置的圆形标记，如图 5.33 所示。

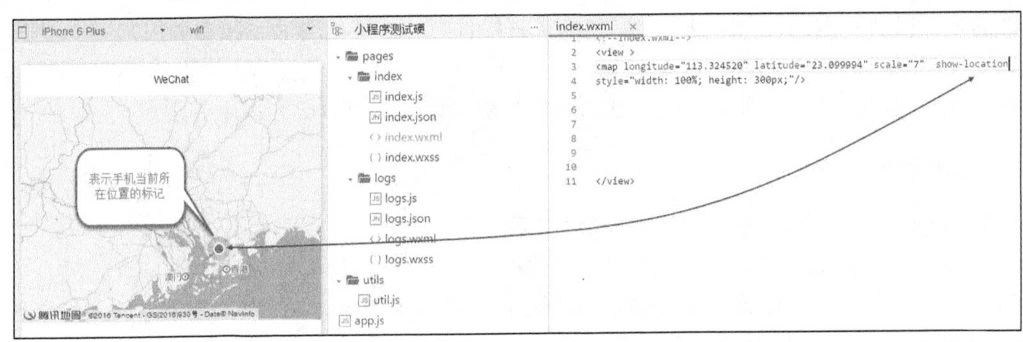

▲图 5.33　当前位置

除了上述基本属性外，其余均为标记类属性，这些属性的共同特点是都使用数组来确定标记的具体内容。

2. markers 属性

markers 属性用于在地图上做标注，它是一个对象数组，其中每一个元素的属性如表 5.3 所示。

表 5.3　　markers 属性

属性	说明	类型	必填	备注
id	标记点 id	number	否	marker 点击事件回调会返回此 id
latitude	纬度	number	是	浮点数，范围-90～90
longitude	经度	number	是	浮点数，范围-180～180
title	标注点名	string	否	—

续表

属性	说明	类型	必填	备注
iconPath	显示的图标	string	是	项目目录下的图片路径，支持相对路径写法，以'/'开头表示相对小程序根目录
rotate	旋转角度	number	否	顺时针旋转的角度，范围 0～360，默认为 0
alpha	标注的透明度	number	否	默认为 1，无透明
width	标注图标宽度	number	否	默认为图片实际宽度
height	标注图标高度	number	否	默认为图片实际高度

其中，latitude 和 longitude 用于指定标记点的具体地理坐标值，iconPath 用于指定该标记采用的图标图片的路径，rotate 用于控制图标图片的旋转角度，alpha 用于设置图标图片的透明度，width 和 height 用于设置图标图片的宽度和高度，title 用于设置该标记的名称。例如设置如下：

```
markers:[{
      iconPath: "/others.png",
      id: 0,
      latitude: 23.099994,
      longitude: 113.324520,
      width: 50,
      height: 50
   }],
```

得到的效果如图 5.34 所示。

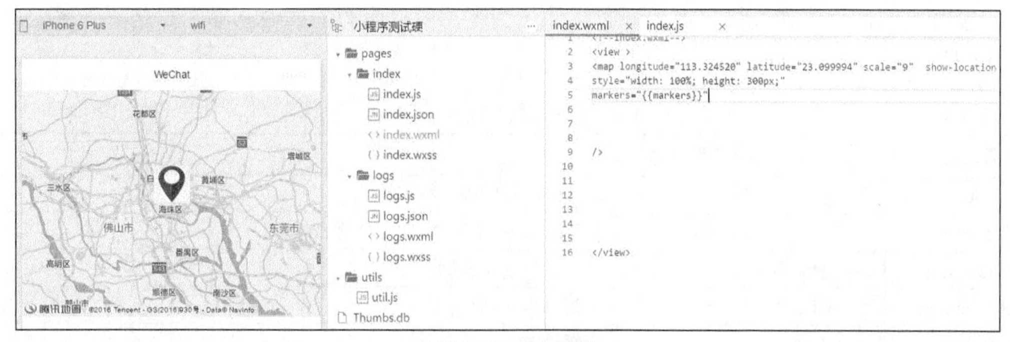

▲图 5.34　地图组件

3. polyline 属性

polyline 用于在地图上画线，其取值也是一个 js 数组，该数组包括如下 4 个元素。

（1）points：组成线段的点的 js 数组对象。

（2）color：线段的颜色。

（3）width：线段的宽度。

（4）dottedline：是否虚线。

4. circles 属性

该属性用于定义地图上的圆圈，相关属性如下。

（1）latitude：圆中心点的经度。
（2）longitude：圆中心点的纬度。
（3）color：圆周颜色。
（4）fillColor：圆填充色。
（5）radius：圆半径大小。
（6）strokeWidth：圆周线宽。

5. controls 属性

该属性用于定义一个地图控件，控件的特点是位置不随地图而移动。其中，clickable 定义该控件是否可点击，iconPath 定义该控件的图标图片路径，position 定义该控件的具体位置。

position 本身是一个 js 对象，它又包含如下属性。
（1）left：位置距离地图左边沿的距离。
（2）top：位置距离地图上边沿的距离。
（3）width：该位置控件的宽度。
（4）height：该位置控件的高度。

5.8 画布组件 canvas

一般情况下，程序通过接口调用画布组件来画图，所以画布的属性基本上都是事件绑定属性，如表 5.4 所示。

表 5.4　画布属性列表

属性名	类型	默认值	说明
canvas-id	string	—	canvas 组件的唯一标识符
disable-scroll	boolean	false	在 canvas 中移动时，禁止屏幕滚动以及下拉刷新
bindtouchstart	eventHandle	—	手指触摸动作开始
bindtouchmove	eventHandle	—	手指触摸后移动
bindtouchend	eventHandle	—	手指触摸动作结束
bindtouchcancel	eventHandle	—	手指触摸动作被打断，如来电提醒、弹窗
bindlongtap	eventHandle	—	手指长按 500 毫秒后触发，触发了长按事件后进行移动不会触发屏幕的滚动
binderror	eventHandle	—	当发生错误时，触发 error 事件，detail = {errMsg: 'something wrong'}

5.9 客服会话组件

小程序中可以提供一个客服绘画图标，当用户点击此图标后，可以发起客服会话来咨询相关的问题。

客服会话组件本身提供了用于定义图标大小的属性 size 和图标风格的属性 type。type 只支持两种风格，一种是黑色图标风格 default-dark，如图 5.35 所示，另一种是白色图标风格 default-light。

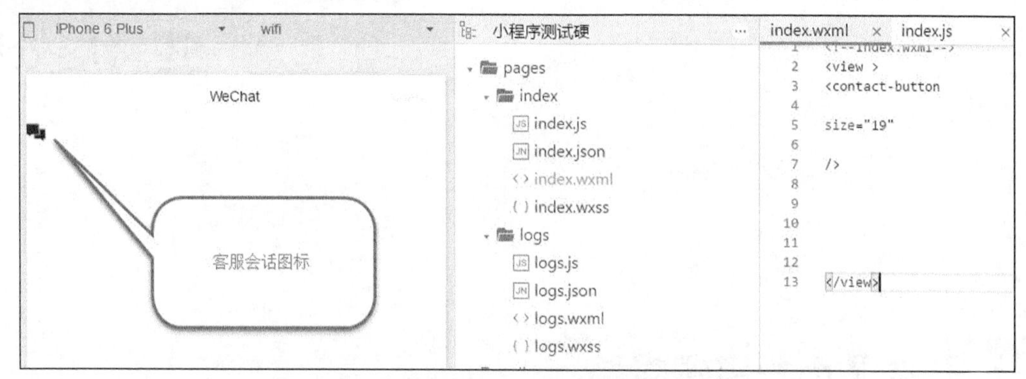

▲图 5.35 客服会话组件

当单击客服会话图标时，属性 session-from 的值将被作为参数传递到后台，开发者在后台程序中接收到该参数值后，可以根据该参数值来判断该会话是来自于小程序端的请求。

例如，将 session-from 设置为 weichat，那么在后台程序中取到的值如果是 weichat，我们就可以知道这个请求来自于小程序上的客户会话图标。

第 6 章　逻辑层处理

6.1 什么是小程序逻辑层

6.1.1 小程序响应式实现原理

当我们更新逻辑层数据 data 时，小程序界面上对应的属性会自动更新，这是怎么实现的呢？

这其实是模型层和视图层的同步响应，模型层（model）只是普通的 JavaScript 对象，修改它则更新视图（view），这让状态管理变得非常简单且直观。

响应式原理其实就是双向绑定的实现，双向绑定有两个操作，数据变化修改 dom，input 等文本框修改值时修改数据。

6.1.2 如何实现变化追踪

小程序开发严格遵循模块化开发思想，每个小程序页面都由 4 个文件组成：页面逻辑 js 文件、页面结构 wxml 文件、页面配置 json 文件和页面样式 wxss 文件。即使小程序的主题文件 App 也不例外。所以在一个小程序项目中，我们可以按照功能把小程序分为以下几个部分。

（1）页面展现部分：由 wxml 文件和 wxss 文件负责。

（2）页面逻辑部分：由 js 文件负责。

（3）配置文件：由 json 文件负责。

如图 6.1 所示。

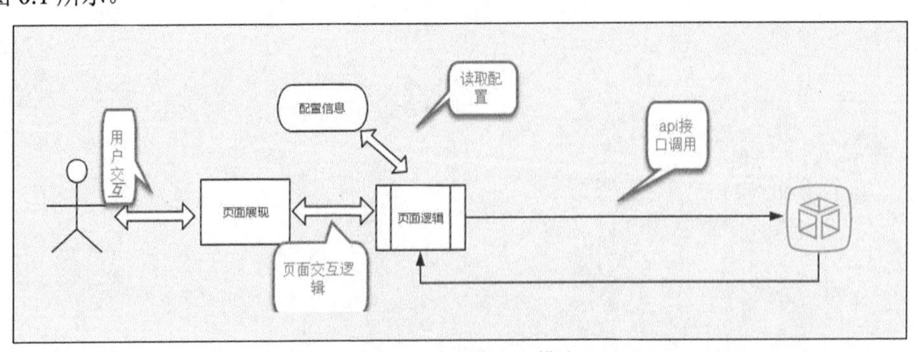

▲图 6.1　小程序交互模式

页面展现只负责页面的布局样式，当用户和页面交互时，例如点击页面上的一个按钮，页面逻辑也就是 js 文件负责处理，在处理过程中有时还需要读取配置文件，这些操作都是在用户手机上完成的。但是当需要处理一些涉及网络请求的操作时，js 文件就会通过 API 接口来调用小程序后台来完成，这就是整个交互过程。页面逻辑在整个小程序中起到了非常重要的作用，我们可以简单地把 json 配置和 js 页面逻辑文件看作小程序逻辑层。

6.2 小程序配置

在一个小程序项目中，有两类 json 配置文件，一类是小程序全局配置文件 app.json，其作用域对所有小程序页面都有效；另一类是单个页面的 json 配置文件，属于局部作用域，只对当前所在的页面有效。我们可以很方便地在页面 json 配置文件中覆盖掉同名的全局配置项，将一些默认配置项配置在全局配置文件中，然后在每个页面的配置文件中覆盖掉那些该页面特有的配置。

首先来看在全局配置文件中可以配置哪些配置项。

6.2.1 页面文件路径配置

首先配置小程序中所有的页面文件的路径，排在第一个的被当作小程序的首页，小程序运行起来后首先加载该首页。被配置在 app.json 中的页面才能被小程序识别，如果页面没有配置到 app.json 中，那么该页面文件会丢失，这个过程称为“页面注册”。

页面配置项的示例代码如下：

```
"pages": [
    "pages/index/index",
    "pages/logs/logs"
 ],
```

6.2.2 窗口样式配置

窗口样式配置用于设置小程序的状态栏、导航条、标题和窗口背景色。

其中用于导航栏的配置项有如下 3 个。

（1）导航栏背景颜色 navigationBarBackgroundColor。

（2）导航栏标题颜色 navigationBarTextStyle。

（3）导航栏标题文字内容 navigationBarTitleText。

导航栏标题颜色仅支持黑色和白色。

如图 6.2 所示。①处是定义标题颜色，②处是定义标题内容，③处是定义导航栏背景颜色。

在 index 页面中添加一个 logs 页面的导航链接，如图 6.3 所示。

单击进入 logs 页面，效果如图 6.4 所示。

logs 页面导航栏的背景色为红色，文字颜色为白色，但文字内容变成了“查看启动日志”，这是因为我们在 logs 页面的配置文件 logs.json 中定义了一个配置项："navigationBarTitleText": "查看启动日志"。该配置项会覆盖全局配置文件 app.json 中的同名配置项，所以 logs 页面的导航栏的标题文字被覆盖，变成了“查看启动日志”。

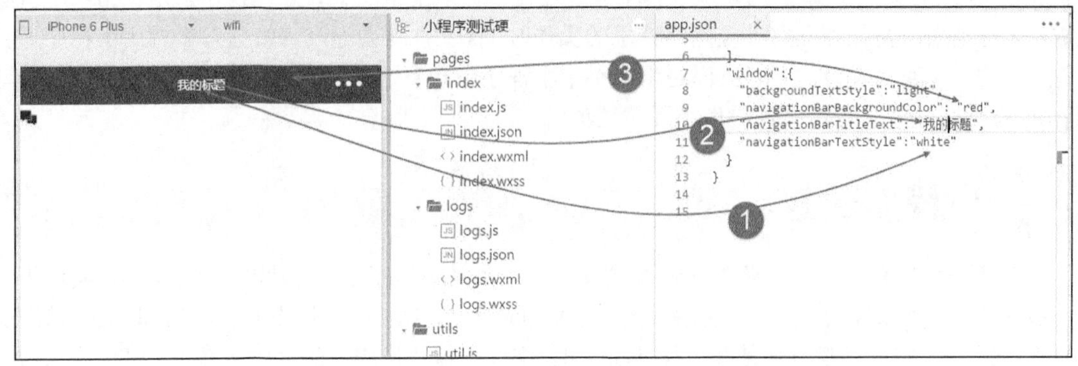

▲图 6.2　窗口样式

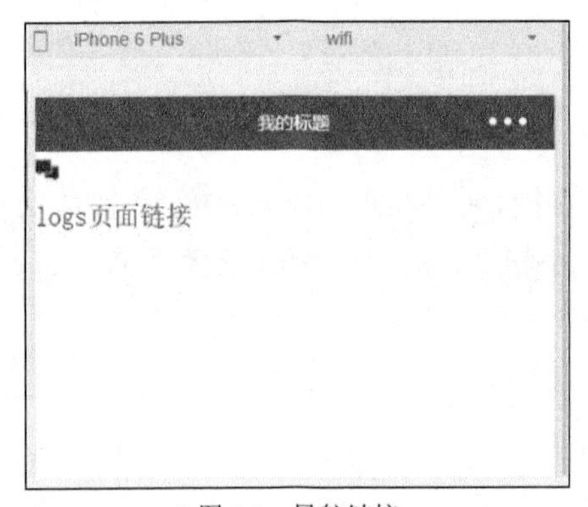

▲图 6.3　导航链接

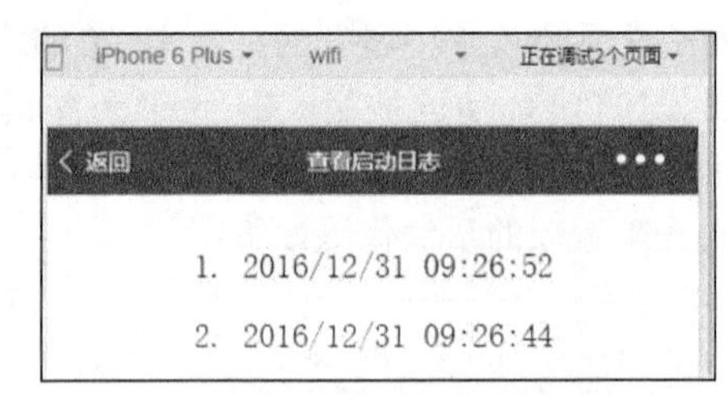

▲图 6.4　导航目标页面

那么如何修改 index 页面的导航栏的背景色和字体颜色呢？只需要在 index.json 文件中添加如下内容即可：

```
"navigationBarBackgroundColor": "blue",
"navigationBarTextStyle":"red"
```

修改后的显示效果如图 6.5 所示。

所有的配置项都遵循这一规律：页面配置文件中的配置项会覆盖全局配置文件中的同名配置项，如果页面配置文件中没有定义该配置项，那么就默认采用全局配置文件中的配置项。

每个小程序界面都由 4 部分组成：导航栏、背景、页面、状态栏。状态栏位于页面下方，可以用来定义多 tab。正常情况下，背景被页面完全覆盖，所以无法看到背景，只有当下拉页面内容区时，背景才会出现，如图 6.6 所示。

正常情况下是无法下拉页面的，因为配置项 enablePullDownRefresh 控制着是否允许下拉刷新，而该配置项的默认值是 false。所以为了能下拉页面看到背景，我们需要将该配置项设置为 true。

接下来看有关背景设置的两个配置项。

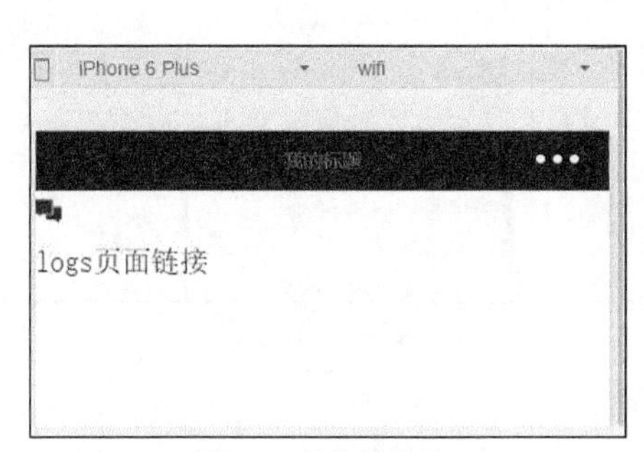

▲图 6.5 导航栏背景

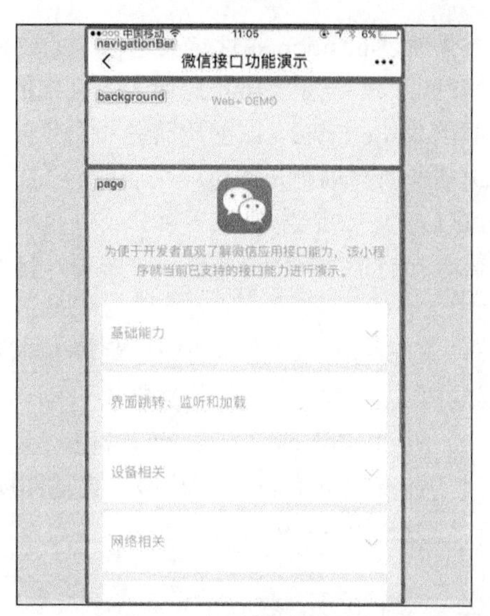

▲图 6.6 小程序页面组成

如何改变背景色呢？属性 backgroundColor 用于改变背景颜色，如图 6.7 所示，背景被改为红色。

只有当下拉刷新时才可以看到这个背景。同时，我们还可以定义背景上字体的风格为 background TextStyle，它只支持 dark 和 light 两种风格。

图 6.7 所示是 light 风格，dark 风格如图 6.8 所示。

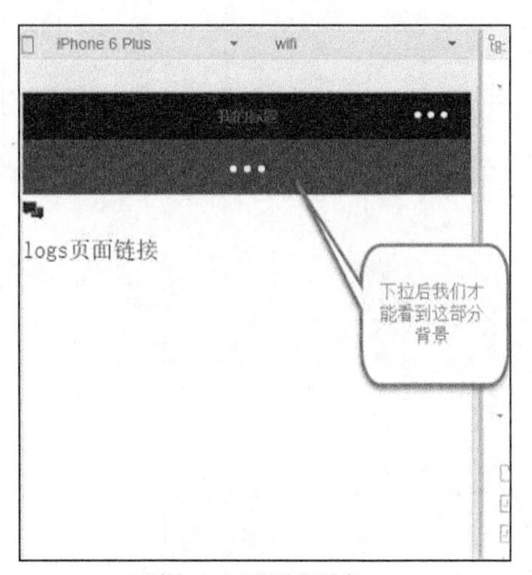

▲图 6.7 页面背景色

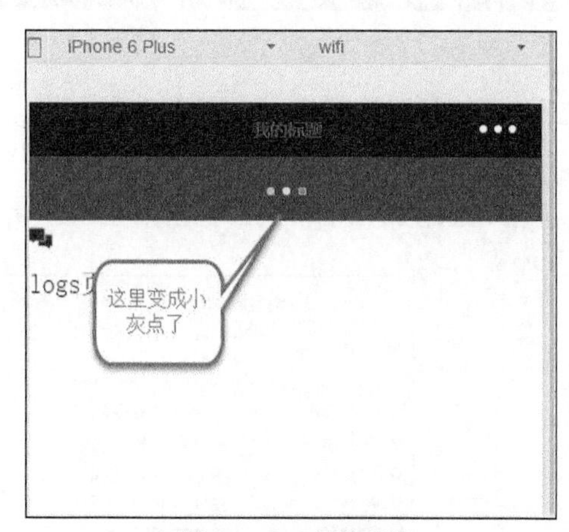

▲图 6.8 dark 风格背景

可以看到，图 6.8 所示的小白点变成了小灰点。

6.2.3 选项卡配置

我们可以在小程序顶部或者底部增加多个选项卡，这对于有多个功能切换的小程序会很方便。

首先通过 position 属性定义选项卡的位置，可以选择位于底部或者顶部。

同时可以自己定义 tab 选项卡上文字的颜色 color、选项卡的背景色 backgroundColor、选项卡的边框色 borderStyle（仅支持黑色和白色），还可以定义选项卡被选中时文字的颜色 selectedColor。

选项卡的选项则是通过一个 js 数组 list 来定义的，可以有 2～5 个选项卡。

数组 list 的每个元素都是一个选项，包括如下属性。

（1）pagePath：单击该选项后跳转到的页面。

（2）Text：选项上显示的文字。

（3）IconPath：选项上图标的路径。

（4）selectedIconPath：选项被选中时的图标路径。

对应关系如图 6.9 所示。

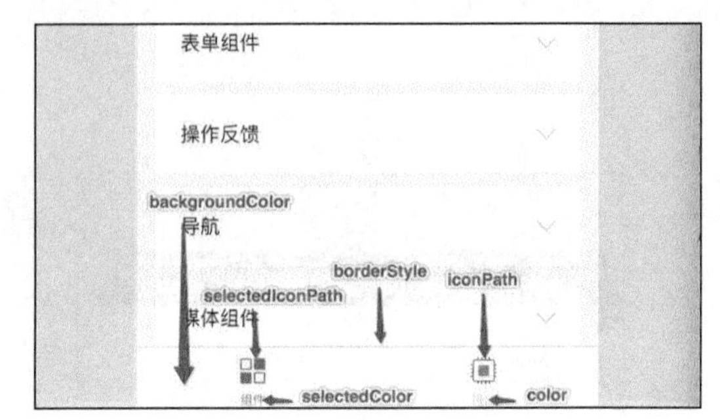

▲图 6.9　选项卡

6.2.4　调试开关

在全局配置文件中，可以将属性 debug 配置为 true 来开启调试开关，这样在进行调试时可以打印更多详细的信息。作为对比，首先看来没有开启调试模式时的控制台日志输出，如图 6.10 所示。

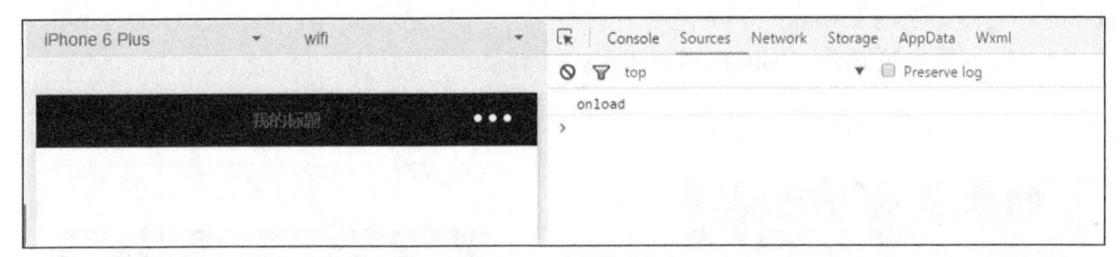

▲图 6.10　正常模式输出

开启调试模式后的控制台输出如图 6.11 所示。

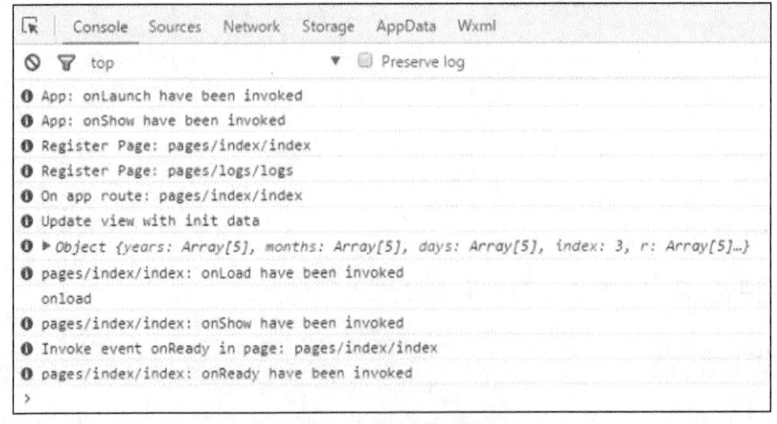

▲图 6.11　调试模式输出

可以看到，开启调试模式后，打印的日志信息更详尽。

6.2.5 网络超时配置

在开发过程中，经常会使用 API 接口来进行接口调用，对于这种网络请求接口调用，可以在全局配置文件中设置一个超时时间，可以针对 4 类网络请求分别设置对应的网络请求超时时间配置，如表 6.1 所示。

表 6.1 超时设置

属性	类型	必填	说明
request	Number	否	wx.request 的超时时间，单位为毫秒，默认为 60000
connectSocket	Number	否	wx.connectSocket 的超时时间，单位为毫秒，默认为 60000
uploadFile	Number	否	wx.uploadFile 的超时时间，单位为毫秒，默认为 60000
downloadFile	Number	否	wx.downloadFile 的超时时间，单位为毫秒，默认为 60000

6.3 逻辑层处理

小程序的逻辑处理是通过 js 文件来处理的。逻辑层将数据进行处理后发送给视图层显示，同时逻辑层也接受视图层的事件反馈对事件进行处理。

小程序全局逻辑写在 app.js 文件中，页面逻辑写在 page.js 文件中。app.js 文件的调用形式如下：

```
App({

})
```

小程序引擎会调用该方法来生成一个小程序对象，我们需要在大括号内部写全局处理逻辑。

page.js 文件的调用形式如下：

```
Page({
})
```

所有的页面处理逻辑都必须写在大括号内部。

在小程序的任何地方，都可以通过调用 getApp 接口方法获得当前小程序对象，在页面的 js 文件中，可以通过调用 getCurrentPages 来获得当前页面对象。在 js 文件中可以调用更丰富的 API，如微信用户数据、扫一扫、支付等微信特有功能。

但是要注意，小程序并非在浏览器中运行，所以并不是所有的 js 特性都能在小程序中使用，例如 document 对象就不能使用。

6.3.1 App 逻辑层

App( ) 函数用于注册一个小程序。接受一个 object 参数，在这个 object 参数中我们可以指定如下内容，生命周期函数如表 6.2 所示。

表 6.2 生命周期函数

属性	类型	描述	触发时机
onLaunch	Function	生命周期函数——监听小程序初始化	当小程序初始化完成时，会触发 onLaunch（全局只触发一次）
onShow	Function	生命周期函数——监听小程序显示	当小程序启动，或从后台进入前台显示时，会触发 onShow
onHide	Function	生命周期函数——监听小程序隐藏	当小程序从前台进入后台时，会触发 onHide
onError	Function	错误监听函数	当小程序发生脚本错误，或者 api 调用失败时，会触发 onError 并带上错误信息

这些生命周期函数为我们提供了在小程序生命周期的各个阶段进行自定义处理的可能性，例如要在小程序启动以后读取缓存内容，那么就可以在 onLaunch 函数中写入读取缓存的代码。

除了这些生命周期函数以外，还可以在 app 对象中加入任意自定义函数，这些自定义函数可以通过 app 对象来调用。

另外一个实用的属性是 globalData，我们可以在 app 的 globalData 属性中定义一些全局数据，然后在任意地方通过 app 对象来获取这些全局数据。

6.3.2 Page 页面逻辑层

Page( )函数用于注册一个页面。接受一个 object 参数，在 object 参数中，可以通过属性 data 指定页面的初始数据，data 是一个 object 类型的对象，可以存放任意类型的数据。这些初始数据在页面加载过程中可以直接用于页面显示，此外，页面逻辑中也有生命周期函数，如表 6.3 所示。

表 6.3 页面生命周期函数

属性	类型	描述
onLoad	Function	生命周期函数——监听页面加载
onReady	Function	生命周期函数——监听页面初次渲染完成
onShow	Function	生命周期函数——监听页面显示
onHide	Function	生命周期函数——监听页面隐藏

我们也可以在页面中添加自定义函数，并把这些自定义函数设置成事件处理函数，这样当页面上有对应的事件发生时，就会触发调用。

在页面逻辑中定义的初始化数据会在页面第一次渲染时传送给页面层，在页面层通过数据绑定来显示这些初始数据。注意，初始化数据最大不要超过 1024KB。

Page 对象具有一个 setData( )方法，可以在页面逻辑中直接调用 this. setData( )方法，来修改或者新增页面对象的 data 属性的内容。setData( )方法接受一个键值对的 js 对象，当 data 属性中存在同名的 key 时会直接覆盖旧值，如果不存在，则直接新增该键值对，这样就可以很方便地在页面逻辑中处理页面相关的数据了。

在小程序中各个页面的数据互不影响，也就是说，不同的页面 js 逻辑文件中可以声明相同名字的变量和函数，不会互相影响。但是 app 实例中的 globalData 中所保存的数据则是全局共享的，在任何页面中都可以访问到 globalData。

有时在多个页面逻辑文件中都要用到同样的函数功能，例如在多个页面逻辑中经常要用到字符串处理相关的函数，这时可以把字符串处理函数单独提取出来，保存到一个 js 文件中，例如保存到 common.js 文件中，然后通过 module.exports = {函数名称}将该 js 文件中的函数导出来给小程序页面逻辑去使用。

例如：

```
//common.js
function formatTime(date) {
  var year = date.getFullYear()
  var month = date.getMonth() + 1
  var day = date.getDate()

  var hour = date.getHours()
  var minute = date.getMinutes()
  var second = date.getSeconds()

  return [year, month, day].map(formatNumber).join('/') + ' ' + [hour, minute,
second].map(formatNumber).join(':')
}

function formatNumber(n) {
  n = n.toString()
  return n[1] ? n : '0' + n
}

module.exports = {
  formatTime: formatTime
}
```

当在页面逻辑文件中需要使用 common.js 中定义的函数时，通过 require 导入即可。

例如：

```
var common = require('common.js')//将模块 common.js 导出给变量 common。
Page({
  helloMINA: function() {
    common.sayHello('MINA')//通过变量 common 调用模块中定义的函数。
  },
  goodbyeMINA: function() {
    common.sayGoodbye('MINA')
  }
})
```

第7章　视图层

7.1 什么是视图层

小程序中的视图层由 wxml 和 wxss 文件组成，其中 wxml 负责页面布局和交互，wxss 负责页面样式。

wxml 文件主要由各个组件的标签组成，负责将逻辑层传入的数据显示给用户，同时负责接受用户的输入将视图层的事件传送到逻辑层进行处理。

7.2 wxml 文件

微信标记语言（WeiXin Markup Language，wxml）是微信官方设计的一套标签语言，主要可以完成数据绑定、条件渲染、列表渲染、事件触发及模板功能。

7.2.1 数据绑定

所谓数据绑定，是通过标签将页面对象的 data 属性中的内容显示在页面上。数据绑定使用 Mustache 语法（双大括号）将变量包起来。例如，在页面对象的 data 属性上定义一个 message 属性，其值为“Hello MINA!”，代码如下：

```
Page({
  data: {
    message: 'Hello MINA!'
  }
})
```

那么可以在 wxml 中通过下面的代码将 message 的值显示出来。

```
<view> {{ message }} </view>
```

除了显示在 view 标签中，还可以显示在组件的属性中，例如：

```
<view id="item-{{message}}"> </view>
```

这时只要注意组件标签的属性值要放在双引号中就可以了。

双大括号也支持简单的运算，例如在页面的 data 数据中定义 flag=true，那么：

```
<view hidden="{{flag ? true : false}}"> Hidden </view>
```

经过运算后等效于：

<view hidden="true"> Hidden </view>。此外常见的运算还有：

（1）数学运算，例如<view> {{a + b}} </view>。

（2）逻辑运算，例如<view wx:if="{{length > 5}}"> </view>。

（3）字符串运算，例如<view>{{"hello" + name}}</view>。

可以总结得出一个很简单的规律，即对于所有位于{{}}内部的变量名称，引擎都会先去 data 属性里面找是否有同名的变量，如果有，那么用变量的值替换掉变量的名称。替换完成后，再看{{}}内部是否能构成一个表达式，如果可以，就尝试对该表达式进行运算，运算后得到的结果作为最终的结果输出。

7.2.2 条件渲染

页面上经常会出现如下场景。

场景 1：有一个标签需要根据具体情况决定是否显示，例如根据变量 a 的值是否为 true 来决定是否显示，如果变量 a 的值为 true，则显示该标签；如果为 false，则不显示该标签。

场景 2：有多个标签需要根据具体情况决定是否显示，例如根据变量 a 的值是否为 true 来决定是否显示，如果变量 a 的值为 true，则显示多个标签；如果为 false，则不显示这些标签。

微信官方提供的两个条件渲染控制属性可以解决上述两个场景的问题，这两个控制属性是 wx:if 和 block wx:if。

1. wx:if

该控制属性的用法为：

```
<view wx:if="{{condition}}"> True </view>
```

根据 condition 的取值决定是否显示 view 标签。

也可以用 wx:elif 和 wx:else 来添加一个 else 块：

```
<view wx:if="{{length > 5}}"> 1 </view>
<view wx:elif="{{length > 2}}"> 2 </view>
<view wx:else> 3 </view>
```

if 控制属性只能作用于单个标签，无法同时控制多个标签是否显示。

2. block wx:if

该控制属性的用法为：

```
<block wx:if="{{condition}}">
  <view> view1 </view>
  <view> view2 </view>
</block>
```

block if 控制属性可以同时控制多个元素的显示，例如当 condtion 为 true 时，view1 和 view2 都会显示；而当 condition 为 false 时，view1 和 view2 都不会显示。

不管是 wx:if，还是 block wx:if，都是延迟渲染的，即如果 condtion 条件为 false，引擎并不会去渲染相应的元素，这样初次渲染页面就会快一些；当 condition 条件转为 true 时，引擎才开始渲染相应的元素，这时有可能会带来局部刷新。

7.2.3　列表渲染

针对一个列表或者数组这类集合的输出，微信官方专门提供了列表渲染控制属性，其中 wx:for 用于迭代使用数组的每一个元素来渲染组件，例如：

```
<view wx:for="{{array}}">
  {{index}}: {{item.message}}
</view>
```

上述代码将会针对数组 array 的每一个元素渲染 view 及其内部的元素，再使用 wx:for 控制属性的组件内部。可以通过 index 变量获取当前迭代元素的索引值，通过 item 变量获取当前迭代元素的当前项。如果要换成其他的变量名，只需为组件添加 wx:for-index 属性，并指定索引变量名即可，wx:for-item 则可以指定获取当前数组元素的变量名。

另一个控制属性 block wx:for 的用法和 wx:for 类似，不同的是，block wx:for 通常用于渲染一个包含多节点的结构块。

7.2.4　模板

对于一些常用的页面构件，可以使用模板来定义，使用时可以直接引用模板并传入模板所需要的参数，大大减少了代码重复，避免了不必要的重复输入。

例如，在页面中多处要使用到这样的一个页面构件，包括序号、消息内容、时间。

那么可以把它定义为如下模板：

```
<template name="msgItem">
  <view>
    <text> {{index}}: {{msg}} </text>
    <text> Time: {{time}} </text>
  </view>
</template>
```

在其他需要该页面构件的地方，只需要按照如下方式引用：

```
<template is="msgItem" data="{{...item}}"/>
```

其中 is 属性声明需要使用的模板，然后将模板所需要的 data 传入。和其他页面组件一样，模板也只能使用当前页面中所定义的数据。

7.2.5　事件

事件是页面层和逻辑层之间的通信方式。当用户在页面层单击按钮时，会触发按钮的点击事件，该点击事件会以参数的形式被传送到逻辑层绑定的事件处理函数，这样逻辑层就感知到了页面层用户的单击并进行相应的逻辑处理。

事件有不同的分类，有的事件不能冒泡，只能由绑定该事件的组件处理；有的事件会冒泡，当绑定该事件的组件没有处理时会发送到上一级组件，以此类推。

常见的冒泡事件如表 7.1 所示。

表 7.1　常见的冒泡事件

类型	触发条件
touchstart	手指触摸动作开始
touchmove	手指触摸后移动
touchcancel	手指触摸动作被打断，如来电提醒、弹窗
touchend	手指触摸动作结束
tap	手指触摸后马上离开
longtap	手指触摸，超过 350 毫秒再离开

事件以属性的方式绑定到组件上，格式是 bind***，其中“***”表示事件的名称，例如 tap、longtap 等。

如果在 button 组件上绑定一个 tap 事件，可以写为：

```
<button type="primary" bindtap="taphandler"/>
```

其中，taphandler 是在 js 文件中所定义的事件处理函数。

对于冒泡事件，例如 tap 事件，如果要在冒泡的过程中阻止继续冒泡，那么只需要在父类组件上添加一个或 catchtap 绑定。这样当 tap 事件冒泡到该组件时，就不会继续向上冒泡了。

当调用事件处理函数时，会把当前事件作为参数传递给事件处理函数。所有的事件对象都继承自基础事件对象 BaseEvent，基础事件对象的属性如表 7.2 所示。

表 7.2　基础事件对象的属性

属性	类型	说明
type	String	事件类型
timeStamp	Integer	事件生成时的时间戳
target	Object	触发事件的组件的一些属性值集合
currentTarget	Object	当前组件的一些属性值集合

其中，type 属性用于指定事件类型。

timeStamp 表示页面打开到事件触发这段时间的时间戳（以 ms 表示）。

target 表示触发事件的源组件的相关属性集合，这些属性包括源组件 id、源组件的标签名称 tagName，以及源组件上所有以“data-”开头的自定义属性组成的集合。

currentTarget 表示当前处理事件的组件的相关属性集合，如果触发事件的组件和处理事件的组件相同，Target 和 currentTarget 相同。如果事件发生了冒泡，那么 currentTarget 往往是触发事件的组件的父组件。

如上所述，我们可以在组件上自定义一些属性，如果这些自定义属性以“data-”开头，多个单词由连字符连接，例如 data-element-type，那么在事件处理函数中就可以通过 event.target.dataset 获取到这些自定义属性的取值，这是一种很方便的事件参数传递方式，我们可以通过这种方式把想要传递的参数传递给事件处理函数。

其他事件都继承自基础事件对象，拥有基础事件对象的所有属性。此外，还拥有属于自己的特殊属性，以触摸事件为例来说明。

touchEvent 触摸事件继承自基础事件对象，除了拥有所有基础事件对象的属性以外，它包括的特殊属性如表 7.3 所示。

表 7.3 触摸事件的特殊属性

属性	类型	说明
touches	Array	触摸事件，当前停留在屏幕中的触摸点信息的数组
changedTouches	Array	触摸事件，当前变化的触摸点信息的数组

touches 是一个数组，每个元素为一个 Touch 对象。Touch 对象的属性如表 7.4 所示。

表 7.4 Touch 对象的属性

属性	类型	说明
identifier	Number	触摸点的标识符
pageX, pageY	Number	距离文档左上角的距离，文档的左上角为原点，横向为 *X* 轴，纵向为 *Y* 轴
clientX, clientY	Number	距离页面可显示区域（屏幕除去导航条）左上角距离，横向为 *X* 轴，纵向为 *Y* 轴

changedTouches 数据格式同 touches，表示有变化的触摸点。

7.2.6 文件引用

文件引用分为 import 引用和 include 引用。import 引用用于目标文件中的模板，例如在 a 文件中定义了一个模板，通过 import a 文件就可以在 b 文件中使用 a 文件中定义的模板，代码如下：

```
<!-- a.wxml -->
<template name="item">
  <text>{{text}}</text>
</template>

<!—b.wxml→
<import src="item.wxml"/>
<template is="item" data="{{text: 'forbar'}}"/>
```

import 只会将 a 文件中的模板作用域扩展到 b 文件中，让 b 文件中可以使用 a 文件中所定义的模板，但是并不会把 a 文件中的代码复制到 b 文件。

include 引用则不同，include 可以将目标文件除了<template/>的整个代码引入，相当于复制到 include 位置。

7.2.7 wxss 样式文件

小程序中的样式文件分为全局样式文件 app.wxss 和页面样式文件 XX.wxss。全局样式文件中定义的样式全局有效，页面样式文件中定义的样式只能作用于该页面，页面样式文件中定义的样式会覆盖全局样式文件中所定义的同名样式类。页面样式文件中没有定义的样式将默认使用全局样式文件中定义的样式。

在页面结构文件中可以采用如下两种方式来使用样式文件中所定义的样式。

（1）style 内联样式：可以直接在组件上通过 style 属性来指定相关的样式，这种方式称为内联样式。但是建议尽量不要将样式直接写到组件的 style 属性中去，除非这个样式是动态样式，需要在运行时对变量进行解析来决定最终采用的样式，例如：

```
<view style="color:{{color}};" />
```

（2）class 样式：可以在组件的 class 属性上指定该组件所使用的样式类名称，这些样式类的具体内容则定义在 wxss 文件中，建议尽量采用这种方式来为页面组件指定样式。

此外还有一种情况，例如从网上下载了一个小程序样式文件 a.wxss，我们想将此文件使用到小程序中，但又不想直接复制粘贴到原来的样式文件中去，那么有一种比较方便的方法——通过@import 语句导入。可以在 app.wxss 文件中的第一行写上@import "a.wxss";，这样就把下载的样式文件中的样式导入到了全局样式文件 app.wxss 中，即可在整个项目中使用。

第8章 搭建 Maven+Spring+SpringMVC+MyBatis 后台环境

小程序后台采用 Maven +Spring+SpringMVC+MyBatis 的体系结构来开发，用 MySQL 作为数据库。

首先来看如何搭建后台开发环境。SpringMVC 分离了控制器、模型对象、分派器和处理程序对象的角色，这种分离让它们更容易进行定制。MyBatis 是一个基于 Java 的持久层框架，它使用简单的 XML 或注解用于配置和原始映射，将接口和 Java 的普通 Java 对象（Plain Old Java Objects，POJOs）映射成数据库中的记录。Maven 是一个自动化的项目构建和管理工具，它包含了一个项目对象模型（Project Object Model）、一组标准集合、一个项目生命周期（Project Lifecycle）、一个依赖管理系统（Dependency Management System），和用于运行定义在生命周期阶段（phase）中插件（plugin）目标（goal）的逻辑。

8.1 安装 Maven

下载 Maven 安装包 Apache Maven 3.2.3，此版本是 3.2.3 版本，将安装包解压到一个路径，然后配置环境变量。

Maven home 的变量值为 D:\maven\apache-maven-3.2.3（这是我的 Maven 路径）。

编辑变量名“Path”，在最前面加上“%MAVEN_HOME%\bin;”（注意，最后要有个";"作为分隔符）。完成之后，在命令行输入“mvn -version”，查看是否有如图 8.1 所示的内容，如果有，则表示配置成功。

Maven 中还有一个重要的配置——数据仓库的路径配置。找到 Maven 的安装路径，进入“conf”—>“打开 settings.xml”，找到 localRepository 标签，此时是被注释掉的，解除注释，然后配置一个路径，例如 D:/maven/apache-maven-3.2.3/mavJars，这样今后 Maven 管理下载的 jar 包都存储在这个路径下。

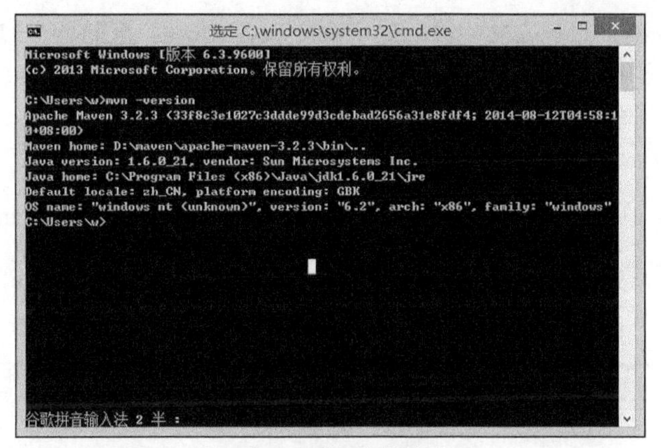

▲图 8.1　验证安装结果

8.2　在 MyEclipse 中集成 Maven

如果你的 MyEclipse 版本已经自带了 Maven 插件，则可以省略安装 Maven 插件这一步骤，直接进入配置 Maven 插件的步骤，如果还没有安装 Maven 插件，请先按照下面的步骤安装 Maven 插件。

8.2.1　安装 Maven 插件

（1）打开“Help”—>“Software Updates”—>“Find and Install...”—>“Search for new faatures to install”—>“New Remote Site...”。在打开的对话框中输入如下内容：

Name:m2eclipse Url:http://m2eclipse.sonatype.org/sites/m2e/0.10.0.20100209-0800/

单击“finish”，可以看到如图 8.2 所示的界面。

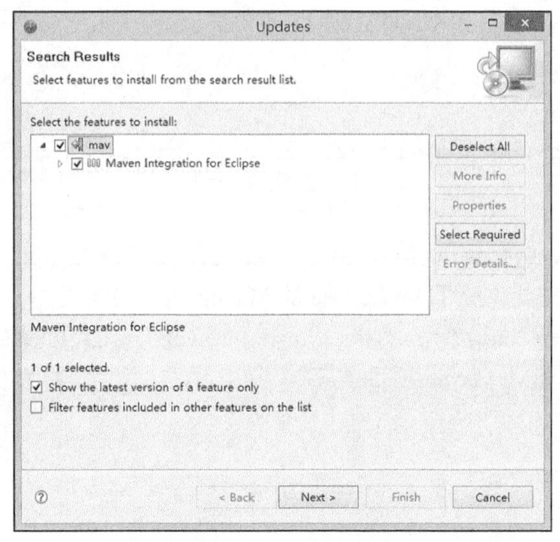

▲图 8.2　Maven 插件

（2）一直单击“next”直到安装完成，然后重启 MyEclipse。至此，我们就完成了 Maven 插件的安装步骤。

8.2.2　配置 Maven 插件

安装好 Maven 后，在 MyEclipse IDE 菜单栏单击“window”—>“preferences”，输入“maven”，接着单击“Installations”—>“Add”—>“选择 maven 的安装目录”—>“Apply”，如图 8.3 所示。

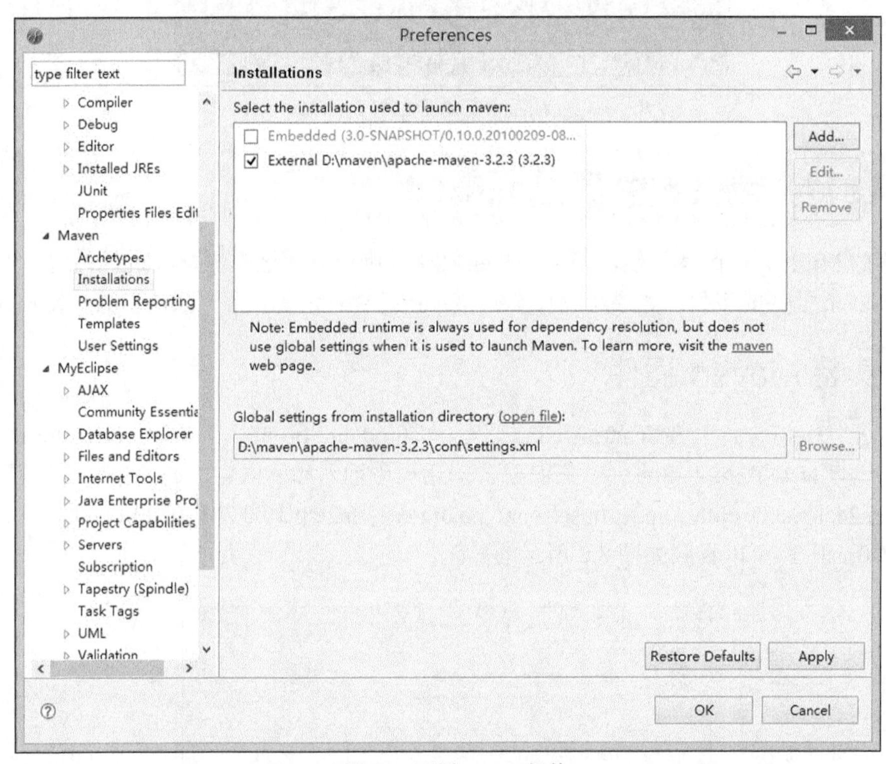

▲图 8.3　配置 Maven 插件

单击“User Settings”，选择解压后 maven 下 conf 文件夹中的“settings.xml”，再单击“Apply”，如图 8.4 所示。至此，我们就完成了 MyEclipse 的 Maven 插件的配置。

此时，单击“File”—>“new”—>“other”—>“Maven”。如果可以看到如图 8.5 所示的界面，证明配置成功，已经可以建立 Maven 项目了。

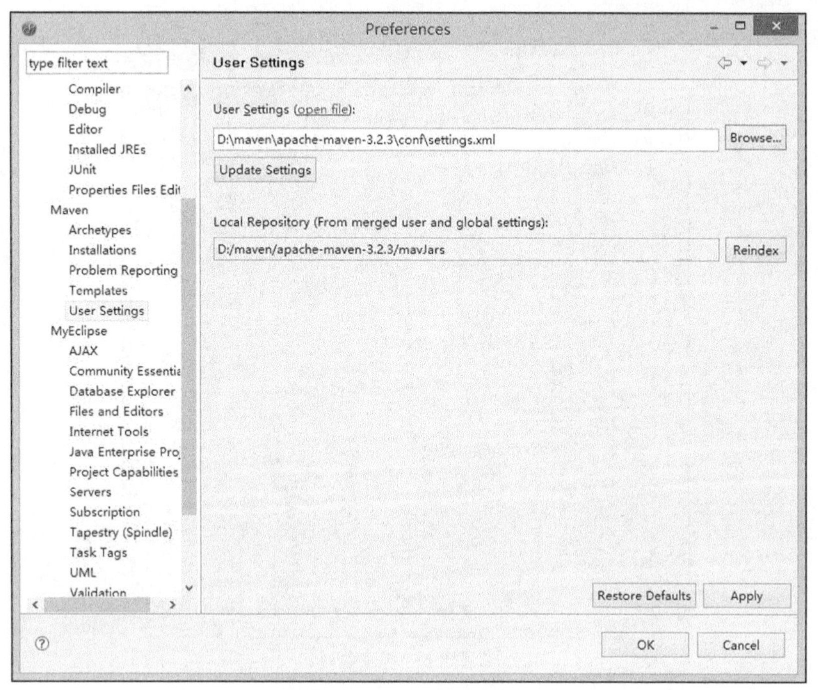

▲图 8.4　配置 Maven 路径

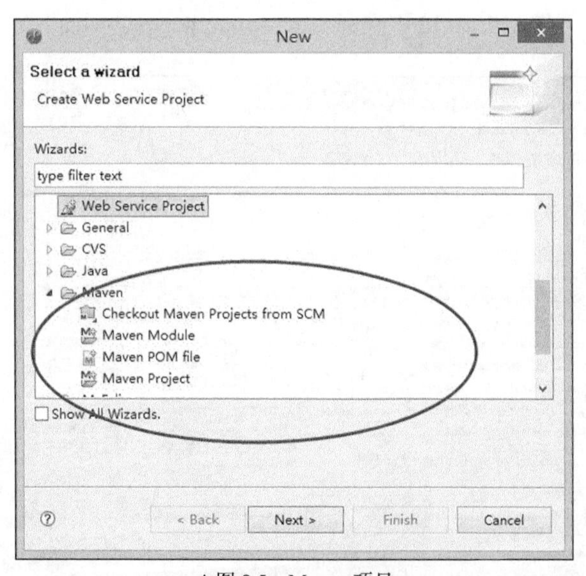

▲图 8.5　Maven 项目

8.3 集成 SpringMVC，MyBatis 及 log4j

（1）新建 Maven Project，打开“File”—>“New”—>“project”，选择“Maven Project”，单

击“next”，如图 8.6 所示。

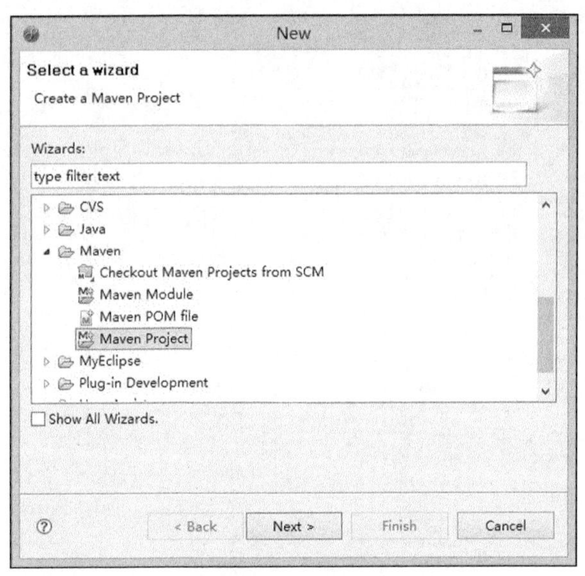

▲图 8.6　新建项目

（2）选择项目路径“C:\workspace”。

（3）选择项目类型，在 Artifact Id 中选择“maven-archetype-webapp”，如图 8.7 所示。

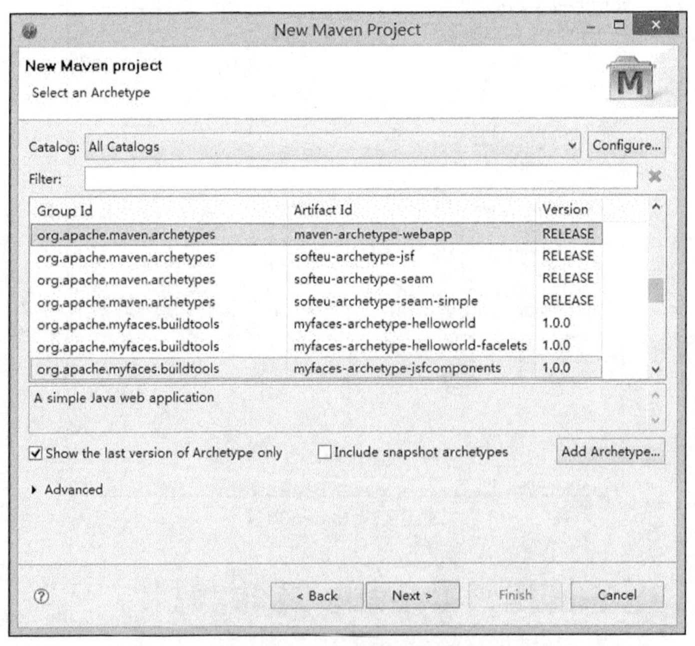

▲图 8.7　选择项目类型

（4）在 Group Id、Artifact Id，以及 Package 栏中输入相应的内容。Group Id 一般写大项目名称，Artifact Id 是子项目名称。例如 Spring 的 web 包，Group Id 为“org.springframework”，ArtifactId 为“spring-web Package”指的是默认建一个包。如图 8.8 所示。

单击“确定”后，Maven 创建的项目目录结构如图 8.9 所示。

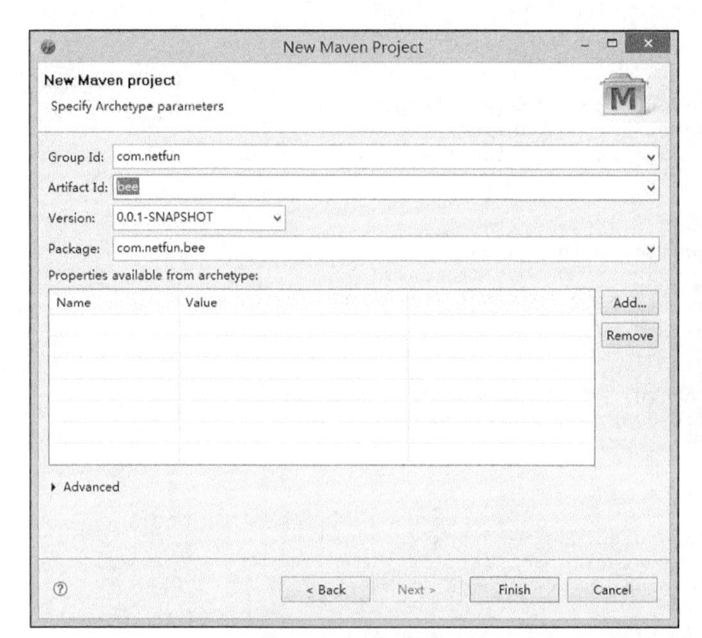

▲图 8.8　输入包名称

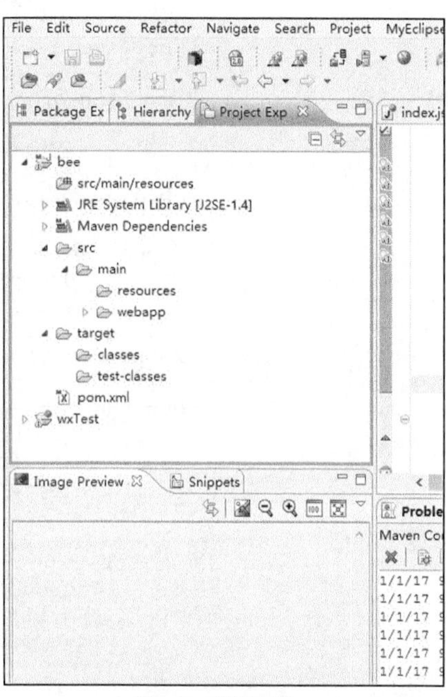

▲图 8.9　项目结构

现在所有的项目构建和 jar 包全部交给 Maven 来管理了，而无需人工管理，这样会很方便。

（5）通过 Maven 添加 SpringMVC 所需的 jar 包，单击“pom.xml”打开，添加如下依赖关系：

```
<!-- spring 核心包 -->
                <!-- springframe start -->
                <dependency>
                        <groupId>org.springframework</groupId>
                        <artifactId>spring-core</artifactId>
                        <version>${spring.version}</version>
                </dependency>

                <dependency>
                        <groupId>org.springframework</groupId>
                        <artifactId>spring-web</artifactId>
                        <version>${spring.version}</version>
                </dependency>

                <dependency>
                        <groupId>org.springframework</groupId>
                        <artifactId>spring-oxm</artifactId>
                        <version>${spring.version}</version>
                </dependency>

                <dependency>
                        <groupId>org.springframework</groupId>
```

```
                <artifactId>spring-tx</artifactId>
                <version>${spring.version}</version>
        </dependency>

        <dependency>
                <groupId>org.springframework</groupId>
                <artifactId>spring-jdbc</artifactId>
                <version>${spring.version}</version>
        </dependency>

        <dependency>
                <groupId>org.springframework</groupId>
                <artifactId>spring-webmvc</artifactId>
                <version>${spring.version}</version>
        </dependency>

        <dependency>
                <groupId>org.springframework</groupId>
                <artifactId>spring-aop</artifactId>
                <version>${spring.version}</version>
        </dependency>

        <dependency>
                <groupId>org.springframework</groupId>
                <artifactId>spring-context-support</artifactId>
                <version>${spring.version}</version>
        </dependency>

        <dependency>
                <groupId>org.springframework</groupId>
                <artifactId>spring-aop</artifactId>
                <version>${spring.version}</version>
        </dependency>

        <dependency>
                <groupId>org.springframework</groupId>
                <artifactId>spring-test</artifactId>
                <version>${spring.version}</version>
        </dependency>
        <!-- springframe end -->

        <!-- mybatis 核心包 -->
        <dependency>
                <groupId>org.mybatis</groupId>
                <artifactId>mybatis</artifactId>
                <version>${mybatis.version}</version>
        </dependency>
        <!-- mybatis/spring 包 -->
        <dependency>
                <groupId>org.mybatis</groupId>
                <artifactId>mybatis-spring</artifactId>
                <version>1.2.2</version>
        </dependency>
        <!-- mysql 驱动包 -->
        <dependency>
                <groupId>mysql</groupId>
                <artifactId>mysql-connector-java</artifactId>
                <version>5.1.29</version>
        </dependency>
```

同时在 project 根目录下添加如下代码：

```
<properties>
            <!-- spring 版本号 -->
            <spring.version>3.2.4.RELEASE</spring.version>
            <!-- mybatis 版本号 -->
            <mybatis.version>3.2.4</mybatis.version>
            <!-- log4j 日志文件管理包版本 -->
            <slf4j.version>1.6.6</slf4j.version>
            <log4j.version>1.2.9</log4j.version>
    </properties>
```

这样就在项目中完成了 SpringMVC 和 MyBatis 的支持。

为了在后续调试过程中方便输出日志，建议大家添加 log4j 的日志相关的依赖包，代码如下：

```
<!-- 日志文件管理包 -->
            <!-- log start -->
            <dependency>
                    <groupId>log4j</groupId>
                    <artifactId>log4j</artifactId>
                    <version>${log4j.version}</version>
            </dependency>
            <dependency>
                    <groupId>org.slf4j</groupId>
                    <artifactId>slf4j-api</artifactId>
                    <version>${slf4j.version}</version>
            </dependency>
            <dependency>
                    <groupId>org.slf4j</groupId>
                    <artifactId>slf4j-log4j12</artifactId>
                    <version>${slf4j.version}</version>
            </dependency>
            <!-- log end -->
```

添加完成后 Maven 会自动重新 build，并且所有依赖包都自动下载到之前配置的 Maven 库目录“D:\maven\apache-maven-3.2.3\mavJars”中去，可以看到 Maven 自动下载了很多 jar，如图 8.10 所示。

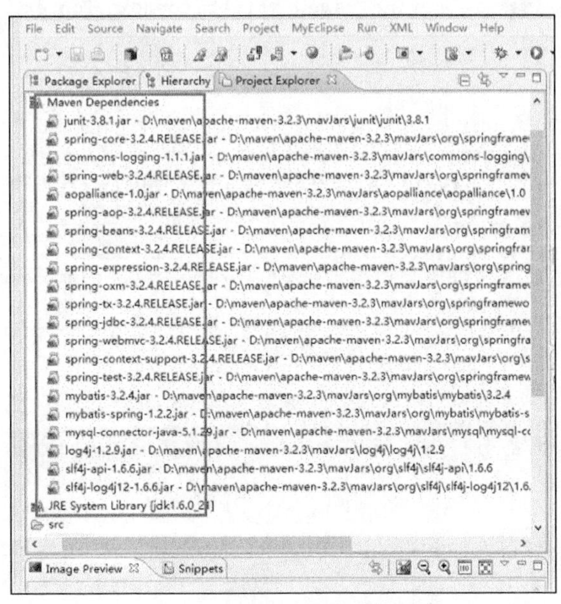

▲图 8.10 Maven 自动下载的 jar 包

在 WEB-INF 目录下创建一个 cfg 目录，然后添加 jdbc 配置文件 jdbc.properties，内容如图 8.11 所示。

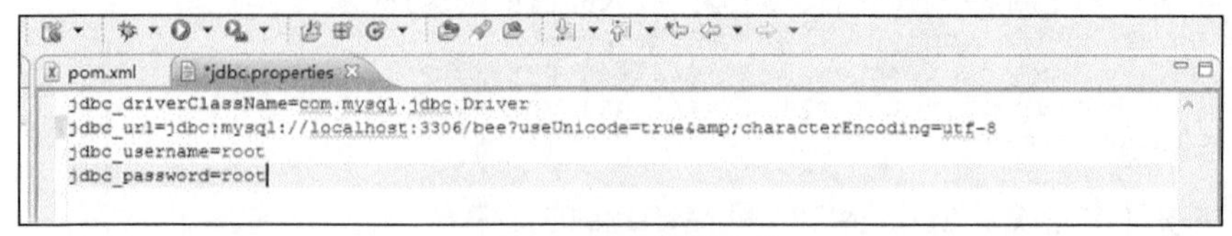

▲图 8.11　jdbc 配置文件

同时增加 spring.xml，代码如下：

```
<!DOCTYPE web-app PUBLIC
 "-//Sun Microsystems, Inc.//DTD Web Application 2.3//EN"
 "http://java.sun.com/dtd/web-app_2_3.dtd" >

<web-app>
  <display-name>Archetype Created Web Application</display-name>

  <!-- Spring 的 log4j 监听器 -->
    <listener>
        <listener-class>org.springframework.web.util.Log4jConfigListener</listener-class>
    </listener>

    <!-- log4j 配置文件路径 -->
    <context-param>
        <param-name>log4jConfigLocation</param-name>
        <param-value>WEB-INF/cfg/log4j.properties</param-value>
    </context-param>

    <listener>
        <listener-class>org.springframework.web.context.ContextLoaderListener</listene
r-class>
    </listener>

   <!-- 核心控制器 -->
    <servlet>
        <servlet-name>spring-mvc</servlet-name>
        <servlet-class>org.springframework.web.servlet.DispatcherServlet</servlet-class>
        <init-param>
        <!-- 指定上下文配置文件 -->
            <param-name>contextConfigLocation</param-name>
            <param-value>/WEB-INF/cfg/applicationContext.xml</param-value>
        </init-param>
        <load-on-startup>1</load-on-startup>
    </servlet>

    <servlet-mapping>
        <servlet-name>spring-mvc</servlet-name>
        <url-pattern>/</url-pattern>
    </servlet-mapping>

    <welcome-file-list>
            <welcome-file>index.jsp</welcome-file>
    </welcome-file-list>
</web-app>
```

其中配置了核心控制器、log4j 日志配置，同时指定 spring 的上下文配置文件的路径为“/WEB-INF/cfg/applicationContext.xml”。

在目录“/WEB-INF/cfg”下创建 applicationContext.xml 文件，代码如下：

```
<?xml version="1.0" encoding="UTF-8"?>
<beans xmlns="http://www.springframework.org/schema/beans"
       xmlns:aop="http://www.springframework.org/schema/aop"
       xmlns:context="http://www.springframework.org/schema/context"
       xmlns:mvc="http://www.springframework.org/schema/mvc"
       xmlns:tx="http://www.springframework.org/schema/tx"
       xmlns:xsi="http://www.w3.org/2001/XMLSchema-instance"
       xsi:schemaLocation="http://www.springframework.org/schema/aop
        http://www.springframework.org/schema/aop/spring-aop-3.0.xsd
        http://www.springframework.org/schema/beans
        http://www.springframework.org/schema/beans/spring-beans-3.0.xsd
        http://www.springframework.org/schema/context
        http://www.springframework.org/schema/context/spring-context-3.0.xs
        http://www.springframework.org/schema/mvc
        http://www.springframework.org/schema/mvc/spring-mvc-3.0.xsd
        http://www.springframework.org/schema/tx
        http://www.springframework.org/schema/tx/spring-tx-3.0.xsd">
    <mvc:annotation-driven />
 <!-- 对包中的所有类进行扫描，以完成 Bean 创建和自动依赖注入的功能 稍后会创建该包：com.netfun -->
    <context:component-scan base-package="com.netfun.*"/>
    <bean class="org.springframework.web.servlet.view.InternalResourceViewResolver">
        <property name="prefix" value="/" />
        <property name="suffix" value=".jsp" />
    </bean>
</beans>
```

然后在“src—>main”目录下新建文件夹 java，在 java 文件夹中新建类 Hello.java，包名为“com.netfun.controller”，如图 8.12 所示。

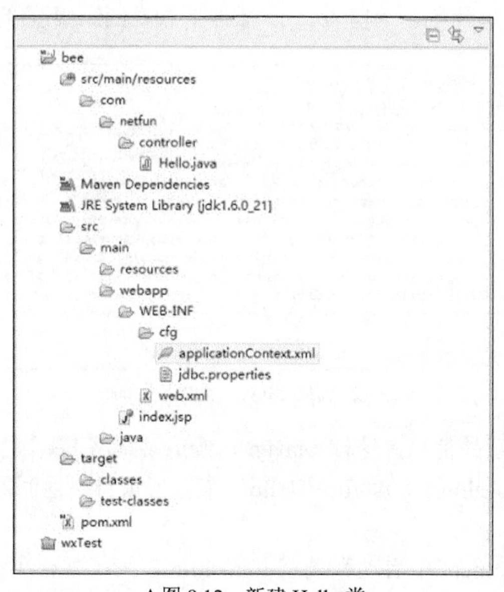

▲图 8.12 新建 Hello 类

Hello.java 中的内容如下：

```
package com.netfun.controller;
@Controller
public class Hello {
            @RequestMapping(value="/Hello")
            public String HelloWorld(Model model){
                model.addAttribute("message","Hello World!!!");
                return "HelloWorld";
            }
}
```

在“src”—>“main”—>“webapp”—>“WEB-INF”目录下新建文件夹 view，并新建文件 HelloWorld.jsp，代码如下：

```
<%@ page language="java" contentType="text/html; charset=ISO-8859-1"
    pageEncoding="ISO-8859-1"%>
<!DOCTYPE html PUBLIC "-//W3C//DTD HTML 4.01 Transitional//EN"
"http://www.w3.org/TR/html4/loose.dtd">
<html>
<head>
<meta http-equiv="Content-Type" content="text/html; charset=ISO-8859-1">
<title>Insert title here</title>
</head>
<body>
<h1>message:${message}</h1>
</body>
</html>
```

至此就完成了配置，下面来验证项目是否可以正常启动运行。

对于 Maven 项目，首先要配置让它能部署到 tomcat 中去。右击项目名称“bee”，选择“run as-open run dialog”，在 Goals 输入框中输入“tomcat:run”，然后在最下面的下拉框中选择 Maven 的安装目录，最后单击“apply”。稍等片刻，等待 Maven 插件下载 tomcat 相关的 jar 包，如图 8.13 所示。

▲图 8.13　Maven 插件下载 jar

直到出现如图 8.14 所示的信息，这样 Maven 已经成功地将 bee 项目部署到 tomcat 了，此时在浏览器地址栏输入“http://localhost: 8080/bee/Hello”来验证项目，返回的界面如图 8.15 所示，表示配置已经运行成功。

这种方式是在内嵌的 tomcat 中启动和调试 tomcat 的，为了配合小程序开发，现在需要进行修改，让项目能自动部署到外部的 tomcat 中。

```
bee [Maven Build] C:\Program Files (x86)\Java\jdk1.6.0_21\bin\javaw.exe (Jan 1, 2017 4:39:17 PM)
[INFO] Downloading: https://repo.maven.apache.org/maven2/org/apache/tomcat/servlet-api/6.0.29/servl
[INFO] Downloaded: https://repo.maven.apache.org/maven2/org/apache/tomcat/servlet-api/6.0.29/servle
[INFO] Downloading: https://repo.maven.apache.org/maven2/org/apache/tomcat/coyote/6.0.29/coyote-6.0
[INFO] Downloaded: https://repo.maven.apache.org/maven2/org/apache/tomcat/jsp-api/6.0.29/jsp-api-6.
[INFO] Downloading: https://repo.maven.apache.org/maven2/org/apache/tomcat/dbcp/6.0.29/dbcp-6.0.29.
[INFO] Downloaded: https://repo.maven.apache.org/maven2/org/apache/tomcat/dbcp/6.0.29/dbcp-6.0.29.j
[INFO] Downloaded: https://repo.maven.apache.org/maven2/org/apache/tomcat/jasper/6.0.29/jasper-6.0.
[INFO] Downloaded: https://repo.maven.apache.org/maven2/org/apache/tomcat/coyote/6.0.29/coyote-6.0.
[INFO] Downloaded: https://repo.maven.apache.org/maven2/org/apache/tomcat/jasper-jdt/6.0.29/jasper-
[INFO] Downloaded: https://repo.maven.apache.org/maven2/org/apache/tomcat/catalina/6.0.29/catalina-
[INFO] Running war on http://localhost:8080/bee
[INFO] Creating Tomcat server configuration at C:\workspace\bee\target\tomcat
2017-1-1 16:47:37 org.apache.catalina.startup.Embedded start
信息: Starting tomcat server
2017-1-1 16:47:40 org.apache.catalina.core.StandardEngine start
信息: Starting Servlet Engine: Apache Tomcat/6.0.29
2017-1-1 16:47:41 org.apache.catalina.core.ApplicationContext log
信息: Set web app root system property: 'webapp.root' = [C:\workspace\bee\src\main\webapp\]
```

▲图 8.14　部署成功

Maven 生成的项目和一般的动态网站项目不一样，无法直接部署到 tomcat 中。为了能将 Maven 项目部署到 tomcat 中，需要将它转换为 Web 项目。

（1）右击“项目”，选择属性“Project Facets”，单击“Convert to faceted from”。

（2）更改 Dynamic Web Module 的 Version 为“2.5”，java 为“1.6”，如图 8.16 所示。

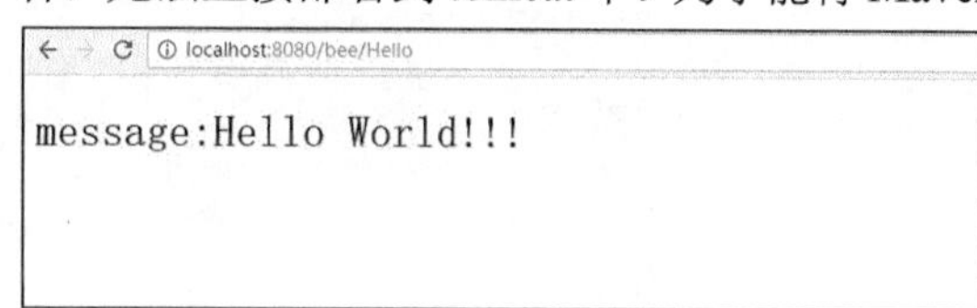

▲图 8.15　运行成功

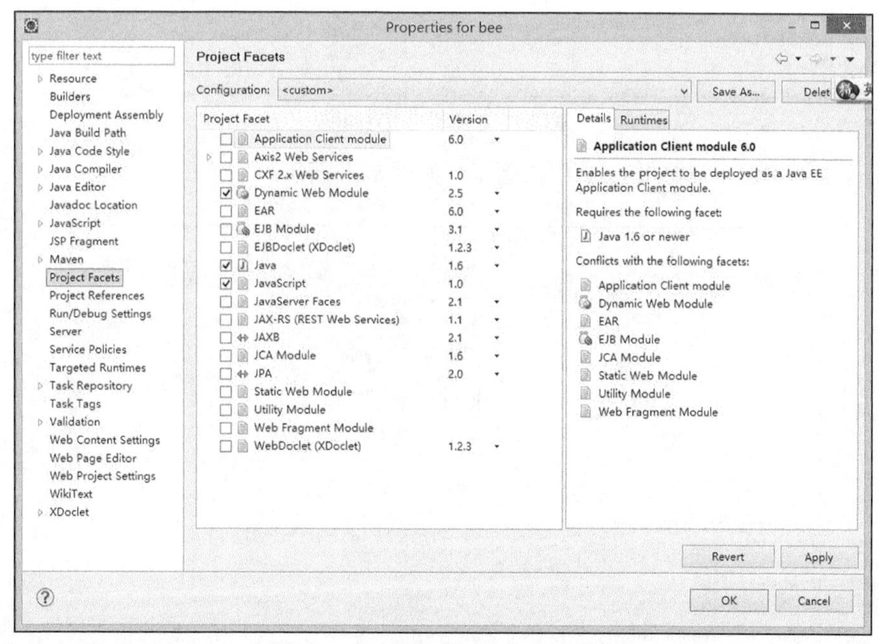

▲图 8.16　Dynamic Web Module 配置更改

（3）单击下面的“Further configuration available…”，弹出 Modify Faceted Project 窗口，此处设置 web.xml 文件的路径，输入“src/main/webapp”，单击“OK”。

（4）设置部署程序集“Web Deployment Assembly”，右击项目名称，单击“属性”，在左侧列表中会出现一个 Deployment Assembly，单击进去后删除 test 的两项，因为 test 用于测试，并不需要部署。

单击“Add”—>“Java Build Path Entries”—>“Maven Dependencies”—>“Finish”，完成后会出现如图 8.17 所示的界面。

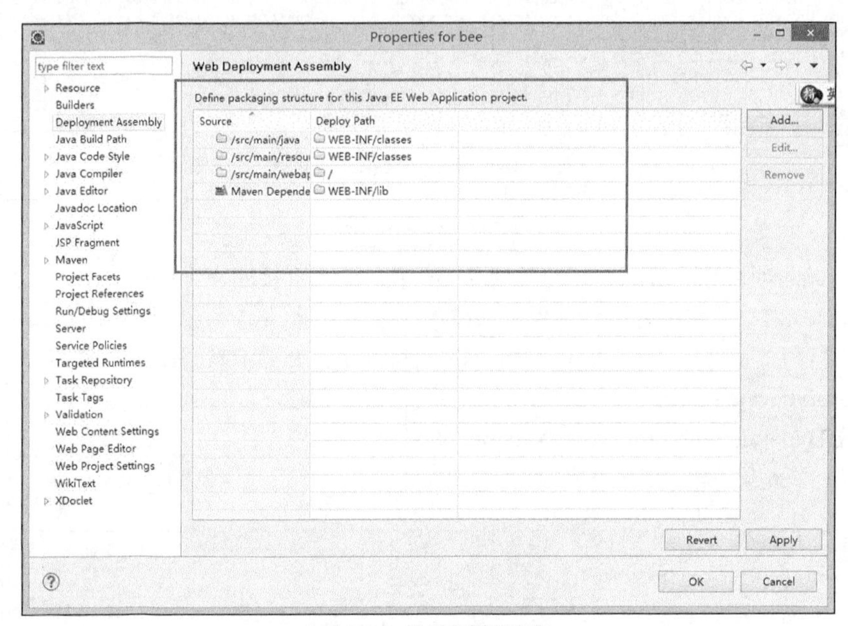

▲图 8.17　设置部署程序集

这样 Maven 项目就可以在 tomcat 中部署了，如图 8.18 所示。

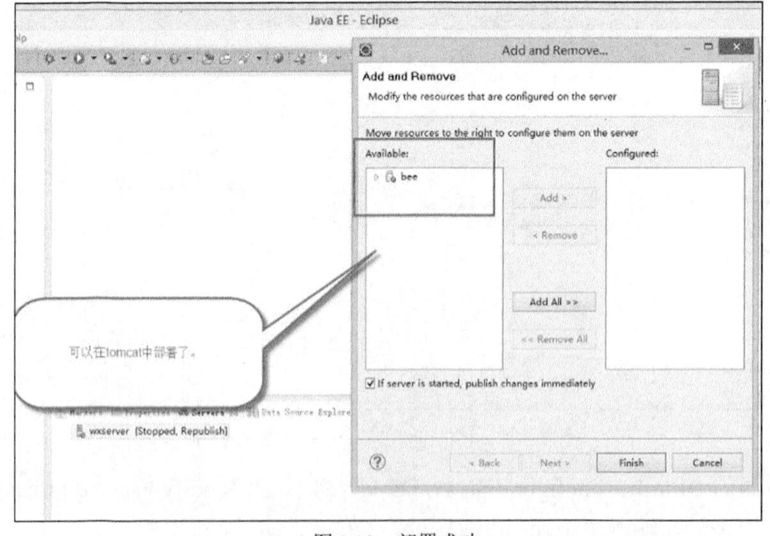

▲图 8.18　部署成功

在浏览器地址栏中输入“localhost/bee/Hello”，结果如图 8.19 所示。

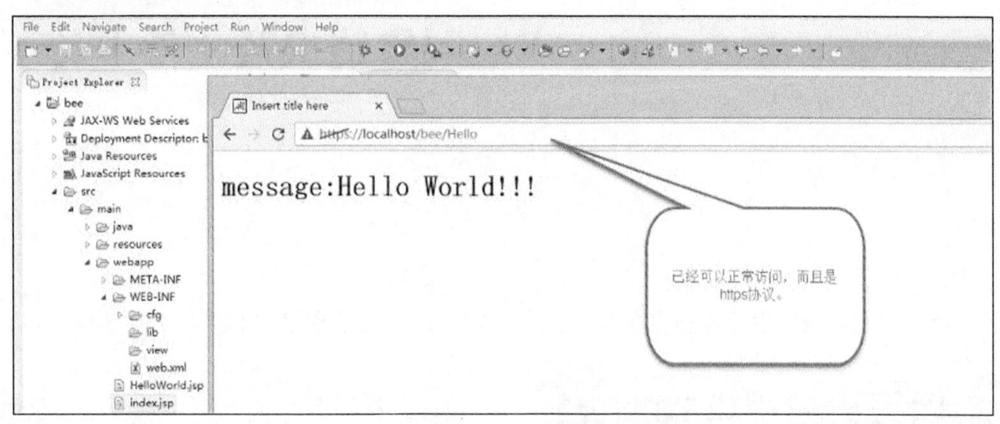

▲图 8.19　运行成功

说明项目已经可以正常在 tomcat 中部署，而且是可以通过 https 访问的。至此，我们完成了整个集成过程。

第 9 章　网络请求及文件上传下载

上一章讲解了后台开发程序框架的搭建，本章将介绍网络请求接口和文件上传下载接口。

9.1 网络请求接口 request

小程序开发不可避免地要和后台服务器通信，而 request 是最常用的一种通信方式。它支持 get、post、delete、put 等所有的请求类型。

在后台 Hello 类中配置一个请求地址映射：

```
@RequestMapping(value="/requestHandler")
            public String HelloWorld(Model model){
               model.addAttribute("message","Hello World!!!");
               return "HelloWorld";
            }
```

然后将断点停留在“return "HelloWorld";”行上，接着在小程序开发工具中向后台地址 https://www.meimichao.com/bee/ requestHandler 发起一个 get 请求。

发起请求的代码如图 9.1 所示。

```
app.json    ×  index.js    ×  index.json    ×  index.wxss    ×  logs.wxss    ×  logs.json
 6      console.log("onload");
 7    },
 8
 9    taphandler:function (e) {
10
11
12  wx.request({
13    url: 'https://www.meimichao.com/bee/requestHandler',
14    data: {
15      x: '1' ,
16      y: '2'
17       },
18    method: 'GET', // OPTIONS, GET, HEAD, POST, PUT, DELETE, TRACE, CONNECT
19    // header: {}, // 设置请求的 header
20    success: function(res){
21      console.log("request success");
22      console.log("return data="+JSON.stringify(res.data));
23    },
24    fail: function() {
25    console.log("request fail");
26    console.log("return data="+JSON.stringify(res.data));
27
28    },
29    complete: function() {
30     console.log("request complete");
31    }
32  })
33
```

▲图 9.1　发起请求

定义一个按钮，在按钮的点击事件中向 https://www.meimichao.com/bee/requestHandler 发起一个 get 请求，携带参数为 x=1 和 y=3，同时在回调函数中输出对应的日志和数据，以验证请求是否成功。

具体的代码如下。

1. 定义按钮组件的页面代码

```
<!--index.wxml-->
<view  class="container" >
<button type="primary" bindtap="taphandler">发起 request 请求</button>
</view>
```

2. 定义点击事件的事件处理代码

```
taphandler:function (e) {
wx.request({
  url: 'https://www.meimichao.com/bee/requestHandler',
  data: {
    x: '1' ,
    y: '2'
     },
  method: 'GET', // OPTIONS, GET, HEAD, POST, PUT, DELETE, TRACE, CONNECT
  // header: {}, // 设置请求的 header
  success: function(res){
    console.log("request success");
    console.log("return data="+JSON.stringify(res.data));
  },
  fail: function() {
  console.log("request fail");
  console.log("return data="+JSON.stringify(res.data));
  },
  complete: function() {
   console.log("request complete");
  }
})
  },
```

因为之前已经通过 nat123 把对 https://www.meimichao.com/bee/requestHandler 的请求转发到本机后台，如图 9.2 所示。所以当单击小程序页面的按钮时，可以看到断点停留在了本机 eclipse 上的程序后台，如图 9.3 所示，这说明整个配置已经成功了。

接下来修改后台代码，接受传入参数，同时返回一个 json 字符串，验证小程序和后台之间的数据传递是否正确。

首先介绍 SpringMVC 中所提供的接受参数的方式和返回 json 的方式。在 SpringMVC 中，通过注解可以很方便地接收请求参数，例如：

```
@RequestParam(value="a") String x,@RequestParam(value="x") String b
```

表示接收请求参数中的 x 和 y 的值，并分别赋值给 a 和 b，执行结果如图 9.4 所示。

那么该如何操作来返回 json 呢？返回单个对象的 json 利用@ResponseBody 注解方式来实现。

例如，有一个对象如下：

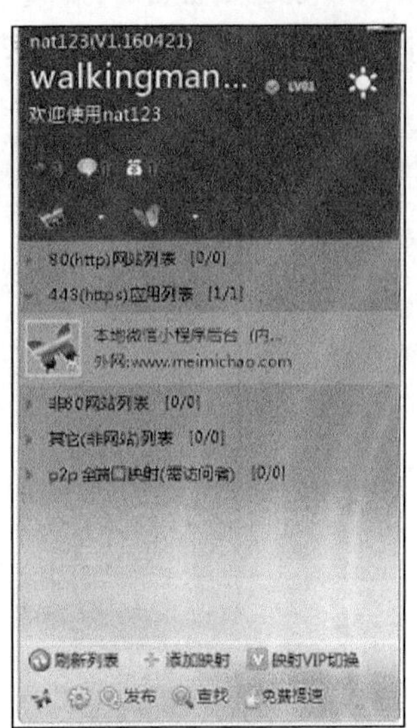

▲图 9.2　nat 配置

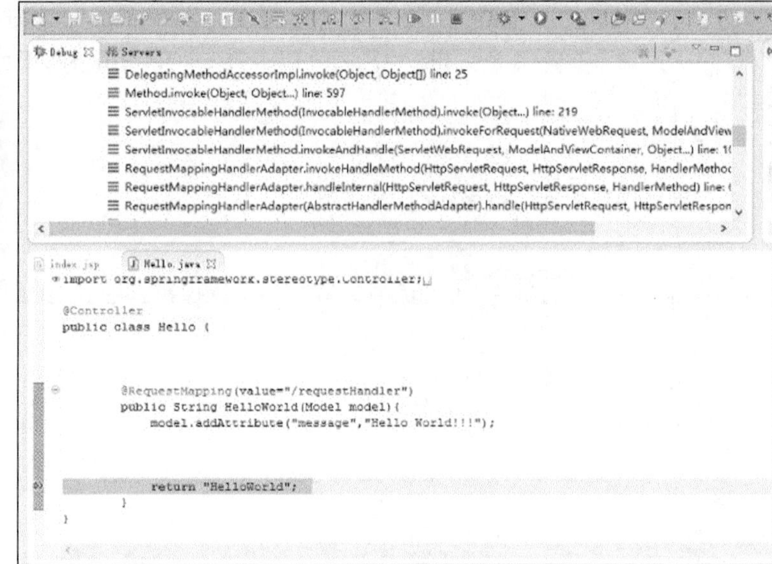

▲图 9.3　后台断点

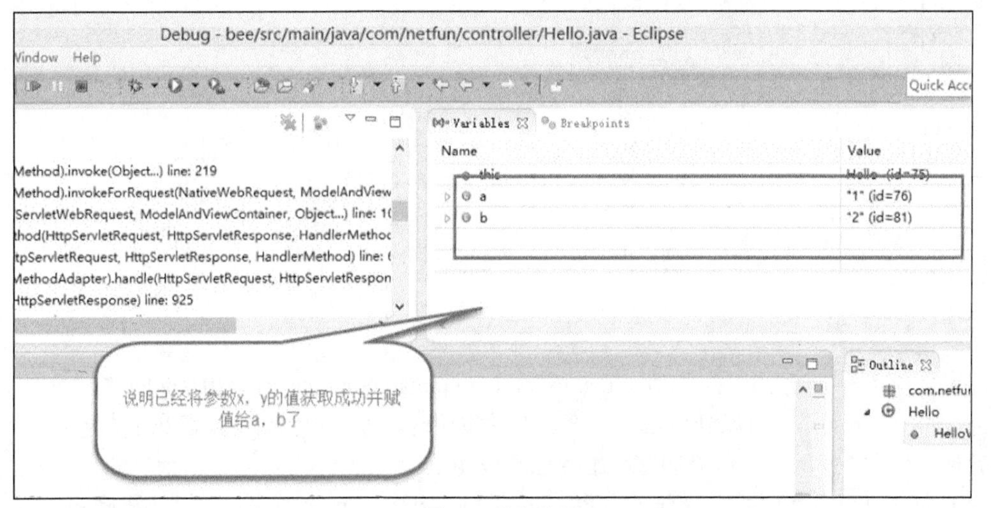

▲图 9.4　执行结果

```
package com.netfun.data;
public class Person {
        String name;
        String sex;

        public String getName() {
                return name;
        }
        public void setName(String name) {
                this.name = name;
        }
        public String getSex() {
                return sex;
```

```
        }
        public void setSex(String sex) {
                this.sex = sex;
        }
}
```

要将它转为 json 输出给客户端，可以将方法返回值类型设置为 Person 类型，同时加上注释@ResponseBody，然后在方法体中直接返回一个该类的对象，代码如下：

```
@RequestMapping(value="/requestHandler")
            public @ResponseBody Person HelloWorld(@RequestParam(value="a") String
x,@RequestParam(value="x") String b){

                Person p=new Person();
                p.setName("李雷 ");
                p.setSex("男");
                return p;
        }
}
```

在 pom 中添加 jar 包依赖，代码如下：

```
<dependency>
    <groupId>org.codehaus.jackson</groupId>
    <artifactId>jackson-core-asl</artifactId>
    <version>1.8.4</version>
</dependency>
<dependency>
    <groupId>org.codehaus.jackson</groupId>
    <artifactId>jackson-mapper-asl</artifactId>
    <version>1.8.4</version>
</dependency>
```

然后在 spring 的上下文配置文件 applicationContext.xml 中添加 bean，代码如下：

```
<beanclass="org.springframework.web.servlet.mvc.annotation.AnnotationMethodHandlerAdapter">
        <property name="messageConverters">
                <list>
                        <ref bean="jsonHttpMessageConverter" />
                </list>
        </property>
</bean>

        <bean id="stringHttpMessageConverter"class="org.springframework.http.
converter.StringHttpMessageConverter">
                <property name="supportedMediaTypes">
                        <list>
                                <value>text/plain;charset=UTF-8</value>
                        </list>
                </property>
        </bean>

        <bean id="jsonHttpMessageConverter"class="org.springframework.http.converter.
json.MappingJacksonHttpMessageConverter">
                <property name="supportedMediaTypes">
                        <list>
                                <value>application/json</value>
                        </list>
```

```
            </property>
        </bean>
```

这些 bean 由 spring 提供，专门用于格式转换，将 bean 配置到系统中后，就可以直接拿来进行数据格式转换，例如 json 格式。在代码中可以直接使用注解来返回 json 格式的数据，执行结果如图 9.5 所示。

可以看到，spring 自动将 person 对象转成 json 格式，并返回给小程序客户端，非常方便快捷。

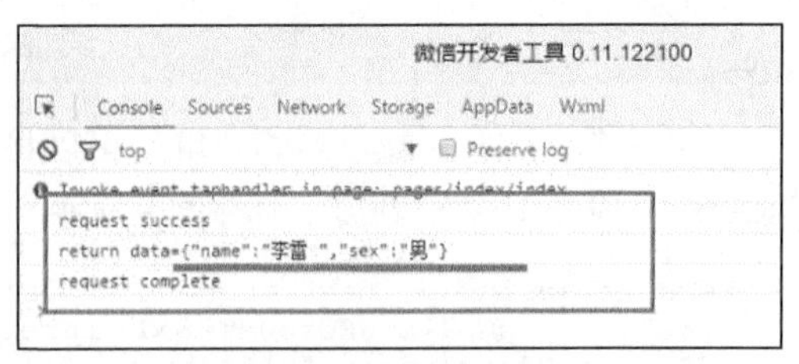

▲图 9.5　结果预览

9.2 文件上传接口 uploadFile

有了第一个接口请求成功的例子，接下来看文件上传接口 uploadFile。文件上传在底层其实是一个 https post 请求，请求头中 content-type 为 multipart/form-data。

9.2.1　设计文件上传界面

在讲解这个接口前，我们首先在外面的 index 页面上设计一个文件上传界面。添加一个上传按钮，单击此按钮后，在事件处理函数中调用接口以弹出一个文件选择框。

```
<!--index.wxml-->
<view  class="container" >
<button type="primary" bindtap="taphandler">文件上传</button>
</view>
taphandler:function (e) {
 wx.chooseImage({
  count: 3, // 最多可以选择的图片张数，默认 9
  sizeType: ['original', 'compressed'], // original 原图，compressed 压缩图，默认二者都有
  sourceType: ['album', 'camera'], // album 从相册选图，camera 使用相机，默认二者都有
  success: function(res){
   console.log("request success");
  },
  fail: function() {
    console.log("request fail");
  },
  complete: function() {
   console.log("request complete");
  }
})
```

当单击按钮时会弹出文件选择框，如图 9.6 所示。

一旦选择好了文件，就会回调 success 函数，该回调函数中的参数 res.tempFilePaths 即为生成的临时文件的路径，这个路径将作为文件上传 API 接口的参数，如图 9.7 所示。该路径是一个 js 数组，一次上传多个文件时会有多个元素。

所以可以在 chooseImage 的 success 回调函数中发起文件上传 API 接口调用，代码如下：

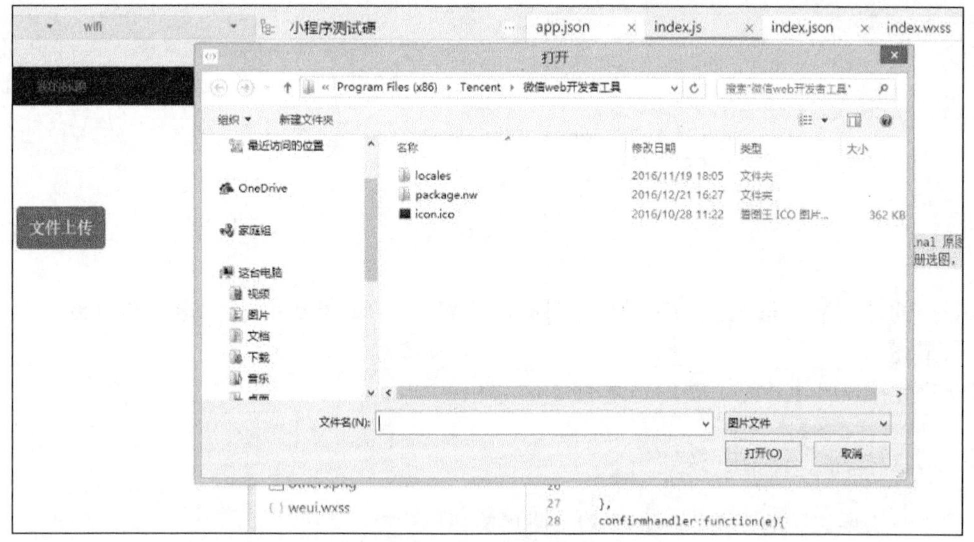

▲图 9.6　文件框

```
pages/index/index: onLoad have been invoked
onload
pages/index/index: onShow have been invoked
Invoke event onReady in page: pages/index/index
pages/index/index: onReady have been invoked
Invoke event taphandler in page: pages/index/index
request success{"errMsg":"chooseImage:ok","tempFilePaths":["wxfile://tmp_1663525960o6zAJs8ZE3z_YHY2GqU2xmO2d6Tk1483331400989.ico"]}
request complete
>
```

▲图 9.7　文件临时路径

```
success: function(res){
       console.log("request success"+JSON.stringify(res));
wx.uploadFile({
           url: 'https://www.meimichao.com/bee/uploadHandler',
           filePath:res.tempFilePaths,  //待上传的图片，由 chooseImage 获得
           name:'food_image',//图片的名称
           formData: {
             city:'北京',
             name:'beijing' // 名称
           }, // HTTP 请求中其他额外的 form data
           success: function(res){
             console.log("addfood success,结果状态码:"+res.statusCode+",返回数据数
据:"+res.data);
           },
           fail: function(res) {
             console.log("addfood fail",res);
           },
           complete: function() {
             console.log("request complete");
             }
         });
  },
```

在后台中添加文件上传的处理代码，先确定映射处理器骨架如下：

```
@Controller
public class Hello {
          @RequestMapping(value="/uploadHandler")
             public @ResponseBody ResultJson HelloWorld(@RequestParam(value="city")
String a,@RequestParam(value="name") String b){
                     ResultJson p=new ResultJson();
                 p.setCode("1");
                 p.setDes("处理成功");
                return p;
          }
}
```

其返回的是一个 json 格式的字符串，具有两个属性 code 和 des，分别表示处理结果状态码和处理结果描述。

接下来完成文件上传逻辑处理。

9.2.2　小程序陷阱提醒

在这里有必要说明两个关于小程序的陷阱提醒。

（1）小程序要求后台服务器端必须是经过认证的证书，如果是通过 jdk 生成的证书，那么会报错：fail Error: self signed certificate。这是因为微信不认可服务器证书，认为是自签名的证书，所以报错。这种情况下，必须去正规的 CA 发证机构申请一个正规的证书，否则就无法绕过这个陷阱。

现在有可以提供免费证书申请的公司，例如腾讯云的免费证书，大家可以登录腾讯云的官方网站去申请，只要对身份证和域名进行认证，通过后即可下载证书来替换自己生成的证书，这样就不会报错了，如图 9.8 所示。

▲图 9.8　文件证书

（2）当修改 tomcat 中的 server.xml 配置后，发现无论怎么改都不生效，这是因为直接修改了 tomcat 安装目录下的 server.xml 文件，如图 9.9 所示。

通过 eclipse 把 tomcat 加入进来后，修改 tomcat 安装目录下的 server.xml 是不起作用的。因为从 eclipse 里面启动 tomcat，而不是通过 tomcat 的安装目录下的 bin\startup.bat 来启动，所以应该通过 eclipse 里面的 servers 目录中的 server.xml 来修改，如图 9.10 所示。

只有修改 eclipse 中的这个配置文件，通过 eclipse 启动 tomcat 时，才会把这个修改更新到 C:\Users\w\workspace\.metadata\.plugins\org.eclipse.wst.server.core\tmp1\conf 目录，而这个目录正是 eclipse 中启动的 tomcat 所读取的配置文件，如图 9.11 所示。

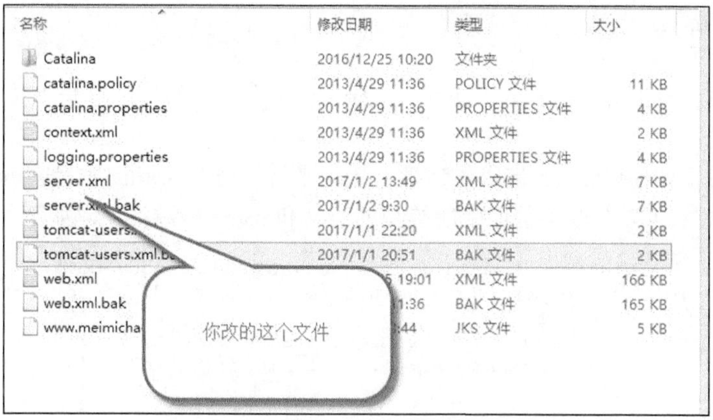

名称	修改日期	类型	大小
Catalina	2016/12/25 10:20	文件夹	
catalina.policy	2013/4/29 11:36	POLICY 文件	11 KB
catalina.properties	2013/4/29 11:36	PROPERTIES 文件	4 KB
context.xml	2013/4/29 11:36	XML 文件	2 KB
logging.properties	2013/4/29 11:36	PROPERTIES 文件	4 KB
server.xml	2017/1/2 13:49	XML 文件	7 KB
server.x[illegible]l.bak	2017/1/2 9:30	BAK 文件	7 KB
tomcat-users[illegible]	2017/1/1 22:20	XML 文件	2 KB
tomcat-users.xml.b[illegible]	2017/1/1 20:51	BAK 文件	2 KB
web.xml	[illegible]5 19:01	XML 文件	166 KB
web.xml.bak	[illegible]1:36	BAK 文件	165 KB
www.meimicha[illegible]	[illegible]:44	JKS 文件	5 KB

你改的这个文件

▲图 9.9　tomcat 目录下的配置文件

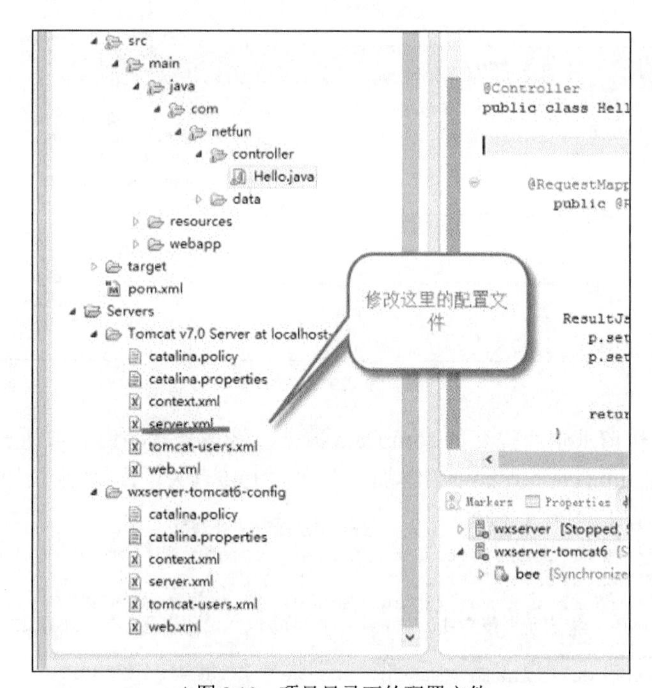

▲图 9.10　项目目录下的配置文件

名称	修改日期	类型	大小
Catalina	2017/1/2 15:01	文件夹	
catalina.policy	2017/1/2 15:01	POLICY 文件	12 KB
catalina.properties	2017/1/2 15:01	PROPERTIES 文件	7 KB
context.xml	2017/1/2 15:01	XML 文件	2 KB
server.xml	2017/1/2 15:01	XML 文件	7 KB
tomcat-users.xml	2017/1/2 15:01	XML 文件	3 KB
web.xml	2017/1/2 15:01	XML 文件	164 KB

▲图 9.11　运行时配置文件

9.2.3　文件上传

在文件上传页面有两部分数据，一部分是 form 表单数据，另一部分是上传的文件数据，要接收的是这两部分的内容。

前文已经讲解了如何接收 get 请求的参数，接下来看如何在 Spring 中接收 post 请求的参数。

通过 request 对象可以获取小程序中所提交的 city 和 name 参数，代码如下：

```
@RequestMapping(value="/uploadHandler",method=RequestMethod.POST)
               public @ResponseBody ResultJson HelloWorld(HttpServletRequest
req,HttpServletResponse res){
                      String city = req.getParameter("city");
                      String name = req.getParameter("name");
                     }
```

运行情况如图 9.12 所示。

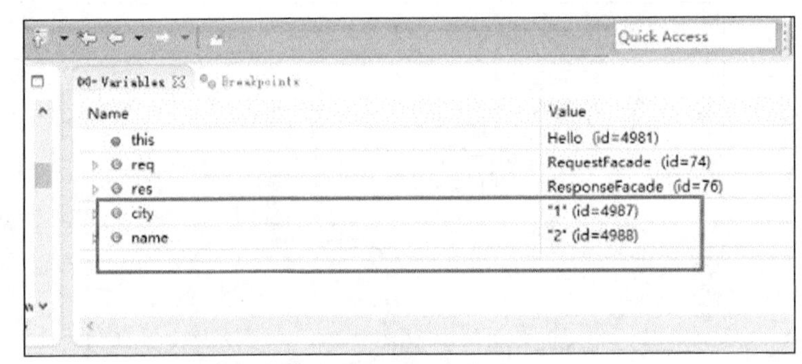

▲图 9.12　运行情况

完成获取文件上传请求中所提交的 formData 数据，接下来看如何获取所提交的文件数据。

首先需要在 applicationcontext.xml 中添加一个文件上传有关的配置项，代码如下：

```
<!-- SpringMVC 上传文件时，需要配置 MultipartResolver 处理器 -->
         <bean id="multipartResolver" class="org.springframework.web.multipart.
commons.CommonsMultipartResolver">
                <property name="defaultEncoding" value="UTF-8"/>
                <!-- 指定所上传文件的总大小不能超过 200KB。注意 maxUploadSize 属性的限制不是针对
单个文件，而是所有文件的容量之和 -->
                <property name="maxUploadSize" value="200000"/>
         </bean>
```

同时在 pom.xml 文件中添加相关的依赖包，代码如下：

```
<dependency>
        <groupId>commons-fileupload</groupId>
        <artifactId>commons-fileupload</artifactId>
        <version>1.3.1</version>
    </dependency>
    <dependency>
        <groupId>commons-io</groupId>
        <artifactId>commons-io</artifactId>
        <version>2.4</version>
</dependency>
```

重新启动 tomcat，然后按照如下方式完善后台处理类：

```
package com.netfun.controller;
import java.io.File;
import javax.servlet.http.HttpServletRequest;
import javax.servlet.http.HttpServletResponse;
import org.springframework.stereotype.Controller;
import org.springframework.ui.Model;
import org.springframework.web.bind.annotation.RequestMapping;
import org.springframework.web.bind.annotation.RequestMethod;
import org.springframework.web.bind.annotation.RequestParam;
import org.springframework.web.bind.annotation.ResponseBody;
import org.springframework.web.multipart.MultipartFile;
import com.netfun.data.ResultJson;
@Controller
public class Hello {
         @RequestMapping(value="/uploadHandler",method=RequestMethod.POST)
            public @ResponseBody ResultJson HelloWorld(@RequestParam MultipartFile
food_image,HttpServletRequest req,HttpServletResponse res){
                  String city = req.getParameter("city");
                  String name = req.getParameter("name");
                  String fileName = food_image.getOriginalFilename();
                  String path = req.getSession().getServletContext().getRealPath("upload");
                  //获取指定文件或文件夹在工程中真实路径，getRequest()这个方法是返回一个
HttpServletRequest，封装这个方法为了处理编码问题
                  File targetFile = new File(path, fileName);//过 parent 和child 创建一个文件或者目录
                 if(!targetFile.exists()){
                     targetFile.mkdirs();
                 }
               //保存
                 try {
                  food_image.transferTo(targetFile);   //上传文件写到服务器上指定的文件
                 } catch (Exception e) {
                     e.printStackTrace();
                 }
                   ResultJson p=new ResultJson();
                  p.setCode("1");
                  p.setDes("处理成功");
                 return p;
         }
}
```

其中“food_image.getOriginalFilename();”用于获取上传文件的真实名称，“targetFile.mkdirs();”则会在当前的项目路径下创建一个目录，“food_image.transferTo(targetFile);”用于将上传的文件写入上一步所创建的目录。

最后可以看到服务器的 upload 目录下已经上传了一个文件，如图 9.13 所示。

▲图 9.13　文件上传

最终，小程序开发工具回调函数 success 返回的执行结果表明文件已经成功上传，如图 9.14 所示。

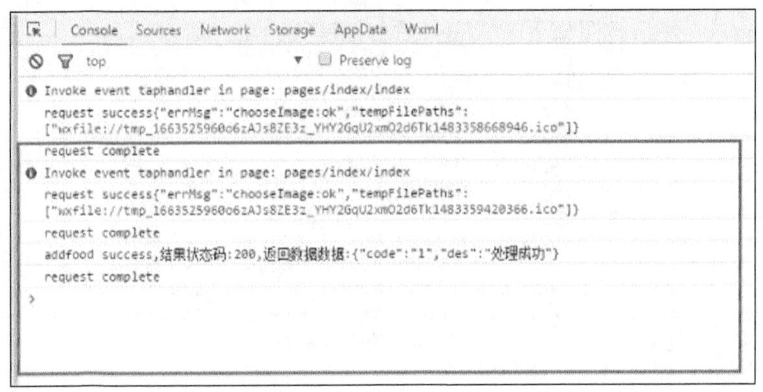

▲图 9.14　文件上传日志

9.3 文件下载接口 downloadFile

9.3.1　预备知识

在开始讲解文件下载接口前，需要铺垫一些关于服务器静态资源的预备知识。在 Web 服务器中，有一些静态资源（例如图片或文档）需要提供给用户直接查看或者下载。典型的例子是经常会用到的图片床，上面基本上全部是图片，可以用于查看或直接下载。

对于这些静态资源，它的下载地址链接是什么呢？下面来看 tomcat 服务器对请求的处理的基本原理。

首先，所有的请求都会进入 tomcat，流经 servlet。如果没有匹配到任何应用指定的 servlet，那么就会流到默认的 servlet。默认的 servlet 配置在$catalina/conf/web.xml 中，tomcat 初始化时会将所有的 servlet 初始化。

那么 tomcat 如何处理静态资源呢？例如，在 tomcat 的 webcontent 目录下放入一个图片 a.jpg，那么可以直接通过“localhost/项目名称/a.jpg”地址 url 来下载该图片吗？答案是不可以。因为这个 url 会被 DefaultServlet 来处理，这样就获取不到这个图片了。为此，我们可以为 tomcat 专门配置一个虚拟路径，来提供静态资源的下载服务，从而避免发生上述情况。

创建另一个文件夹作为静态资源的目录，例如 D:/tomcatStaticResource/public/，把需要提供给用户直接下载的资源（例如图片 a.jpg）放入该目录。然后在 tomcat 的 server.xml 文件中添加一个虚拟路径，虚拟路径相当于把该路径映射成一个 Web 工程，这样这些位于虚拟路径下的静态资源相当于在 Web 路径下，用户可以访问下载。

配置虚拟路径的方法如下，可以在 server.xml 的最后面看到 Host 标签，在该标签中增加一个 Context 标签即可，代码如下：

```
<!-- 增加虚拟路径，供访问本地图片-->
                    <Context path=" /bee/public" docBase="D:/tomcatStaticResource/public/"
reloadable="false" ></Context>
```

添加后如图 9.15 所示。

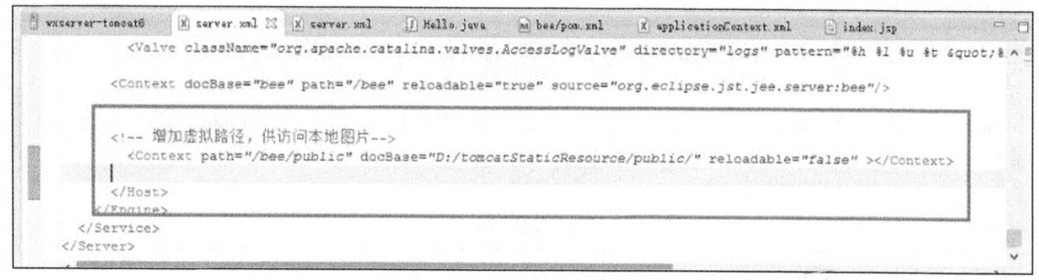

▲图 9.15 配置静态目录

最后，启动 tomcat 来验证，如图 9.16 所示，可以看到已经生效了。

▲图 9.16 文件下载路径

也可以使用域名访问，如图 9.17 所示。

▲图 9.17 域名访问图片

9.3.2　文件下载接口的使用

以 https://www.meimichao.com/bee/public/a.jpg 这张图片作为要下载的图片。

文件下载的 API 接口 wx.downloadFile 很简单，其参数如表 9.1 所示。

表 9.1　文件下载接口

参数	类型	必填	说明
url	String	是	下载资源的 url
header	Object	否	Http 请求 Header
success	Function	否	下载成功后以 tempFilePath 的形式传给页面，res = {tempFilePath: '文件的临时路径'}
fail	Function	否	接口调用失败的回调函数

除了回调函数以外，只有一个必传参数 url，也就是下载资源的 url。

添加一个文件下载按钮，并在其绑定的函数中调用该文件下载接口。按钮绑定的处理函数的代码如下：

```
tapdownhandler:function(e){
    wx.downloadFile({
  url:'https://www.meimichao.com/bee/public/a.jpg',
            success: function(res){
                console.log("下载成功。返回参数是是: "+JSON.stringify(res));
            },
            fail:function(err){
                console.log("下载成功。返回参数是是: "+JSON.stringify(err))
            },
            complete:function(e)  {
                console.log("下载完成。返回参数是是: "+JSON.stringify(e))
            }
      });
  }
```

执行结果如图 9.18 所示。

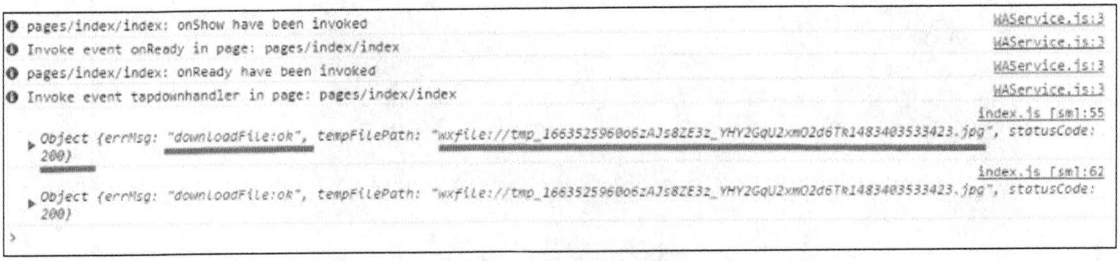

```
pages/index/index: onShow have been invoked                                   WAService.js:3
Invoke event onReady in page: pages/index/index                               WAService.js:3
pages/index/index: onReady have been invoked                                  WAService.js:3
Invoke event tapdownhandler in page: pages/index/index                        WAService.js:3
                                                                              index.js [sm]:55
▸ Object {errMsg: "downloadFile:ok", tempFilePath: "wxfile://tmp_1663525960o6zAJs8ZE3z_YHY2GqU2xmO2d6Tk1483403533423.jpg", statusCode:
  200}
                                                                              index.js [sm]:62
▸ Object {errMsg: "downloadFile:ok", tempFilePath: "wxfile://tmp_1663525960o6zAJs8ZE3z_YHY2GqU2xmO2d6Tk1483403533423.jpg", statusCode:
  200}
>
```

▲图 9.18　文件下载执行结果

可以看到下载成功，并返回了下载后的文件的临时路径。只需要把该临时路径设置到图片组件的 src 属性上，就可以显示出下载的图片。在页面的 data 中添加一个保存图片 src 属性的变量 imgsrc，如图 9.19 所示。

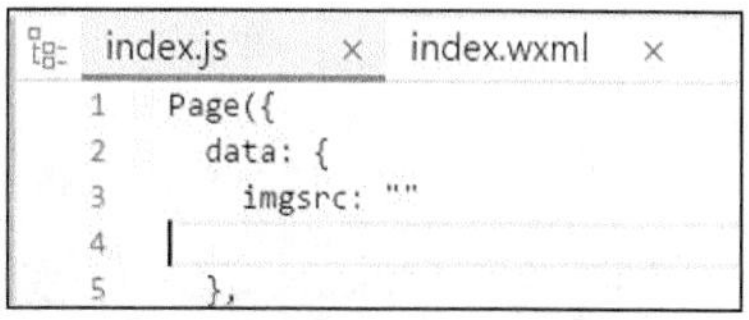

下载成功后，通过调用 this.setData 函数来更新该 imgsrc 属性，注意不要直接使用“this.data.imgsrc="赋值"”这种方式更新页面 data 域的值，这样不但不会生效，还会导致数据不一致。

```
index.js    ×   index.wxml    ×
1  Page({
2    data: {
3      imgsrc: ""
4  
5    },
```

▲图 9.19　data 变量

微信小程序框架会监听页面的数据变化，一旦它发现页面的 data 数据有更新，就会将最新的数据发送到视图层，并刷新视图显示。所以我们只负责调用 this.setData 来更新逻辑层的数据即可，微信会自动处理刷新渲染的操作。

这里也有一个陷阱要注意，在下载文件的回调函数 success 中调用 this.setData 是会报错的，如图 9.20 所示。

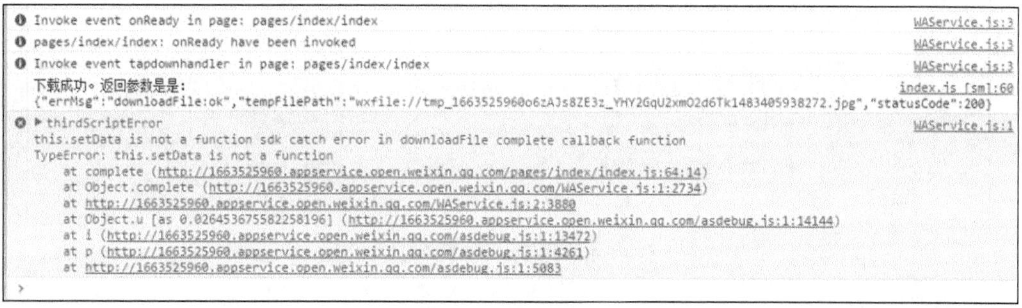

```
Invoke event onReady in page: pages/index/index                WAService.js:3
pages/index/index: onReady have been invoked                   WAService.js:3
Invoke event tapdownhandler in page: pages/index/index         WAService.js:3
下载成功。返回参数是是:                                         index.js [sm]:60
{"errMsg":"downloadFile:ok","tempFilePath":"wxfile://tmp_1663525960o6zAJs8ZE3z_YHY2GqU2xmO2d6Tk1483405938272.jpg","statusCode":200}
▶ thirdScriptError                                             WAService.js:1
this.setData is not a function sdk catch error in downloadFile complete callback function
TypeError: this.setData is not a function
    at complete (http://1663525960.appservice.open.weixin.qq.com/pages/index/index.js:64:14)
    at Object.complete (http://1663525960.appservice.open.weixin.qq.com/WAService.js:1:2734)
    at http://1663525960.appservice.open.weixin.qq.com/WAService.js:2:3880
    at Object.u [as 0.026453675582258196] (http://1663525960.appservice.open.weixin.qq.com/asdebug.js:1:14144)
    at i (http://1663525960.appservice.open.weixin.qq.com/asdebug.js:1:13472)
    at p (http://1663525960.appservice.open.weixin.qq.com/asdebug.js:1:4261)
    at http://1663525960.appservice.open.weixin.qq.com/asdebug.js:1:5083
>
```

▲图 9.20　报错页面

代码如下：

```
wx.downloadFile({
     url: 'https://www.meimichao.com/bee/public/a.jpg',
     success: function (res) {
          console.log("下载成功。返回参数是是: " + JSON.stringify(res));
      this.setData({
    imgsrc: res.tempFilePath
   });
}
```

按照正常的逻辑，在下载成功后得到小程序的临时路径，只需要将临时路径设置到 data 的 imgsrc 属性上即可，但是实际上会报错，原因就在于这里的 this。

当在 index.js 的 page{}大括号内部写代码时，this 代表页面对象，页面对象有 setData 方法，所以不会报错。但现在是在 wx.downloadFile({})的大括号中写 this，这时上下文已经发生了切换，wx.downloadFile({})大括号中写的 this 不再是 page 页面对象，而是 downloadFile 函数的上下文，这个 this 没有 setData 方法，所以会报错。

解决方法很直观，在 Page({})的大括号中定义一个函数 updateImgSrc(filePath)。在这个函数中，this 代表 page 对象，可以调用 setData，然后在 wx.downloadFile 的 success 回调函数中，将下载文件的临时路径作为参数来调用 updateImgSrc(filePath)，就可以达到更新 page 对象的 data 中 imgsrc 属性的目的。

明确了上述内容后，接下来就可以实现功能了，代码如图 9.21 所示。

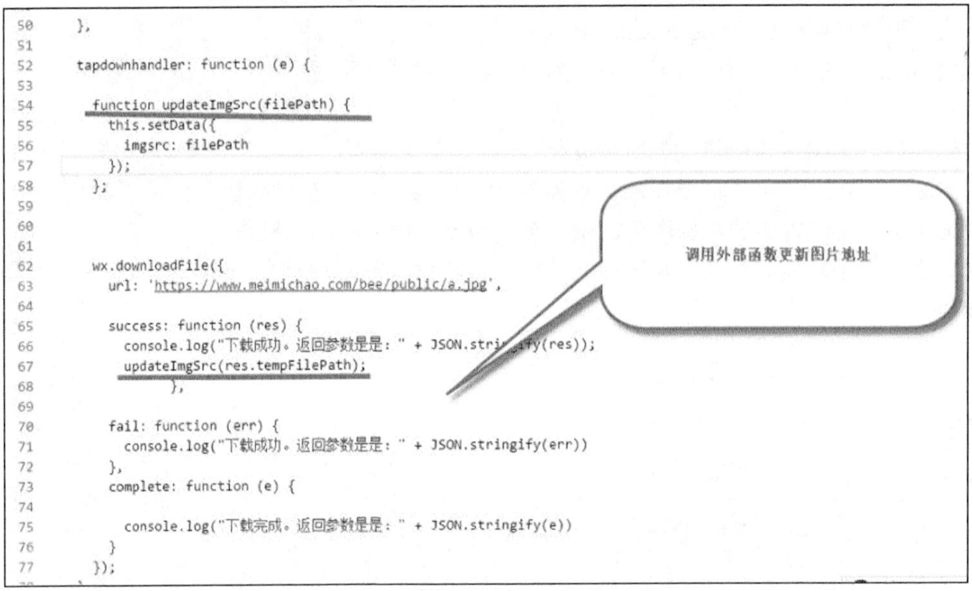

```
50    },
51
52    tapdownhandler: function (e) {
53
54      function updateImgSrc(filePath) {
55        this.setData({
56          imgsrc: filePath
57        });
58      };
59
60
61
62      wx.downloadFile({
63        url: 'https://www.meimichao.com/bee/public/a.jpg',
64
65        success: function (res) {
66          console.log("下载成功。返回参数是是：" + JSON.stringify(res));
67          updateImgSrc(res.tempFilePath);
68              },
69
70        fail: function (err) {
71          console.log("下载成功。返回参数是是：" + JSON.stringify(err))
72        },
73        complete: function (e) {
74
75          console.log("下载完成。返回参数是是：" + JSON.stringify(e))
76        }
77      });
```

调用外部函数更新图片地址

▲图 9.21　代码截图

代码整理如下：

```
tapdownhandler: function (e) {
    function updateImgSrc(filePath) {
      this.setData({
        imgsrc: filePath
      });
    };
    wx.downloadFile({
      url: 'https://www.meimichao.com/bee/public/a.jpg',
      success: function (res) {
        console.log("下载成功。返回参数是是: " + JSON.stringify(res));
        updateImgSrc(res.tempFilePath);
             },
      fail: function (err) {
        console.log("下载成功。返回参数是是: " + JSON.stringify(err))
      },
      complete: function (e) {
        console.log("下载完成。返回参数是是: " + JSON.stringify(e))
      }
    });
  },
```

针对上述问题，还有一个更简洁的解决方法。首先在按钮点击事件内部将 this 变量赋值给 that，这样在文件下载接口函数 wx.downloadFile 的 success 回调函数中，然后用 that 来引用 page 对象。因为一旦进入 wx.downloadFile({})的大括号内部，this 变量将会被赋值为新的上下文，不代表 page 对象。这种做法可以实现在多层嵌套接口调用的情况下，在内层接口的回调函数中仍然可以引用到 page 对象。

具体代码如图 9.22 所示。

代码整理如下：

```
tapdownhandler: function (e) {
var that = this;
    wx.downloadFile({
      url: 'https://www.meimichao.com/bee/public/a.jpg',
      success: function (res) {
        console.log("下载成功。返回参数是是：" + JSON.stringify(res));
         that.setData({
        imgsrc: res.tempFilePath
      });
              },
      fail: function (err) {
        console.log("下载成功。返回参数是是：" + JSON.stringify(err))
      },
      complete: function (e) {
        console.log("下载完成。返回参数是是：" + JSON.stringify(e))
      }
    });
  },
```

页面结构文件中采用 img 标签来显示下载的图片，代码如下：

```
<image src="{{imgsrc}}"   style="width: 200px; height: 200px;" ></image>
```

执行效果如图 9.23 所示。

```
index.wxml  ×  index.js  ×
46        })
47
48
49
50    },
51
52    tapdownhandler: function (e) {
53  var that = this;
54
55      wx.downloadFile({
56        url: 'https://www.meimichao.com/bee/public/a.jpg',
57
58        success: function (res) {
59          console.log("下载成功。返回参数是是：" + JSON.stringi
60          that.setData({
61          imgsrc: res.tempFilePath
62        });
63              },
64
65        fail: function (err) {
66          console.log("下载成功。返回参数是是：" + JSON.stringify(err))
67        },
68        complete: function (e) {
69
70          console.log("下载完成。返回参数是是：" + JSON.stringify(e))
71        }
72      });
73    },
74
```

1 先将代表page对象的this赋值给that变量

2 在内层嵌套回调函数中就可以通过that变量引用到page对象了，所以可以调用到page对象的setData方法。

▲图 9.22　代码截图

▲图 9.23　执行效果

第10章 小程序WebSocket功能

10.1 什么是WebSocket

WebSocket 协议是HTML5中新引进的一种协议，它实现了浏览器与服务器间的全双工通信。

小程序运行在微信中，其实也是运行在底层框架的基础上，其和后台服务器的通信过程类似于浏览器和后台服务器的通信过程，所以本章以浏览器为例来说明WebSocket的原理。

众所周知，Web应用的交互过程通常是客户端通过浏览器发出一个请求，服务器端接收请求后进行处理，并返回结果给客户端，客户端浏览器将信息呈现。这种机制对于信息变化不是特别频繁的应用尚可，但对于实时要求高、海量并发的应用来说显得捉襟见肘。尤其在当前业界移动互联网蓬勃发展的趋势下，Web应用经常面临高并发与用户实时响应的问题，例如金融证券的实时信息、获取Web导航应用中的地理位置、推送社交网络的实时消息等。

传统的请求，即响应模式的Web开发在处理此类业务场景时，通常采用实时通信方案，常见的有：

（1）轮询。原理简单易懂，客户端每隔一定的时间以频繁请求的方式向服务器发送请求，来保持客户端和服务器端的数据同步。问题也很明显，当客户端以固定频率向服务器端发送请求时，服务器端的数据可能并没有更新，带来很多无谓的请求，浪费带宽且效率低下。

（2）基于Flash。Adobe Flash通过自身的Socket实现来完成数据交换，再利用Flash暴露出相应的接口被JavaScript调用，从而达到实时传输的目的。此方式比轮询更加高效，且因为Flash安装率高，应用场景比较广泛，但Flash在移动互联网终端上的支持并不好。iOS系统中没有Flash的存在，Android中虽然支持Flash，但实际的使用效果差强人意，且对移动设备的硬件配置要求较高。2012年，Adobe官方宣布不再支持Android 4.1+系统，宣告了Flash在移动终端上的结束。

传统Web模式在处理高并发和实时性需求时，会遇到难以逾越的瓶颈，我们需要一种高效节能的双向通信机制来保证数据的实时传输。在此背景下，基于HTML5规范的、有Web TCP之称的WebSocket应运而生。

WebSocket建立在TCP之上，同Http一样，通过TCP来传输数据，但是它和Http不同之处在于：

（1）WebSocket是一种双向通信协议，在建立连接后，WebSocket服务器和Browser/Client Agent都能主动地向对方发送或接收数据。

（2）WebSocket 需要类似 TCP 的客户端和服务器端通过握手连接，并连接成功后才能相互通信。

传统 Http 在每次请求/应答时，都需要客户端与服务端建立连接的模式。WebSocket 类似 Socket 的 TCP 长连接的通信模式，一旦 WebSocket 连接建立，后续数据都以帧序列的形式传输。在客户端断开 WebSocket 连接或 Server 端断掉连接前，不需要客户端和服务端重新发起连接请求。在海量并发且客户端与服务器交互负载流量大的情况下，极大地节省了网络带宽资源的消耗，性能优势更加明显，且在同一个持久连接上发起客户端发送和接受消息，实时性优势明显。

10.2 WebSocket 使用

WebSocket 对象提供了一组用于创建和管理 WebSocket 连接的 API，并通过连接来发送和接收数据，下面来看如何使用。

10.2.1 建立 WebSocket 连接

首先来看小程序中所提供的 wx.connectSocket 接口说明，如表 10.1 所示。

表 10.1 接口说明

参数	类型	必填	说明
url	String	是	开发者服务器接口地址，必须是 wss 协议，且域名必须是后台配置的合法域名
data	Object	否	请求的数据
header	Object	否	Http Header, header 中不能设置 Referer
method	String	否	默认是 GET，有效值为：OPTIONS，GET，HEAD，POST，PUT，DELETE，TRACE，CONNECT
success	Function	否	接口调用成功的回调函数
fail	Function	否	接口调用失败的回调函数
complete	Function	否	接口调用结束的回调函数（调用成功，失败都会执行）

小程序端的接口比较简单，在小程序的 index 页面增加一个按钮，在按钮的事件处理函数中调用该接口发起 WebSocket 连接，代码如下：

```
socketHandler:function(e){
wx.connectSocket({
  url: "wss://URL",
  data: {
    x: 'a',
    y: 'b'
    },
  // header: {}, // 设置请求的 header
  method: 'GET', // OPTIONS, GET, HEAD, POST, PUT, DELETE, TRACE, CONNECT
  success: function(res){
   console.log("success  "+JSON.stringify(res.data));
  },
  fail: function() {
    console.log("fail  "+JSON.stringify(res));
  },
  complete: function() {
```

```
    // complete
  }
})
```

主要的工作在后台服务器端。

10.2.2 WebSocket 服务器端开发

在项目的 pom 文件中添加如下依赖包：

```
<!-- websocket 支持 start -->
   <dependency>
        <groupId>com.fasterxml.jackson.core</groupId>
        <artifactId>jackson-core</artifactId>
        <version>2.6.3</version>
    </dependency>
    <dependency>
        <groupId>com.fasterxml.jackson.core</groupId>
        <artifactId>jackson-databind</artifactId>
        <version>2.6.3</version>
    </dependency>
    <dependency>
        <groupId>org.springframework</groupId>
        <artifactId>spring-websocket</artifactId>
        <version>4.1.4.RELEASE</version>
    </dependency>
<!-- websocket 支持 end -->
```

接着在 src 目录下增加如下包路径，如图 10.1 所示。

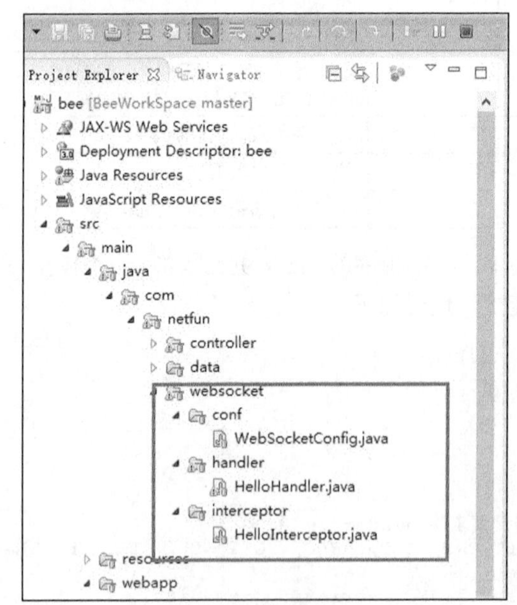

▲图 10.1　文件路径

创建如下 3 个类。

（1）WebSocketConfig：继承 WebMvcConfigurerAdapter 框架类，并实现框架接口 WebSocket

Configurer，用于注册 WebSocket 的 xss 协议请求路径，同时注册 socket 请求处理类。

（2）HelloHandler：继承自框架类 TextWebSocketHandler，该类是实际的 socket 连接处理类。

（3）HelloInterceptor：socket 请求的拦截器类，在进入 HelloHandler 之前拦截 socket 请求，拦截后可以进行设置参数或日志记录等。

WebSocketConfig 类的实现代码如下：

```
package com.netfun.websocket.conf;
import org.springframework.context.annotation.Bean;
import org.springframework.context.annotation.Configuration;
import org.springframework.web.servlet.config.annotation.EnableWebMvc;
import org.springframework.web.servlet.config.annotation.WebMvcConfigurerAdapter;
import org.springframework.web.socket.WebSocketHandler;
import org.springframework.web.socket.config.annotation.EnableWebSocket;
import org.springframework.web.socket.config.annotation.WebSocketConfigurer;
import org.springframework.web.socket.config.annotation.WebSocketHandlerRegistry;
import com.netfun.websocket.handler.HelloHandler;
@Configuration
@EnableWebMvc
@EnableWebSocket
public class WebSocketConfig extends WebMvcConfigurerAdapter implements
WebSocketConfigurer {
            @Override
            public void registerWebSocketHandlers(WebSocketHandlerRegistry registry) {
                     registry.addHandler(logWebSocketHandler(), "/hello"); // 此处与客户端
的 URL 相对应
            }
            @Bean
                public WebSocketHandler logWebSocketHandler() {
                    return new HelloHandler();
                }
}
```

其中，通过注解声明该类是 WebSocket 的配置类，在该类的重载方法 registerWebSocketHandlers 中，注册了 socket 请求的处理类及客户端连接的 xss 协议请求路径。为了能将返回的对象标记成 @Bean，调用方法 logWebSocketHandler，在方法中新建一个 HelloHandler 对象。这样，当客户端通过 wss://www.meimichao.com/bee/hello 访问时，就可以调用到 HelloHandler 处理类。

接下来看真正的处理类，代码如下：

```
package com.netfun.websocket.handler;
import java.io.IOException;
import java.io.UnsupportedEncodingException;
import java.util.ArrayList;
import org.springframework.web.socket.CloseStatus;
import org.springframework.web.socket.TextMessage;
import org.springframework.web.socket.WebSocketSession;
import org.springframework.web.socket.handler.TextWebSocketHandler;
public class HelloHandler extends TextWebSocketHandler{
         private static final ArrayList<WebSocketSession> users = new ArrayList<WebSocket
Session>();
    @Override
    public void handleTextMessage(WebSocketSession session, TextMessage message) throws
Exception {
        //接收到客户端消息时调用
        System.out.println("text message: " + session.getId() + "-" +
message.getPayload());
      String r=  "服务器已经收到了下面的消息:"+message.getPayload();
```

```
        sendMessageToUsers(new TextMessage(r.getBytes("UTF-8")));
    }
    @Override
    public void afterConnectionEstablished(WebSocketSession session)
            throws Exception {
          System.out.println("链接成功......");
        users.add(session);
        String userName = (String) session.getAttributes().get("WEBSOCKET_USERNAME");
        if(userName!= null){
            //查询未读消息
            int count = 5;
            session.sendMessage(new TextMessage(count + ""));
        }
        // 与客户端完成连接后调用
        System.out.println("afterConnectionEstablished");
        System.out.println("getId:" + session.getId());
        System.out.println("getLocalAddress:" + session.getLocalAddress().toString());
        System.out.println("getTextMessageSizeLimit:" +
session.getTextMessageSizeLimit());
        System.out.println("getUri:" + session.getUri().toString());
        System.out.println("getPrincipal:" + session.getPrincipal());
        session.sendMessage(new TextMessage("你好".getBytes("UTF-8")));
    }
    /**
     * 给所有在线用户发送消息
     *
     * @param message
     */
    public void sendMessageToUsers(TextMessage message) {
        for (WebSocketSession user : users) {
            try {
                if (user.isOpen()) {
                    user.sendMessage(message);
                }
            } catch (IOException e) {
                e.printStackTrace();
            }
        }
    }
    /**
     * 给某个用户发送消息
     *
     * @param userName
     * @param message
     */
    public void sendMessageToUser(String userName, TextMessage message) {
        for (WebSocketSession user : users) {
            if (user.getAttributes().get("WEBSOCKET_USERNAME").equals(userName)) {
                try {
                    if (user.isOpen()) {
                        user.sendMessage(message);
                    }
                } catch (IOException e) {
                    e.printStackTrace();
                }
                break;
            }
        }
    }
    @Override
    public void handleTransportError(WebSocketSession session,
            Throwable exception) throws Exception {
```

```
        // 消息传输出错时调用
        System.out.println("handleTransportError");
    }
    @Override
    public void afterConnectionClosed(WebSocketSession session,
            CloseStatus closeStatus) throws Exception {
        // 一个客户端连接断开时关闭
        System.out.println("afterConnectionClosed");
    }
    @Override
    public boolean supportsPartialMessages() {
        // TODO Auto-generated method stub
        return false;
    }
}
```

处理类中主要包括连接创建过程中的几个生命周期方法，这些生命周期方法可以在连接创建成功后、连接出错时、连接关闭时进行相应的处理。作为示例，我们在连接关闭和出错时只打印出控制台信息。在连接创建成功后，将传入的会话 session 保存到一个 list 列表中，这样做是为了记录当前一共建立了多少个会话连接，方便后续回复客户端消息时选择其中的会话进行回复。

接着，通过获取当前会话的名称来查询当前会话下未读消息的数目，并把未读消息数返回个客户端。如果客户端是匿名的，则不会将未读消息数返回给客户端。

session.sendMessage 方法用于向当前会话所对应的客户端发送回复消息，回复的消息被封装成一个 TextMessage 对象。在新建 TextMessage 对象时，将消息内容的字节码作为构造函数的参数传入，编码采用 utf-8 编码。

因为是在 afterConnectionEstablished 方法中向客户端回复了一个内容为“你好”的消息，所以当客户端创建连接成功后，马上就会收到服务器端发回的“你好”消息。

回到小程序客户端，来看如何发起连接请求。在页面中增加一个按钮，代码如下：

```
<button type="primary" bindtap="sockettHandler">建立连接</button>
```

在按钮的事件处理函数中，添加如下代码：

```
sockettHandler:function(e){
    var that=this;
wx.connectSocket({
  url: "wss://www.meimichao.com/bee/hello",
  data: {
    x: 'a',
    y: 'b'
    },
  // header: {}, // 设置请求的 header
  method: 'GET', // OPTIONS, GET, HEAD, POST, PUT, DELETE, TRACE, CONNECT
  success: function(res){
   console.log("success  "+JSON.stringify(res.data));
  },
  fail: function() {
    console.log("fail  "+JSON.stringify(res));
  },
  complete: function() {
    // complete
  }
});
wx.onSocketOpen(function(res) {
    console.log('WebSocket 连接已打开！');
```

```
that.setData({
  content:"WebSocket 连接已打开\n"
});
});
wx.onSocketMessage(function(res) {
  console.log('收到服务器内容：' + res.data);
  that.setData({content:that.data.content+'serv：' +res.data+'\n'})
})
},
```

首先向 wss://www.meimichao.com/bee/hello 发起一个 socket 连接请求，然后在 wx.onSocketOpen 函数中设置一个监听函数。该监听函数在 socket 连接成功建立后被框架调用，在该监听函数中输出连接成功的日志信息，同时将连接成功的信息更新到数据域的 content 属性中。由于 content 属性被绑定到了页面上的 textarea 的 value 上，所以这时页面上会马上显示连接成功的通知信息。

页面代码如下：

```
<!--index.wxml-->
<view  class="container" >
<textarea  bindblur="bindTextAreaBlur" auto-height placeholder="自动变高
"  value="{{content}}"/>
<button type="primary" bindtap="sockettHandler">建立连接</button>
<input  value="{{msg}}" placeholder="请在此输入内容" bindblur="msginputhandler"/>
<button type="primary" bindtap="sendhandler">发送消息</button>
</view>
```

最后在 wx.onSocketMessage 函数中定义一个消息监听函数，当服务器端有消息到达时，该消息监听函数会被调用，该函数的代码如下：

```
function(res) {
  console.log('收到服务器内容：' + res.data);
  that.setData({content:that.data.content+'serv：' +res.data+'\n'})
}
```

它会将收到的服务器消息日志输出，同时更新显示到页面的 textarea 中去。

至此，我们实现了连接创建和客户端消息监听，这时可以建立到服务器的 socket 连接，而且当服务器端有消息推送给客户端时，能够马上显示在界面上。

执行完的客户端的显示效果如图 10.2 所示。

▲图 10.2　执行效果

服务器端的控制台输出如图 10.3 所示。

```
Markers  Properties  Servers  Data Source Explorer  Snippets  Console  Progress
Tomcat v7.0 Server at localhost [Apache Tomcat] C:\javahome\bin\javaw.exe (2017-1-3 下午6:15:00)
链接成功......
afterConnectionEstablished
getId:1
getLocalAddress:Lenovo-PC/192.168.1.109:443
getTextMessageSizeLimit:8192
getUri:/bee/hello
getPrincipal:null
```

▲图 10.3　服务器后台输出

那么如何实现客户端向服务器端主动发送消息的功能呢？

在页面上创建两个组件，一个输入框 input 和一个发送消息的按钮，代码如下：

```
<input  value="{{msg}}" placeholder="请在此输入内容" bindblur="msginputhandler"/>
<button type="primary" bindtap="sendhandler">发送消息</button>
```

在 input 组件的失去焦点绑定事件 bindblur 中，将 input 中所输入的消息更新到页面对象 data 域的 msg 属性中，代码如下：

```
msginputhandler:function(e){
console.log("输入内容是: "+JSON.stringify(e));
this.setData({
msg:e.detail.value
});
},
```

然后添加发送消息按钮点击事件 sendhandler，在 sendhandler 函数中，直接调用 wx.sendSocket Message 接口方法，将页面对象 data 域的 msg 属性发送到服务器端，代码如下：

```
sendhandler:function(e){
wx.sendSocketMessage({
  data: this.data.msg
})
```

同样，在服务器端的 HelloHandler 类中有一个方法 handleTextMessage，该方法监听客户端发送来的消息，当有客户端消息到达时，该方法被调用。在该方法中，我们首先在控制台输出收到的消息内容，然后发送一条消息告诉客户端“我已经收到了你的消息”，代码如下：

```
@Override
    public void handleTextMessage(WebSocketSession session, TextMessage message) throws
Exception {
        //接收到客户端消息时调用
        System.out.println("text message: " + session.getId() + "-" +
message.getPayload());
      String r=  "服务器已经收到了下面的消息:"+message.getPayload();
        sendMessageToUsers(new TextMessage(r.getBytes("UTF-8")));
}
```

这样就建立了从客户端向服务器端发送消息，且服务器端回复消息的功能。

客户端的执行效果如图 10.4 所示。

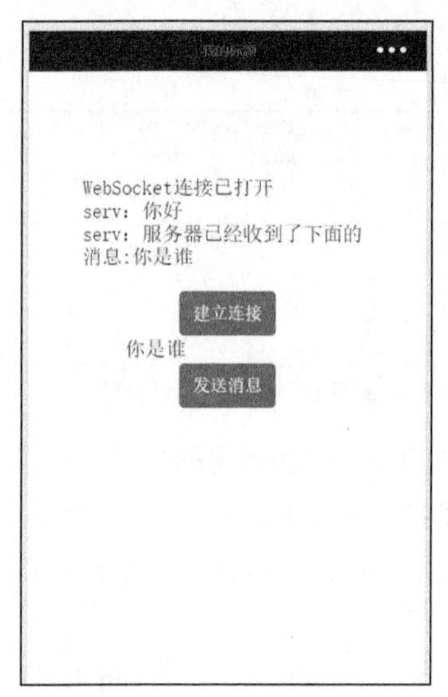

▲图 10.4　客户端执行效果

这是单个客户端连接服务器端进行双向通信的过程，WebSocket 也支持多个客户端连接服务器的通信场景。这时服务器端可以和任意一个客户端进行全双工通信，而且当服务器端收到一个客户端的消息时，会广播给所有已经连接的客户端，实现类似群聊的功能。

如果只是一个客户端连接服务器进行双向通信，这种场景类似于聊天机器人，用户连接到服务器发送消息，服务器自动回复消息。

小程序中的 WebSocket 功能很强大，本书只是以具体示例演示了利用 WebSocket 进行简单双向通信的使用场景，其他更复杂的使用场景在用法上与本节所讲述的原理和步骤相同，大家通过举一反三完全可以解决更复杂的应用场景。

第 11 章　媒体、数据及设备操作

小程序中的媒体操作主要包括图片、音频和视频的操作。

11.1 图片操作

官方提供了如下 3 个图片操作接口。

（1）wx.chooseImage：选择图片路径。

（2）wx.previewImage：图片预览。

（3）wx.getImageInfo：获取图片信息。

11.1.1　选择图片路径

选择图片路径接口 wx.chooseImage 的参数说明如表 11.1 所示。

表 11.1　选择图片路径接口说明

参数	类型	必填	说明
count	Number	否	最多可选择的图片数，默认为 9
sizeType	StringArray	否	original 原图，compressed 压缩图，默认两者都有
sourceType	StringArray	否	abum 从相册选图，camera 使用相机，默认两者都有
success	Function	是	成功返回图片的本地文件路径列表 tempFilePaths
fail	Function	否	接口调用失败的回调函数
complete	Function	否	接口调用结束的回调函数
complete	Function	否	接口调用结束的回调函数

count 控制一次可以选取的图片的数量，最多为 9 张图片。

sizeType 控制所选取的图片是否需要进行图片压缩处理，设置为 compressed 表示需要对选取的图片进行压缩处理；设置为 original 表示保留图片原样，不进行压缩处理。默认情况下，使用系统自动确定是否经过压缩处理。

在选择图片的过程中，可以控制用户选择图片的来源，例如，如果只允许用户通过摄像头拍照，那么将 sourceType 设置为 camera；如果只允许用户从相册选择图片，那么将 sourceType 设置为 album。默认情况下，既可以从相册选取，也可以通过摄像头拍照。

可以在 success 回调函数中获取选择图片的临时路径，通过该临时路径获取到图片，例如，将该临时路径设置到 img 组件的 src 属性上就可以显示图片。

在页面按钮的处理函数中添加如下代码：

```
wx.chooseImage({
  count: 1, // 默认 9
  sizeType: ['original', 'compressed'], // 可以指定是原图还是压缩图，默认二者都有
  sourceType: ['album', 'camera'], // 可以指定来源是相册还是相机，默认二者都有
  success: function (res) {
    // 返回选定照片的本地文件路径列表，tempFilePath 可以作为 img 标签的 src 属性显示图片
    var tempFilePaths = res.tempFilePaths
 console.log("参数:"+JSON.stringify(res));
  }
})
```

单击按钮，会弹出图片选择框，如图 11.1 所示。

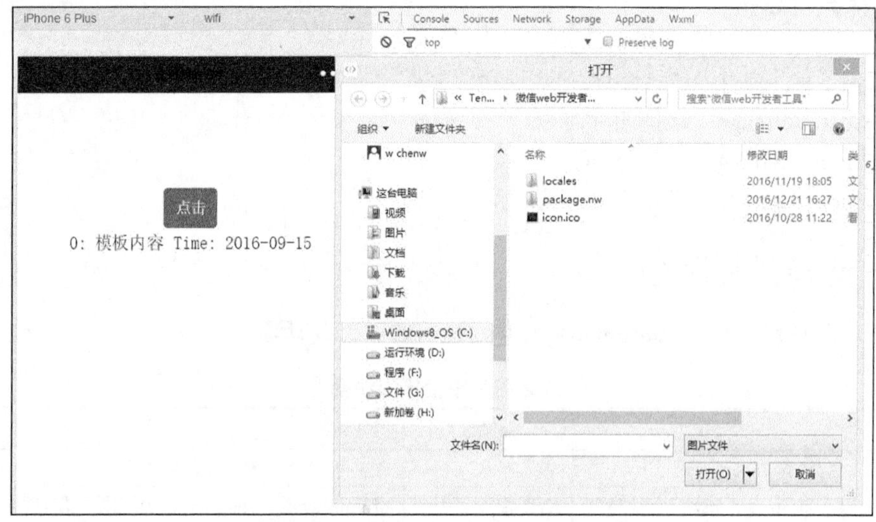

▲图 11.1　图片选择框

通过图片选择框选择一张图片，得到如图 11.2 所示的调试信息。

```
Update view with init data
▶ Object {content: "", msg: "www", flag: false, condition: false, objectArray: Array[6]…}
pages/index/index: onLoad have been invoked
onload
pages/index/index: onShow have been invoked
Invoke event onReady in page: pages/index/index
pages/index/index: onReady have been invoked
Invoke event taphanlder in page: pages/index/index
参数:{"errMsg":"chooseImage:ok","tempFilePaths":["wxfile://tmp_1663525960o6zAJs8ZE3z_YHY2GqU2xmO2d6Tk1483661953716.ico"]}
>
```

▲图 11.2　调试信息

其中，下划线部分是选择的图片的临时路径。当选择多张图片时，tempFilePaths 数组中会包含多个临时路径，通过对迭代该数组可以得到所有选中图片的临时路径。

上述例子中只有一张图片，所以可以通过 res.tempFilePaths[0]直接获取该图片的临时路径。

11.1.2 预览图片

预览图片接口 wx.previewImage 的参数说明如表 11.2 所示。

表 11.2 预览图片接口

参数	类型	必填	说明
current	String	否	当前显示图片的链接，不填则默认为 urls 的第一张
urls	StringArray	是	需要预览的图片链接列表
success	Function	否	接口调用成功的回调函数
fail	Function	否	接口调用失败的回调函数
complete	Function	否	接口调用结束的回调函数

urls 是可以预览的图片的 http 地址列表，curremt 表示当前预览 urls 列表中的那张图片的 http 地址。也可以直接在 current 中指定需要预览的图片的 http 地址，但是 current 中指定的图片地址必须在 urls 中存在，否则会忽略 current 的值，而直接显示 urls 列表中的第一项所对应的图片地址。代码如下：

```
wx.previewImage({
  current: 'http://mving1.meitudata.com/65466.jpg', // 当前显示图片的链接，不填则默认为
urls 的第一张
  urls: ['http://www.dabaolu.com/1.jpg','http://www.dabaolu.com/2.jpg']
})
```

显示效果如图 11.3 所示。

▲图 11.3　预览图片显示效果

注意，urls 和 current 只支持 http 格式的 url 地址。

对于通过 chooseImage 所得到的图片的地址，因为是类似 wxfile://tmp_1663525960o6zAJs8ZE3z_YHY2GqU2xmO2d6Tk1483663091255.jpg 的临时路径，不是 http 路径，因此无法通过 wx.previewImage 来预览。

11.1.3 获取图片信息

获取图片信息接口 wx.getImageInfo 参数说明如表 11.3 所示。

表 11.3　　获取图片信息接口

参数	类型	必填	说明
src	String	是	图片的路径
success	Function	否	接口调用成功的回调函数
fail	Function	否	接口调用失败的回调函数
complete	Function	否	接口调用结束的回调函数

其中，src 可以是多种路径形式，与 wx.previewImage 不同，这里的路径支持临时文件路径。通过该接口可以获取到图片的宽、高和路径等信息，代码如下：

```
wx.chooseImage({
  count: 1, // 默认 9
  sizeType: ['original', 'compressed'], // 可以指定是原图还是压缩图，默认二者都有
  sourceType: ['album', 'camera'], // 可以指定来源是相册还是相机，默认二者都有
  success: function (res) {
    // 返回选定照片的本地文件路径列表，tempFilePath 可以作为 img 标签的 src 属性显示图片
    var tempFilePaths = res.tempFilePaths
 console.log("参数:"+JSON.stringify(res));
 wx.getImageInfo({
 src:res.tempFilePaths[0],
  success: function (res) {
 console.log("图片信息:"+JSON.stringify(res));
  }
})
  }
})
}
```

在选择完图片后，直接在日志中打印出该图片的相关属性，执行结果如图 11.4 所示。

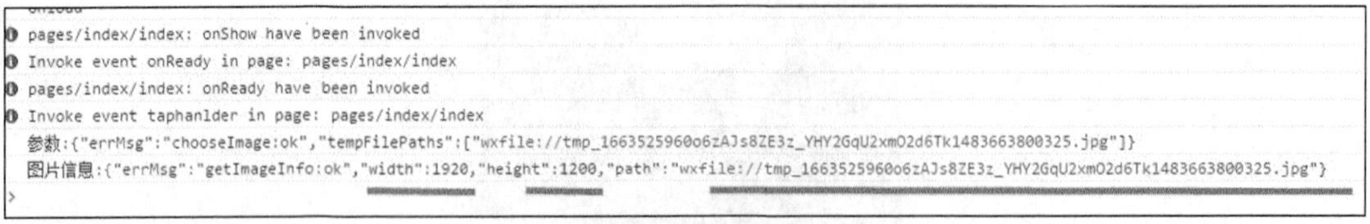

```
pages/index/index: onShow have been invoked
Invoke event onReady in page: pages/index/index
pages/index/index: onReady have been invoked
Invoke event taphanlder in page: pages/index/index
参数:{"errMsg":"chooseImage:ok","tempFilePaths":["wxfile://tmp_1663525960o6zAJs8ZE3z_YHY2GqU2xmO2d6Tk1483663800325.jpg"]}
图片信息:{"errMsg":"getImageInfo:ok","width":1920,"height":1200,"path":"wxfile://tmp_1663525960o6zAJs8ZE3z_YHY2GqU2xmO2d6Tk1483663800325.jpg"}
>
```

▲图 11.4　执行结果

可以看到，图片的宽度为 1920px，高度为 1200px，路径为：

wxfile://tmp_1663525960o6zAJs8ZE3z_YHY2GqU2xmO2d6Tk1483663800325.jpg。

11.2 录音操作

框架提供了“录音”和“停止录音”的接口，这两个接口很简单。在录音接口中，通过 success 回调函数的参数 res. tempFilePath，可以获得录音文件的临时路径。注意，录音时长最多 1 分钟，如果超过 1 分钟，框架会自动调用 wx.stopRecord 来结束录音。

在按钮的点击事件中添加如下代码：

```
taphanlder:function(e){
wx.startRecord({
  success: function(res) {
    var tempFilePath = res.tempFilePath
 console.log("录音成功:"+JSON.stringify( res));
  },
  fail: function(res) {
     //录音失败
     console.log("录音成功");
  },
   complete: function(res) {
     //录音失败
     console.log("录音完成");
  }
})
setTimeout(function() {
  //结束录音
  wx.stopRecord()
}, 10000)
}
```

首先调用 wx.startRecord 录音接口，然后在 10 秒后调用 wx.stopRecord 停止录音，最后在 success 回调函数中打印出生成的录音文件的临时路径。

在开发工具自带的模拟器中的执行结果如图 11.5 所示。

模拟器日志输出如图 11.6 所示。

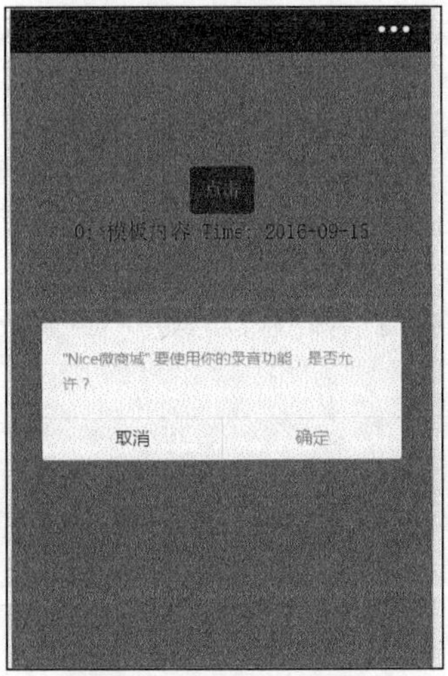
点击
0：模板内容 Time：2016-09-15
"Nice微商城"要使用你的录音功能，是否允许？
取消
确定

▲图 11.5 调用录音接口

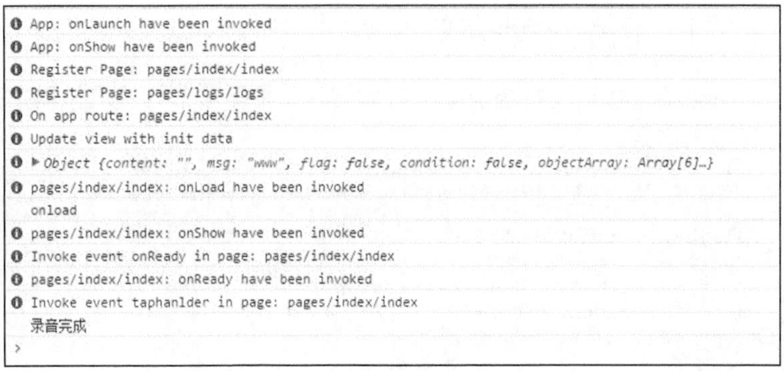
App: onLaunch have been invoked
App: onShow have been invoked
Register Page: pages/index/index
Register Page: pages/logs/logs
On app route: pages/index/index
Update view with init data
▶ Object {content: "", msg: "www", flag: false, condition: false, objectArray: Array[6]…}
pages/index/index: onLoad have been invoked
onload
pages/index/index: onShow have been invoked
Invoke event onReady in page: pages/index/index
pages/index/index: onReady have been invoked
Invoke event taphanlder in page: pages/index/index
录音完成

▲图 11.6 录音接口调用日志

在模拟器中，因为并非真正录音，所以并不会调用 success 回调函数。通过在真实环境中测试可以发现 success 回调函数会被调用，而且生成了录音文件的路径。

如图 11.7 所示，单击“项目”—>“预览”，然后使用手机微信扫描二维码，得到如图 11.8 所示的执行结果。

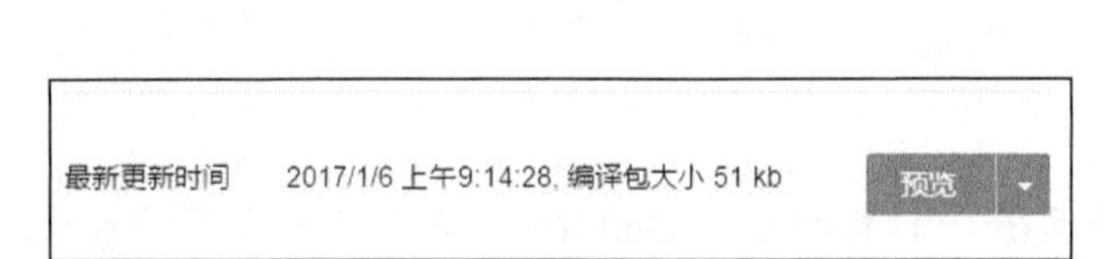

▲图 11.7　项目预览

▲图 11.8　录音执行

可以看到，录音成功完成，且得到 slk 格式的临时录音文件。

11.3 音频播放

播放音频需要调用 wx.playVoice 接口，在参数 filePath 中传入需要播放的音频的路径。

11.3.1　播放本地音频文件

音频播放接口支持播放本地音频文件，在开发工具的模拟器中只会显示播放成功，并不会真正地播放出声音。

例如，在页面按钮的点击事件处理函数中播放音频，代码如下：

```
playhanlder:function(e){
 wx.playVoice({
   filePath: "C:/Users/w/Desktop/testc/res/ms.mp3",
success: function(res){
console.log("success");
},
fail: function(res) {      //播放失败
```

```
        console.log("fail"+JSON.stringify( res));
    },
     complete: function(res) {
        //播放失败
        console.log("complete");
    }
   })
 },
```

执行结果如图 11.9 所示。

```
▶ Object {content: "", msg: "www", flag: false, condition: false, objectArray: Array[6]…}
pages/index/index: onLoad have been invoked
onload
pages/index/index: onShow have been invoked
Invoke event onReady in page: pages/index/index
pages/index/index: onReady have been invoked
Invoke event playhanlder in page: pages/index/index
success{"errMsg":"playVoice:ok"}
complete
>
```

▲图 11.9　执行结果

从日志来看已经播放成功了，但实际上并没有声音播放出来，原因在于模拟器中无法真正地播放声音，它只是用于模拟，来显示代码没有错误。

上述代码以本机的 mp3 文件作为播放文件，真正开发小程序时不可能这样用。在真实的开发场景下，要将音频文件上传到网络，然后将音频的网络地址设置到 filePath 属性中。

例如，将 filePath 设置为 https://www.meimichao.com/bee/public/ms.mp3，这个地址的 mp3 是真实存在的，如图 11.10 所示。

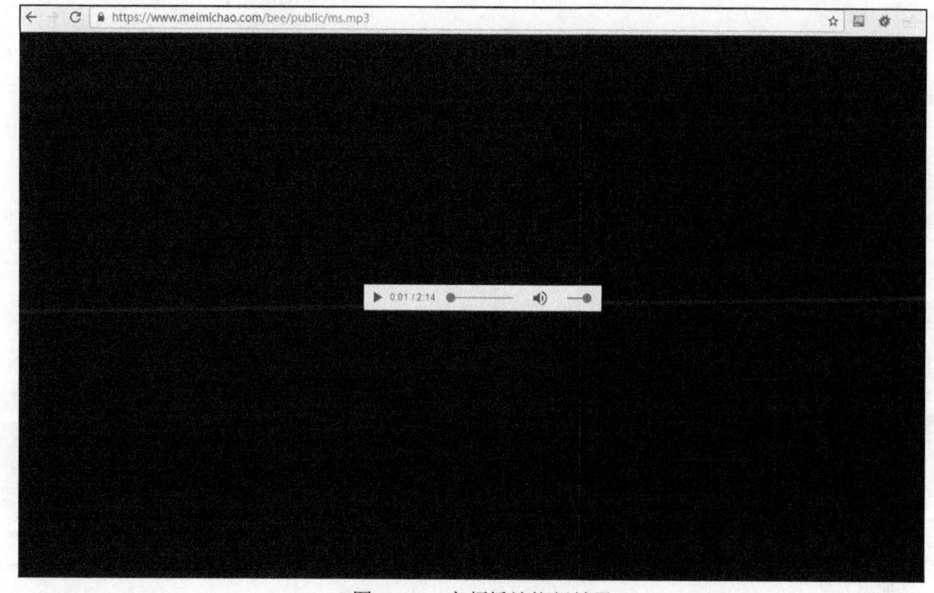

▲图 11.10　音频播放执行效果

再次进行测试可以发现，不论是在模拟器中，还是在手机微信真实测试中，都无法播放该地址的音频。原因是 wx.playVoice 接口的 filePath 属性无法直接接受音频的 url 地址，必须先下载音频，获取到该音频的临时文件路径，然后将该临时文件路径设置到 filePath 属性上，才能实现音频的播放。将代码修改为：

```
playhanlder:function(e){
wx.downloadFile({
  url: "https://www.meimichao.com/bee/public/ms.mp3",
  // type: 'image', // 下载资源的类型，用于客户端识别处理，有效值：image/audio/video
  // header: {}, // 设置请求的 header
  success: function(res){
    console.log("success"+JSON.stringify( res) +res.tempFilePath);
     wx.playVoice({
   filePath: res.tempFilePath,
 // filePath: "C:/Users/w/Desktop/testc/res/ms.mp3",
success: function(res){
console.log("success"+JSON.stringify( res));
},
fail: function(res) {      //播放失败
     console.log("fail"+JSON.stringify( res));
  },
   complete: function(res) {
     //播放失败
     console.log("complete");
  }
 })
  },
  fail: function() {
    // fail
  },
  complete: function() {
    // complete
  }
})
},
```

这样就可以播放音频文件了。

11.3.2　播放录制的音频

通过调用 wx.playVoice 接口，可以播放录制的音频。代码如下：

```
wx.startRecord({
  success: function(res){
 console.log("录音成功:"+JSON.stringify( res));
    wx.playVoice({
   filePath: res.tempFilePath,
 // filePath: "C:/Users/w/Desktop/testc/res/ms.mp3",
success: function(res){
console.log("播放成功"+JSON.stringify( res));
},
fail: function(res) {      //播放失败
     console.log("播放失败"+JSON.stringify( res));
  },
   complete: function(res) {
     //播放完成
     console.log("播放完成");
```

```
      }
    })
     },
     fail: function(res) {
      console.log("录音失败:"+JSON.stringify( res));
     },
     complete: function(res) {
      console.log("录音完成:"+JSON.stringify( res));
     }
   }),
    setTimeout(function(){
         wx.stopRecord()
      }, 5000)
   },
```

在按钮的事件处理函数中，首先调用 wx.startRecord 开始录音，在录音成功回调函数 success 中获取录制好的音频的临时地址（通过 res.tempFilePath 参数），然后调用 wx.playvoice 来播放录制好的音频.

通过结合 wx.pauseVoice 和 wx.stopVoice 接口，可以实现暂停和停止功能。暂停后再次调用 wx.playVoice 播放同一个文件时，会从暂停处开始播放。停止后再次调用 wx.playVoice 播放同一个文件时，会从开始处重新播放。

11.4 音乐播放

与音频播放相比，音乐播放功能更强大。音频播放适合播放一些微信语音消息，而且只能进行开始播放、暂停和停止等简单控制，其支持的音频格式也是有限的。音乐播放则不同，音乐播放接口支持绝大部分主流音频格式文件，使用也非常简单，只需在按钮的事件处理函数中添加如下代码：

```
  playhanlder:function(e){
   wx.playBackgroundAudio({
      dataUrl: 'https://www.meimichao.com/bee/public/ms.mp3',
      title: '我是标题',
      coverImgUrl: ''
  })
  },
```

效果如图 11.11 所示。

使用 wx.pauseBackgroundAudio 暂停播放，使用 wx.seekBackgroundAudio 将当前播放进度调整到指定值，例如设置到进度的 30%：wx.seekBackgroundAudio(30)。使用 wx.stopBackgroundAudio 停止播放。

可以通过 wx.onBackgroundAudioPlay、wx.onBackgroundAudioPause、wx.onBackgroundAudio Stop 来监听音乐的开始播放、暂停播放、停止播放事件，并进行相应的处理。

在音乐播放过程中，可以调用接口函数 wx.getBackgroundAudioPlayerState 来获取当前播放状态相关的信息，代码如下：

```
  taphanlder:function(e){
  wx.getBackgroundAudioPlayerState({
      success: function(res) {
        console.log("播放状态信息"+JSON.stringify( res)+res.dataUrl);}
```

```
    });
}
```

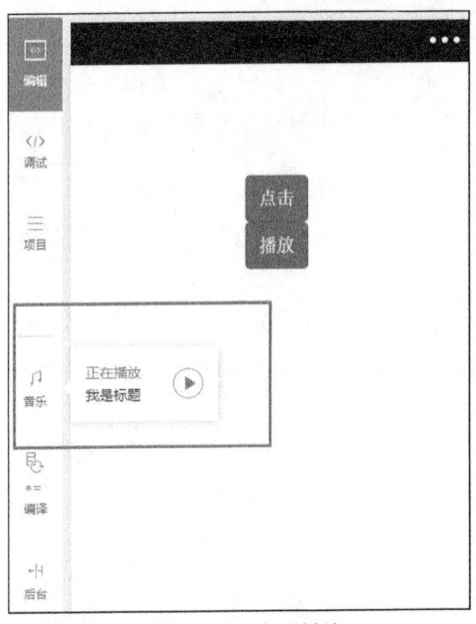

▲图 11.11 音乐播放

执行结果如图 11.12 所示。

```
onload                                                                 index.js [sm]:29
pages/index/index: onShow have been invoked                            WAService.js:3
Invoke event onReady in page: pages/index/index                        WAService.js:3
pages/index/index: onReady have been invoked                           WAService.js:3
Invoke event playhanlder in page: pages/index/index                    WAService.js:3
Invoke event taphanlder in page: pages/index/index                     WAService.js:3
播放状态信息                                                            index.js [sm]:112
{"dataUrl":"https://www.meimichao.com/bee/public/ms.mp3","duration":137,"currentPosition":6,"status":1,"downloadPercent":5,"errMsg":"getMusicPlayerState:ok"}https://www.meimichao.com/bee/public/ms.mp3
Invoke event taphanlder in page: pages/index/index                     WAService.js:3
播放状态信息                                                            index.js [sm]:112
{"dataUrl":"https://www.meimichao.com/bee/public/ms.mp3","duration":137,"currentPosition":14,"status":1,"downloadPercent":11,"errMsg":"getMusicPlayerState:ok"}https://www.meimichao.com/bee/public/ms.mp3
Invoke event taphanlder in page: pages/index/index                     WAService.js:3
播放状态信息                                                            index.js [sm]:112
{"dataUrl":"https://www.meimichao.com/bee/public/ms.mp3","duration":137,"currentPosition":26,"status":0,"downloadPercent":19,"errMsg":"getMusicPlayerState:ok"}https://www.meimichao.com/bee/public/ms.mp3
>
```

▲图 11.12 执行结果

这些状态参数值的含义如表 11.4 所示。

表 11.4 状态参数值含义

参数	说明
duration	选定音频的长度，单位秒，只有在有音乐播放时才有返回值
currentPosition	选定音频的播放位置，单位秒，只有在有音乐播放时才有返回值
status	播放状态：0——暂停；1——播放中；2——未播放
downloadPercent	音频的下载进度
dataUrl	歌曲的数据链接

11.5 控制音频组件

通过传入一个音频组件的 id 来调用接口函数 wx.createAudioContext，可以获得一个 audioContext 对象，并通过该对象完成如表 11.5 所示的功能。

表 11.5 方法列表

方法	参数	说明
setSrc	src	音频的地址
play	—	播放
fail	—	暂停
seek	position	跳转到指定位置，单位秒

例如在页面上常见 4 个按钮和 1 个音频组件，代码如下：

```
<!-- audio.wxml -->
<audio  src="{{src}}" id="myAudio" ></audio>
<button type="primary" bindtap="audioPlay">播放</button>
<button type="primary" bindtap="audioPause">暂停</button>
<button type="primary" bindtap="audio14">设置当前播放时间为 14 秒</button>
<button type="primary" bindtap="audioStart">回到开头</button>
```

在页面的逻辑层中，可以通过事件处理函数来控制音频的播放过程，代码如下：

```
// audio.js
Page({
  onReady: function (e) {
    // 使用 wx.createAudioContext 获取 audio 上下文 context
    this.audioCtx = wx.createAudioContext('myAudio')
    this.audioCtx.setSrc('http://ws.stream.qqmusic.qq.com/M500001VfvsJ21xFqb.mp3?guid=ffffffff82def4af4b12b3cd9337d5e7&uin=346897220&vkey=6292F51E1E384E06DCBDC9AB7C49FD713D632D313AC4858BACB8DDD29067D3C601481D36E62053BF8DFEAF74C0A5CCFADD6471160CAF3E6A&fromtag=46')
    this.audioCtx.play()
  },
  data: {
    src: ''
  },
  audioPlay: function () {
    this.audioCtx.play()
  },
  audioPause: function () {
    this.audioCtx.pause()
  },
  audio14: function () {
    this.audioCtx.seek(14)
  },
  audioStart: function () {
    this.audioCtx.seek(0)
  }
})
```

在 onReady 生命周期函数中创建 audioCtx 对象，并设置音频的地址，调用 play 方法开发音频播放。

在播放过程中，通过定义按钮的事件处理函数来实现对播放过程的控制，例如暂停、播放、进度设置等。此外，还有视频组件控制接口 wx.createVideoContext，其用法也类似。

11.6 选择视频

可以通过 wx.chooseVideo(OBJECT)接口来选择视频，OBJECT 是一个 js 对象类型的参数，其支持的属性如表 11.6 所示。

表 11.6　属性列表

参数	类型	必填	说明
sourceType	StringArray	否	album 从相册选视频，camera 使用相机拍摄，默认为['album', 'camera']
maxDuration	Number	否	拍摄视频最长拍摄时间，单位秒，最长支持 60 秒
camera	String	否	默认调起的为前置还是后置摄像头。front: 前置，back: 后置，默认 back
success	Function	否	接口调用成功，返回视频文件的临时文件路径
fail	Function	否	接口调用失败的回调函数
complete	Function	否	接口调用结束的回调函数

在页面上定义一个 “选择视频” 按钮，代码如下：

```
<button type="primary" bindtap="choosevideo">选择视频</button>
```

在该按钮的处理函数中，调用接口 wx.chooseVideo，并在接口的回调函数中输出参数情况，相关代码如下：

```
choosevideo:function () {
   wx.chooseVideo({
     sourceType: ['album', 'camera'], // album 从相册选视频，camera 使用相机拍摄
     // maxDuration: 60, // 拍摄视频最长拍摄时间，单位秒。最长支持 60 秒
     camera: ['front', 'back'],
     success: function(res){
      console.log(JSON.stringify(res));
     },
     fail: function() {
       // fail
     },
     complete: function() {
       // complete
     }
   })
 }
```

执行结果如图 11.13 所示。

```
pages/index/index: onReady have been invoked
Invoke event choosevideo in page: pages/index/index
  {"errMsg":"chooseVideo:ok","tempFilePath":"wxfile://tmp_1663525960o6zAJs8ZE3z_YHY2GqU2xmO2d6Tk1483684656413.avi"}
>
```

▲图 11.13　执行结果

也就是说，在执行后的回调函数中，可以通过回调参数 res 得到所选择的视频的相关信息。具体包括的信息如表 11.7 所示。

表 11.7 回调参数

参数	说明
tempFilePath	选定视频的临时文件路径
duration	选定视频的时间长度
size	选定视频的数据量大小
height	返回选定视频的长
width	返回选定视频的宽

11.7 文件操作

用户在手机上运行小程序时，有时需要相互发送文件或是下载文件，这些情况下要用到文件操作接口。

无论是下载文件，还是接受其他用户发送过来的文件，首先都要将文件保存到用户手机中的一个目录下，通过调用 wx.saveFile 接口来实现文件的保存功能。在调用该接口时，只需要传入一个文件保存路径作为参数。

例如，要下载服务器上的一个文件，并保存到用户手机本地的一个目录下，通过按钮的点击处理函数中来实现。代码如下：

```
 downloadAndSave:function () {
 wx.downloadFile({
   url: "https://www.meimichao.com/bee/public/a.jpg",
  type: 'image', // 下载资源的类型，用于客户端识别处理，有效值：image/audio/video
   // header: {}, // 设置请求的 header
   success: function(res){
console.log("下载成功");
     wx.saveFile({
       tempFilePath: res.tempFilePath,
       success: function (res) {
       console.log("保存成功"+JSON.stringify(res));
       }
     })
   },
   fail: function(res){
 console.log("下载失败"+JSON.stringify(res));
   }
 })
 }
```

执行结果如图 11.14 所示。

这样就实现了下载文件，并将下载后的文件直接保存在当前目录下的功能，当然也可以指定一个手机目录路径，将下载的文件保存到该路径。

如果之前已经保存过文件，那么如何知道已经保存了几个文件呢？可以直接调用获取本地已保存文件的接口函数，代码如下：

```
On app route: pages/index/index
Update view with init data
▶ Object {}
pages/index/index: onLoad have been invoked
onload
pages/index/index: onShow have been invoked
Invoke event onReady in page: pages/index/index
pages/index/index: onReady have been invoked
Invoke event downloadAndSave in page: pages/index/index
下载成功
保存成功{"errMsg":"saveFile:ok","savedFilePath":"wxfile://store_1663525960o6zAJs8ZE3z_YHY2GqU2xmO2d6Tk1483686930637.jpg"}
>
```

▲图 11.14　执行结果

```
wx.getSavedFileList({
  success: function(res) {
    console.log(res.fileList)
  }
})
```

其中，res 是一个对象，包含两个属性 errMsg 和 fileList。

通过对象的 fileList 属性可以获得所有已保存文件的列表，fileList 是一个 js 的对象数组，其中每个对象元素具有 filePath、createTime 和 size 这 3 个属性，分别表示所保存文件的保存路径、创建时间和文件大小。

如果不想一次获取所有保存文件的信息，而只想获取指定路径下的一个文件的相关信息，可以调用 wx.getSavedFileInfo 接口。该接口接收一个文件路径作为参数，返回该路径下的文件的大小和创建时间信息。

同样，打开文件的接口也很简单，将文件下载成功中的回调函数 success 改为如下代码：

```
success: function(res){
console.log("下载成功");
      wx.openDocument({
        filePath: res.tempFilePath,
        success: function (res) {
        console.log("打开"+JSON.stringify(res));
        }
      })

},
```

打开文件的过程必须在真实手机上通过扫码进行测试，测试时微信会根据下载的文件类型自动调用手机上所安装的相关程序，从而打开所下载的文件。

11.8 数据缓存

为了提高访问速度，把一部分不常变动的数据存放在手机缓存中，当下次用户请求同样的数据时，可以直接从本地缓存中读取，而不需要调用网络接口去服务器端获取，从而加快访问速度。

小程序中提供了针对本地缓存操作的接口，分为异步缓存接口和同步缓存接口。

异步缓存接口包括如下具体接口。

（1）wx.setStorage：将数据存储在本地缓存中指定的 key 中，会覆盖原来该 key 对应的内容。在使用时需要传入一个 key 和一个 data，data 可以是字符串，也可以是一个任意的 js 对象。

（2）wx.getStorage：从本地缓存中异步获取指定 key 对应的内容。

（3）wx.removeStorage：从本地缓存中异步移除指定 key。

（4）wx.clearStorage：清理本地数据缓存。

（5）wx.getStorageInfo：获取当前 storage 的相关信息，获取到的信息包括 keys、currentSize、limitsize 等。

异步缓存接口被调用后，会通过回调函数的机制将函数调用的结果信息以回调函数参数的形式返给回调函数，我们在回调函数内部获取结果并进行相应的处理。

另外，微信官方还提供了一套和上述异步缓存接口对应的同步缓存接口，使用方法相同，但同步接口没有回调函数。在调用同步接口时，线程会在当前调用处阻塞等待接口调用返回，返回的值就是接口调用的结果，得到这个结果后才能继续下面的处理。

例如：

```
try {
  var value = wx.getStorageSync('key')
  if (value) {
      // Do something with return value
  }
} catch (e) {
  // Do something when catch error
}
```

调用 wx.getStorageSync('key')同步接口来获取 key 的值，当程序执行到这一行时，会一直等待到该调用返回，将返回的值赋值给 value，value 就是获取到的结果值。

因为同步接口没有回调函数，所以当调用同步接口出错时，我们必须通过 try 和 catch 来捕获错误，并进行相应的处理。

11.9 获取位置

接口 wx.getLocation 用于获取当前位置的经纬度，支持两种位置表示方式：wgs84 和 gcj02。

获取位置的相关函数调用代码如下：

```
loc: function () {
   wx.getLocation({
     type: 'wgs84', // 默认为 wgs84 返回 gps 坐标，gcj02 返回可用于 wx.openLocation 的坐标
     success: function(res){
       console.log("获取成功"+JSON.stringify(res));
     },
     fail: function() {
      console.log("获取失败"+JSON.stringify(res));
     }
   })
 },
```

执行结果如图 11.15 所示。

```
top    Preserve log
Invoke event loc in page: pages/index/index
getLocation ▶Object {type: "wgs84"} 0 false
获取成功{"latitude":22.543099,"longitude":114.057868,"errMsg":"getLocation:ok"}
>
```

▲图 11.15　执行结果

11.10 打开位置

打开位置函数提供了一种选择地理位置的方法，调用 wx.chooseLocation 打开一个地图，在地图上选择一个位置，将该位置传送给回调函数，在回调函数中通过回调参数获取所选择的位置的相关信息。

代码如下：

```
loc: function () {
   wx.chooseLocation({

     success: function(res){
       console.log("打开成功"+JSON.stringify(res));
     },
     fail: function() {
      console.log("打开失败"+JSON.stringify(res));
     }
   })
  },
```

执行后会打开地图，如图 11.16 所示。

选择一个位置后，单击导航上的发送按钮，在回调函数中就获取到了该位置的相关信息，执行结果如图 11.17 所示。

▲图 11.16　打开地图位置

```
onload
pages/index/index: onShow have been invoked
Invoke event onReady in page: pages/index/index
pages/index/index: onReady have been invoked
Invoke event loc in page: pages/index/index
打开成功{"name":"深圳市民中心","address":"广东省深圳市福田区福中三
路","latitude":22.5431,"longitude":114.05787,"errMsg":"chooseLocation:ok"}
>
```

▲图 11.17　执行结果

11.11 查看位置

打开位置是打开地图并选择地图上的一个位置，然后返回该位置的相关信息。而查看位置与之相反，是提供位置的经纬度值和相关信息，然后在地图上标记出该位置。

查看位置的处理代码如下：

```
loc: function () {
wx.openLocation({
  latitude: 22.5431,          // 纬度，范围为-90~90，负数表示南纬
  longitude: 114.05787,       // 经度，范围为-180~180，负数表示西经
  scale: 28,                  // 缩放比例
  name: '位置名称',            // 位置名
   address: '位置说明',        // 地址的详细说明
  success: function(res){
     console.log("查看位置成功"+JSON.stringify(res));
  },
  fail: function() {
   console.log("查看位置失败"+JSON.stringify(res));
  }
})
  },
```

结果如图 11.18 所示。

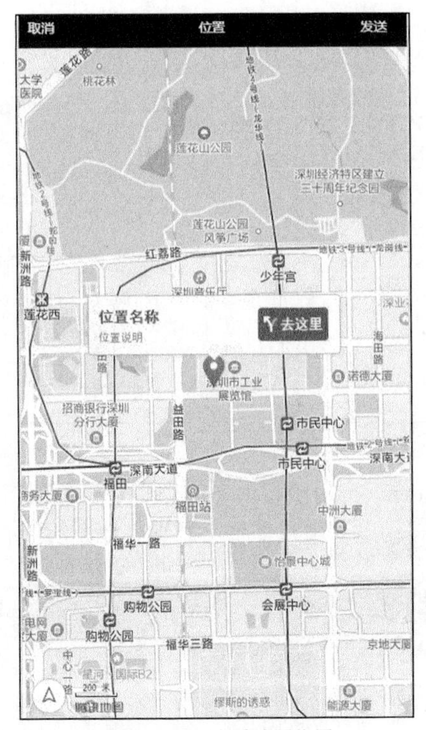

▲图 11.18 查看地图位置

11.12 地图组件控制

官方提供了一个用于绑定到地图组件来对地图组件进行操作和控制的接口。

首先在页面上添加一个地图组件，并且将 id 设置为“mymap”，代码如下：

```
<map id="mymap" scale="12" style="width:500px;height:500px"/>
```

下面通过在按钮的点击事件中添加代码来演示使用方法，代码如下：

```
loc: function () {
this.mapCtx =wx.createMapContext("mymap");
//获取当前地图中心的经纬度，返回的是 gcj02 坐标系
 this.mapCtx.getCenterLocation({
      success: function(res){
         console.log("中心位置: "+JSON.stringify(res));
      }
    });
  },
```

单击按钮后，执行结果如图 11.19 和图 11.20 所示。

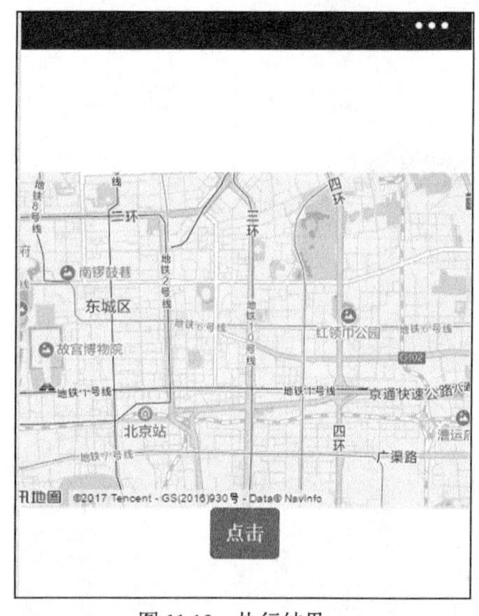

图 11.19　执行结果

```
pages/index/index: onShow have been invoked
Invoke event onReady in page: pages/index/index
pages/index/index: onReady have been invoked
Invoke event loc in page: pages/index/index
中心位置: {"longitude":116.46,"latitude":39.92}
>
```

▲图 11.20　执行日志

另一个接口函数 moveToLocation 用于将地图的中心点移动到当前位置，这在地图导航过程中会经常用到，例如在用户位置移动过程中，需要不断地将地图的中心点位置移动到当前位置。

11.13 设备操作

11.13.1　获取系统信息

接口 wx.getSystemInfo 用于获取系统相关的信息，例如：

```
loc: function () {
wx.getSystemInfo({
  success: function(res) {
   console.log("系统信息:"+JSON.stringify(res));
  }
})
  },
```

执行结果如图 11.21 所示。

```
pages/index/index: onShow have been invoked
Invoke event onReady in page: pages/index/index
pages/index/index: onReady have been invoked
Invoke event loc in page: pages/index/index
系统信息:{"errMsg":"getSystemInfo:ok","model":"iPhone 6","pixelRatio":3,"windowWidth":414,"windowHeight":640,"system":"iOS 10.0.1","language":"zh_CN","version":"6.3.9","platform":"devtools"}
>
```

▲图 11.21　执行结果

系统信息如下：

```
{"errMsg":"getSystemInfo:ok","model":"iPhone 6","pixelRatio":3,"windowWidth":414,
"windowHeight":640,"system":"iOS 10.0.1","language":"zh_CN","version":"6.3.9",
"platform":"devtools"}
```

同样，通过 wx.getNetworkType 可以返回当前的网络状态是 2G、3G、4G，还是 Wi-Fi。

重力感应和罗盘其实是一个监听接口，分别以每秒 5 次的频率返回 *x*、*y*、*z* 空间坐标值及当前手机方向角度值。

11.13.2 拨打电话和扫码

在小程序中，可以通过调用接口的方式来拨打电话或扫码。

拨打电话只需要在事件处理函数中添加下面的代码即可：

```
wx.makePhoneCall({
  phoneNumber: '1340000' //仅为示例，并非真实的电话号码
})
```

执行结果如图 11.22 所示。

在手机真实环境下执行时，会调用手机系统的拨号程序完成拨号。

同样，在事件处理函数中，通过加入如下代码可以调起系统的扫码功能，扫码完成后，扫码获取的相关信息会通过回调函数的参数返回给程序。

```
wx.scanCode({
  success: (res) => {
    console.log(res)
  }
})
```

扫码功能需要在真机上测试才有效，在模拟器上仅仅会打开一个文件选择框，不会真正调起扫码功能。

在真机上测试的结果如图 11.23 所示。

▲图 11.22　拨打电话

▲图 11.23　测试结果

各参数的含义如表 11.8 所示。

表 11.8　　参数说明

参数	说明
result	所扫描的内容
scanType	所扫描的类型
charSet	所扫描的字符集
path	当所扫的码为当前小程序的合法二维码时，会返回此字段，内容为二维码携带的 path

第 12 章　界面交互接口及开放接口

小程序中的页面结构文件负责页面的显示和样式，页面的交互主要通过页面逻辑文件来控制。在页面逻辑文件中，官方提供了非常多的 API 接口，使用这些接口能更方便地完成各种复杂的页面交互操作，同时完善小程序的用户体验。接下来，我们来看这些接口及其使用方法。

12.1 交互反馈

12.1.1 消息提示框

消息提示框支持的属性如表 12.1 所示。

表 12.1　消息提示框支持的属性

参数	类型	必填	说明
title	String	是	提示的内容
icon	String	否	图标，只支持“success”“loading”
duration	Number	否	提示的延迟时间，单位毫秒，默认为 1500，最大为 10000
mask	Boolean	否	是否显示透明蒙层，防止触摸穿透，默认为 false

duration 表示从 wx.showToast 被调用到显示消息框的间隔时间，mask 表示在显示消息框时是否添加一个背景遮罩层。

下面来看几种显示效果。

（1）icon 为 success，且 mask 为 false 时的显示效果，如图 12.1 所示。

（2）icon 为 loading，且 mask 为 true 时的显示效果，如图 12.2 所示。

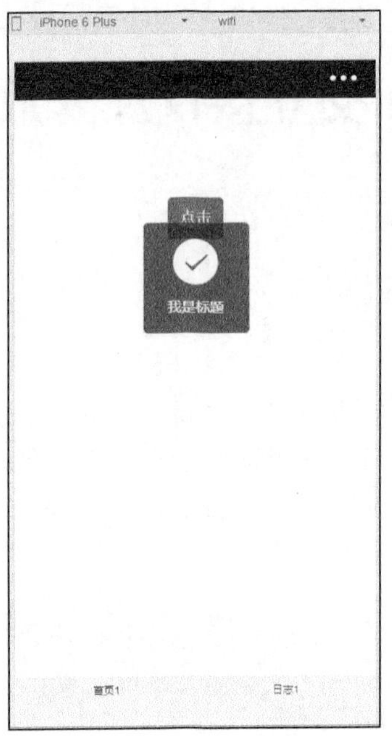

▲图 12.1　消息提示框效果 1

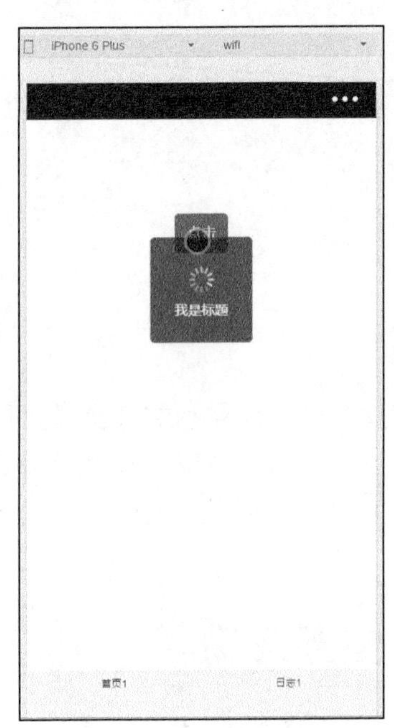

▲图 12.2　消息提示框效果 2

12.1.2　显示模态弹窗 wx.showModal

模态对话框的属性列表如表 12.2 所示。

表 12.2　模态对话框属性列表

参数	类型	必填	说明
title	String	是	提示的标题
content	String	是	提示的内容
showCancel	Boolean	否	是否显示取消按钮，默认为 true
cancelText	String	否	取消按钮的文字，默认为取消，最多 4 个字符
cancelColor	HexColor	否	取消按钮的文字颜色，默认为#000000
confirmText	String	否	确定按钮的文字，默认为确定，最多 4 个字符
confirmColor	HexColor	否	确定按钮的文字颜色，默认为#3CC51F

属性与显示效果的对照关系如图 12.3 所示。

```
模态弹窗的标题
这是一个模态弹窗的内容
文字1        文字1

7       console.log("onload");
8     },
9
10    onReady: function (e) {
11      // 使用 wx.createAudioContext 获取 audio
12      this.audioCtx = wx.createAudioContext('my
13      this.audioCtx.setSrc('http://ws.stream.qq
uin=346897220&
vkey=6292F51E1E384E06DCBDC9AB7C49FD713D632D3
fromtag=46')
14      //this.audioCtx.play()
15    },
16
17    loc: function () {
18  wx.showModal({
19    title: '模态弹窗的标题',
20    content: '这是一个模态弹窗的内容',
21    cancelText:"文字1",
22    cancelColor:"red",
23  confirmText:"文字1",
24    confirmColor:"blue",
25    success: function(res) {
26      if (res.confirm) {
27        console.log('用户点击确定')
28      }
29    }
30  })
31
32    },
33
34
35
36
```

▲图 12.3 属性和显示效果对照关系

12.1.3 操作菜单

通过调用接口 wx.showActionSheet 来显示一个操作菜单，通过参数来指定该操作菜单的各个按钮文字及文字的颜色。代码如下：

```
  loc: function () {
wx.showActionSheet({
  itemList: ['A', 'B', 'C'],
  itemColor:'red',
  success: function(res) {
    console.log(res.tapIndex)
  },
  fail: function(res) {
    console.log(res.errMsg)
  }
})
  },
```

执行后效果如图 12.4 所示。

当单击其中的一个按钮时，会在回调函数 success 中的回调参数 res.tapIndex 得到所单击的按钮的索引下标值。

wx.setNavigationBarTitle 用于动态设置导航栏的标题，wx.showNavigationBarLoading 用于在当前页面的导航栏上显示加载动画，wx.hideNavigationBarLoading 用于隐藏当前页面导航栏的加载动画显示，如图 12.5 所示。

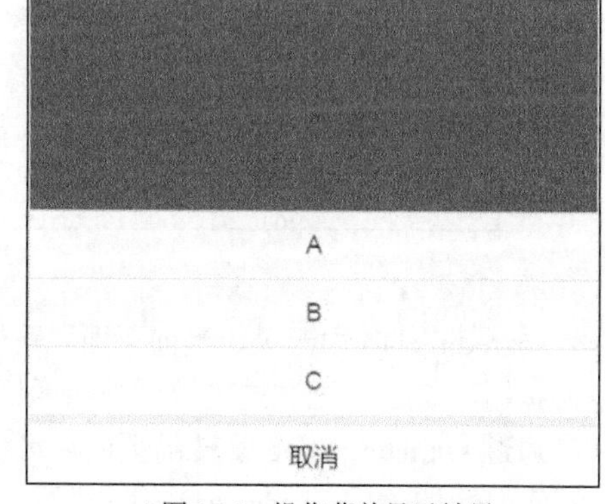

▲图 12.4 操作菜单显示效果

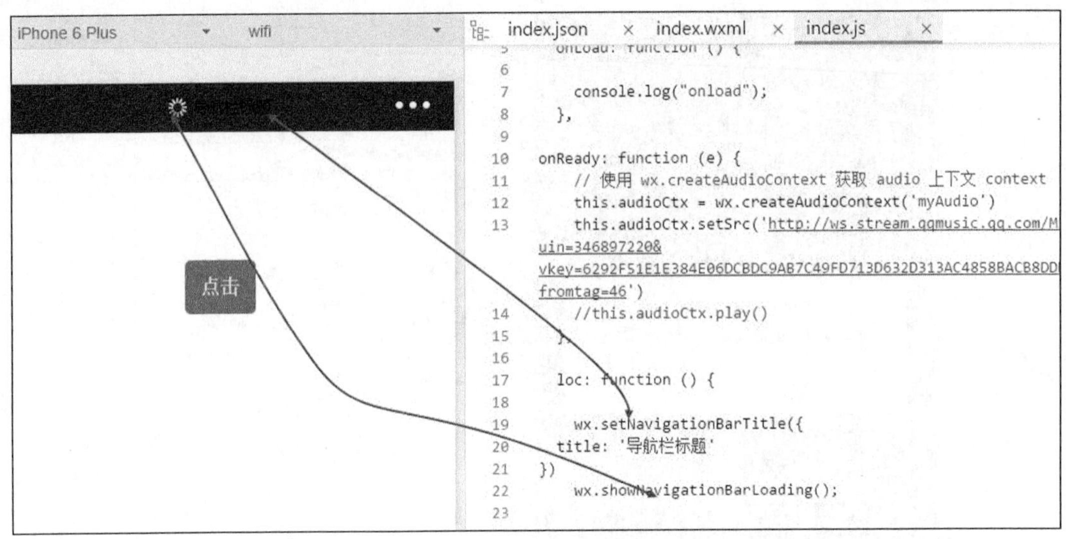

▲图 12.5　导航菜单标题

12.2 应用内导航

在小程序应用内，有多种导航接口可以实现在应用内导航。

wx.navigateTo 用于保留当前页面，跳转到应用内的某个页面。跳转后，仍然可以通过返回按钮返回到当前页面，如图 12.6 所示。

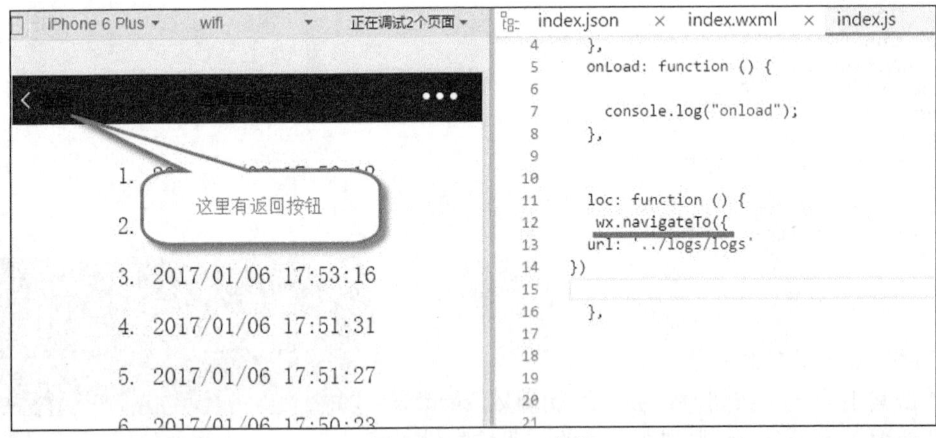

▲图 12.6　navigateTo 导航

wx.redirectTo 用于关闭当前页面，跳转到应用内的某个页面。跳转后，当前页面已经被关闭了，返回按钮不存在，无法通过返回按钮返回到当前页面，如图 12.7 所示。

通过 wx.navigateTo 跳转的页面，可以通过 wx.navigateBack 返回。例如从 a 页面 navigateTo 到 b 页面，再从 b 页面 navigateTo 到 c 页面。如果在 c 页面调用 wx.navigateBack，会返回到 b 页面。如果

在 c 页面调用 wx.navigateBack(2)，表示回退两次，会返回到 a 页面。

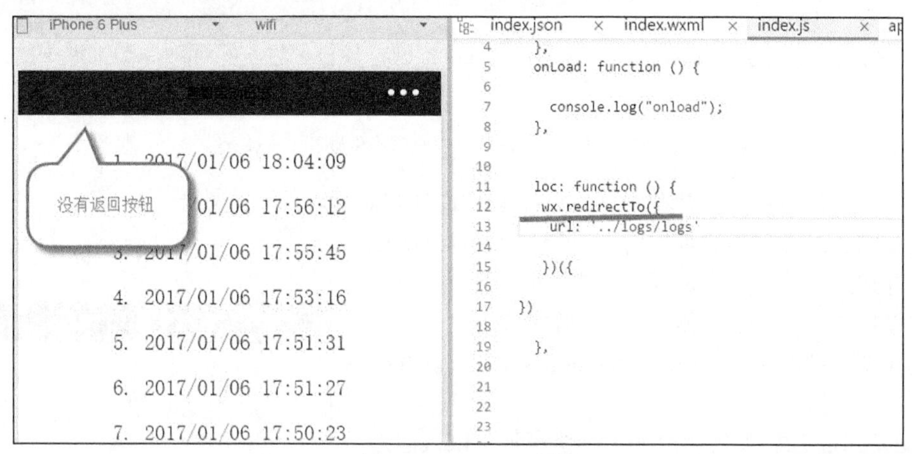

▲图 12.7 redirectTo 导航

当需要在选项卡页面之间跳转时，可以使用 wx.switchTab 接口实现，选项卡页面跳转和在选项卡上单击所实现的跳转效果相同。

12.3 动画创作

接口 wx.createAnimation 通过指定初始化参数创建一个动画对象，该动画对象可以用于实现很多动画特效。

首先，在页面的数据域中增加一个属性 animation，代码如下：

```
data: {
   animation: ''
  },
```

接着在页面的 onReady 周期函数中创建动画实例，代码如下：

```
onReady:function(){
this.animation = wx.createAnimation({
  transformOrigin: "50% 50%",
  duration: 5000,
  timingFunction: "ease",
  delay: 0
});
```

最后在按钮的点击事件处理函数中定义动画效果，并通过 export 函数导出动画数据给页面对象数据域中的 animation 属性，代码如下：

```
loc: function () {
//顺时针旋转 10 度
     //
     this.animation.rotate(150).step()
     this.setData({
       //输出动画
       animation: this.animation.export()
```

```
    })
  },
```

因为页面上已定义了一个组件，且该组件的 animation 属性已经与页面对象数据域中的 animation 绑定，代码如下：

```
<view animation="{{animation}}" class="view">我在做动画</view>
```

因此当单击按钮时，可以看到页面组件呈现如图 12.8 所示的动画效果。

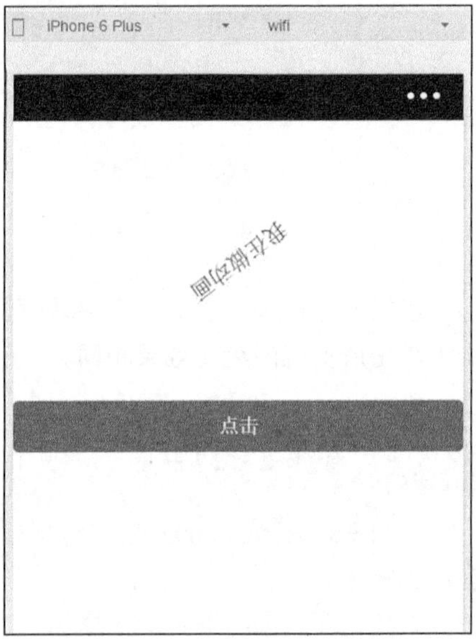

上述介绍了组件动画的基本用法，其他动画效果的使用过程同样按照上面的步骤进行。不同之处在于可以设置不同的动画效果，下面来具体看看这些动画效果。

▲图 12.8 基础动画

首先在创建动画实例 createAnimation 时，可以设置如下参数。

（1）duratio：动画的持续时间，单位毫秒，默认值为 400。指定的值越大，动画播放得越慢。

（2）delay：动画延迟时间，从单击按钮开始到开始播放动画的延迟时间。

（3）timingFunction：动画的效果类型，默认为 linear，有效值如下。

- linear：默认为 linear，动画一直较为均匀。
- ease：开始时缓慢，中间加速，快结束时减速。
- ease-in：开始时缓慢。
- ease-in-out：开始和结束时减速。
- ease-out：结束时减速。
- step-start：动画开始就跳到 100%，直到动画持续时间结束一闪而过。
- step-end：保持 0%的样式，直到动画持续时间结束一闪而过。

transformOrigin 表示动画旋转的基准中心点，动画围绕这个基准点来旋转。

如表 12.3 所示，在按钮的点击事件处理函数中，可以通过调用动画对象的方法来完成组件的样式旋转、偏移、缩放、倾斜及变形等效果。

表 12.3 动画对象方法

方法	参数	说明
opacity	value	透明度，参数范围 0~1
backgroundColor	color	颜色值
width	length	长度值，如果传入 Number，则默认使用 px，可传入其他自定义单位的长度值
height	length	长度值，如果传入 Number，则默认使用 px，可传入其他自定义单位的长度值
top	length	长度值，如果传入 Number，则默认使用 px，可传入其他自定义单位的长度值
left	length	长度值，如果传入 Number，则默认使用 px，可传入其他自定义单位的长度值
bottom	length	长度值，如果传入 Number，则默认使用 px，可传入其他自定义单位的长度值
right	length	长度值，如果传入 Number，则默认使用 px，可传入其他自定义单位的长度值

这些动画效果方法的返回值就是动画对象本身，可以通过链式调用来使用这些方法，例如对组件添加旋转和放大的两个效果，可以用 this.animation.rotate(150).scaleX(3)。

12.4 动画分组

一个组件可以添加多组动画，一组动画中可以添加任意多个动画效果，同一组动画中所添加的多个动画效果会同时执行，只有当执行完上一组的动画后才开始执行下一组动画。

通过在动画对象上调用 step 方法来表示一个动画组的完成和下一个动画组的开始。在 step 方法中可以传入一个与 wx.createAnimation 一样的配置参数，用于指定当前组动画的配置，代码如下：

```
step({
  transformOrigin: "50% 50%",
  duration: 1000,
  timingFunction: "ease",
  delay: 0
}
```

上述代码将下一组动画设置成持续播放 1 秒，且采用 ease 类型的动画效果等。

总的来说，可以通过 step 方法来为动画分组，同一组的动画效果同时开始播放，不同组的动画先后播放，通过为 step 传递参数来指定下一组动画的设置。

多组动画的示例代码如下：

```
/**
  * 旋转
  */
  rotate: function() {
    //两个动画组 一定要以 step()结尾
    /**
     * 动画顺序 顺时针旋转 150 度>x,y 放大二倍>x, y 平移 10px>x,y 顺时针倾斜>改变样式和设置宽度宽度
     */
    this.animation.rotate(150).step().scale(2).step().translate(10).step().skew(10).s
tep().opacity(0.5).width(10).step({ducation: 8000})
    this.setData({
      //输出动画
      animation: this.animation.export()
    })
```

播放效果如图 12.9 所示。

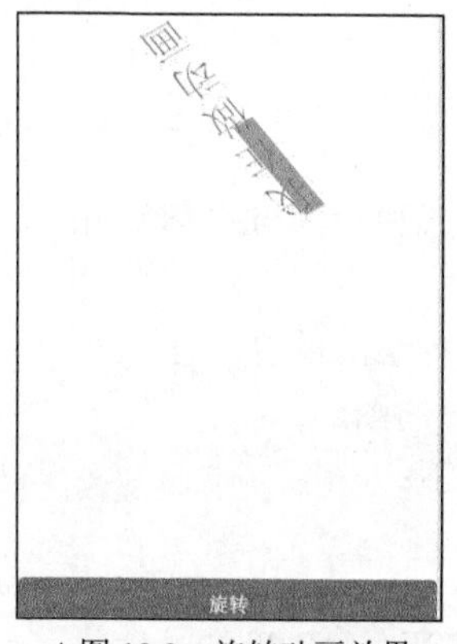

▲图 12.9 旋转动画效果

12.5 绘图功能

小程序中有一个画布组件 canvas，绘画功能接口用于在页面的画布组件上进行绘画，画布组件的代码如下：

```
<canvas canvas-id="myCanvas" style="border: 1px solid;"/>
```

在画图前，需要先调用接口 wx.createCanvasContext，将页面上画布组件的 id 传入，代码如下：

```
ctx = wx.createCanvasContext('myCanvas')';
```

该接口方法会返回一个绘图上下文对象 ctx，通过调用 ctx 的各种绘图方法来完成绘图。绘图完成后，调用 wx.canvasToTempFilePath 方法传入画布组件 id，将完成的绘图导出成图片，代码如下：

```
wx.canvasToTempFilePath({
  canvasId: 'myCanvas',
  success(res) {
    console.log(res.tempFilePath)
  }
})
```

其中，tempFilePath 是保存后的图片的临时路径。

下面来看绘图上下文对象 ctx 的绘图方法，并以其中的一些绘图方法为例演示具体使用方法。

在周期函数 onReady 中绘图，代码如下：

```
onReady:function(){
      //获得绘图上下文对象
this.ctx = wx.createCanvasContext('mycanvas');
//设置绘图填充色是红色
this.ctx.setFillStyle('red');
//以以(10,10)为起点起点，长宽分别是是 150px 和和 100px 来填充一个矩形。
this.ctx.fillRect(10, 10, 150, 100);
//开始绘图绘图
this.ctx.draw();
 },
```

效果如图 12.10 所示。

这是最基本的绘图，其他绘图方式和步骤与此完全相同，绘图遵循的步骤为：

（1）获取绘图上下文对象。

（2）通过绘图上下文对象进行各种绘图设置。

（3）调用 draw 方法，绘制出最终的图形。

以画一个渐变圆形为例，代码如下：

```
onReady:function(){
      //获得绘图上下文对象
this.ctx = wx.createCanvasContext('mycanvas');
//创建一个圆形渐变渐变，以以 75, 50 为圆心圆心，50 为半径。
```

```
const grd = this.ctx.createCircularGradient(75, 50, 50);
//添加圆心的颜色为红色红色，圆周的颜色为白色
grd.addColorStop(0, 'red');
grd.addColorStop(1, 'white');
//将该渐变色作为填充色
this.ctx.setFillStyle(grd);
//设置绘图范围范围。
this.ctx.fillRect(10, 10, 150, 80);
//开始绘图绘图。
this.ctx.draw();
 },
```

效果如图 12.11 所示。

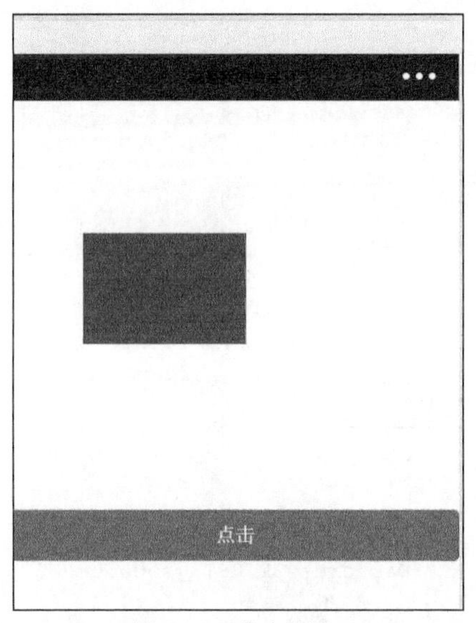

▲图 12.10　基本绘图

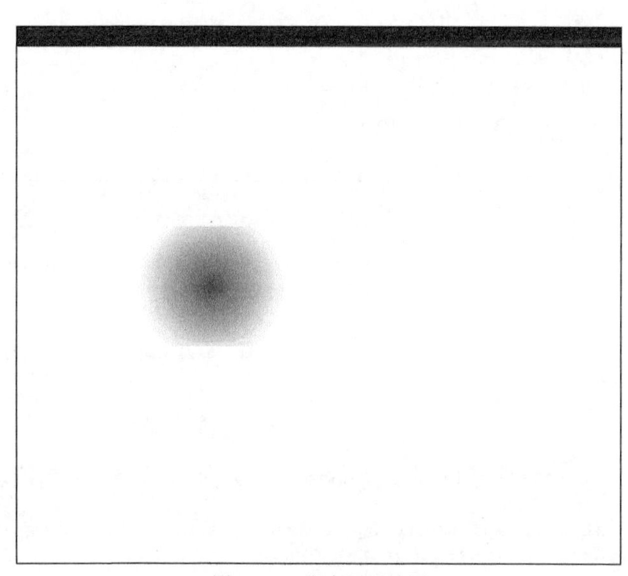

▲图 12.11　渐变圆形绘图

当完成所有绘图后，可以调用如下代码将绘图保存为一张图片。

```
wx.canvasToTempFilePath({
  canvasId: 'myCanvas',
  success(res) {
    console.log(res.tempFilePath)
  }
})
```

其中，res.tempFilePath 是保存的临时文件的名称。

12.6 开放接口

12.6.1　登录

用户通过扫码打开小程序并登录，这时会弹出一个提示框，提示用户是否登录小程序。如果用户同意，则会调用 wx.login 接口，该接口的 success 回调函数中会返回一个有效期为 5 分钟的

登录码 code，获得该登录码后，向后台服务器发起 request 请求，并将该 code 作为参数传递。代码如下：

```
    loc: function () {
  wx.login({
    success: function(res){
     //发起网络请求
            wx.request({
              url: 'https://www.meimichao.com/bee/login',
              data: {
                code: res.code
              }
            })
    }
  })
    },
```

执行结果如图 12.12 所示。

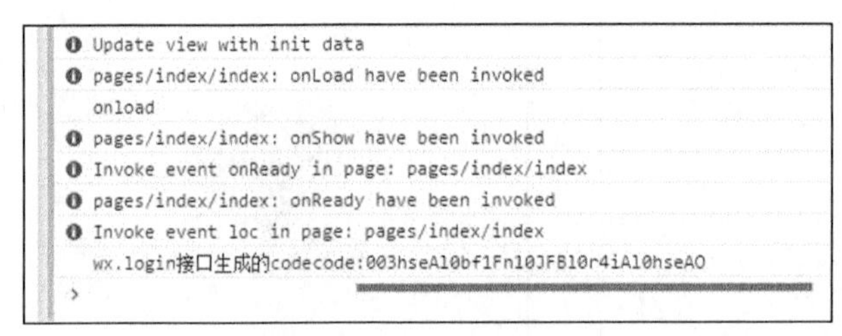

▲图 12.12　登录接口日志

后台程序获取到参数 code 后，会向如下接口发起请求：

```
https://api.weixin.qq.com/sns/jscode2session?appid=APPID&secret=SECRET&js_code=JSCODE
&grant_type=authorization_code
```

参数如表 12.4 所示。

表 12.4　　接口参数表

方法	参数	说明
appid	是	小程序唯一标识
secret	是	小程序的 app secret
js_code	是	登录时获取的 code
grant_type	是	填写为 authorization_code

在后台程序 spring 中，使用 httpclient jar 包来发起请求，代码如下：

```
@RequestMapping(value="/login",method=RequestMethod.GET)
        public  @ResponseBody ResultJson  Handler1(@RequestParam String code){
                String p1=code;
                String url="https://api.weixin.qq.com/sns/jscode2session?appid=
APPID&secret=SECRET&js_code="+p1+"JSCODE&grant_type=authorization_code";
                //实例化 httpclient
        CloseableHttpClient httpclient = HttpClients.createDefault();
```

```
        //实例化 get 方法
        HttpGet httpget = new HttpGet(url);
        //请求结果
        CloseableHttpResponse response = null;
        String content ="";
        try {
            //执行 get 方法
            response = httpclient.execute(httpget);
            if(response.getStatusLine().getStatusCode()==200){
                content = EntityUtils.toString(response.getEntity(),"utf-8");
                System.out.println(content);
            }
        } catch (ClientProtocolException e) {
            e.printStackTrace();
        } catch (IOException e) {
            e.printStackTrace();
        }
        //return content;
```

其中，content 包含了接口返回的 openid 和 session_key。

后台程序调试结果如图 12.13 所示。

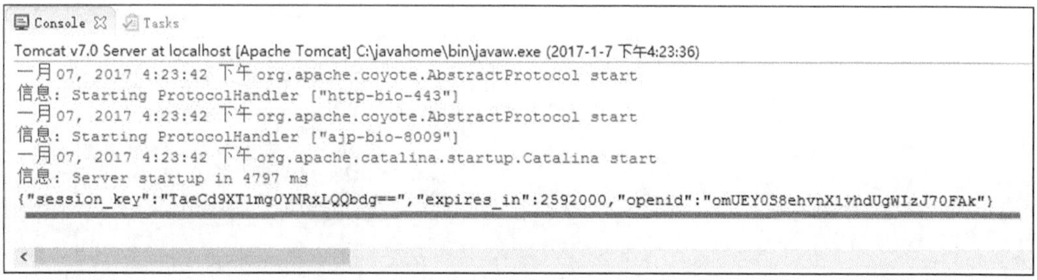

```
Console  Tasks
Tomcat v7.0 Server at localhost [Apache Tomcat] C:\javahome\bin\javaw.exe (2017-1-7 下午4:23:36)
一月07, 2017 4:23:42 下午 org.apache.coyote.AbstractProtocol start
信息: Starting ProtocolHandler ["http-bio-443"]
一月07, 2017 4:23:42 下午 org.apache.coyote.AbstractProtocol start
信息: Starting ProtocolHandler ["ajp-bio-8009"]
一月07, 2017 4:23:42 下午 org.apache.catalina.startup.Catalina start
信息: Server startup in 4797 ms
{"session_key":"TaeCd9XT1mg0YNRxLQQbdg==","expires_in":2592000,"openid":"omUEY0S8ehvnX1vhdUgWIzJ70FAk"}
```

▲图 12.13 后台日志

12.6.2 会话密匙

下面介绍接口返回登录用户的唯一标识 openid 和当前用户的会话密匙 session_key。会话密匙用于对用户数据进行加密签名，完成小程序后台程序和小程序客户端之间的数据通信。后台程序得到的 openid 和 session_key 不要直接发送给小程序端，因为直接发送是不安全的。应该将 openid 和 session_key 保存在服务器后台，然后生成一个随机字符串作为小程序客户端用户的登录标识发送给小程序客户端，并将这个生成的随机字符串和 openid 和 session_key 关联起来，保存在后台服务器端（例如采用 radis 保存，将这个随机字符串作为 key，将 openid+session_key 作为 value）。如果下一次客户端小程序请求携带了这个登录标识，则认为用户已经登录了小程序，而且在后台通过这个随机字符串也可以查找到对应的 openid+session_key。

随机字符串需要满足如下 3 个条件。

（1）为了保证安全性，长度应该至少为 16bit。

（2）需要采用真随机数算法生成。

（3）需要设置一定的有效期。

发给小程序客户端的登录标识超过有效期后，就被认为会话已经过期，需要重新获取登录标识。程序客户端可以采用缓存来保存后台发过来的登录标识。

上述整个过程是为了解决一个问题，即让用户可以登录小程序，且保证不泄露该用户的 openid 和 session_key 等敏感信息。当用户登录小程序后，openid 和 session_key 等敏感信息只存在于小程序后台程序中，小程序后台程序可以通过它来查询到当前登录用户的各种个人信息，例如个人微信号的图像、昵称，甚至微信零钱余额等。

用户登录小程序的完整时序图如图 12.14 所示。

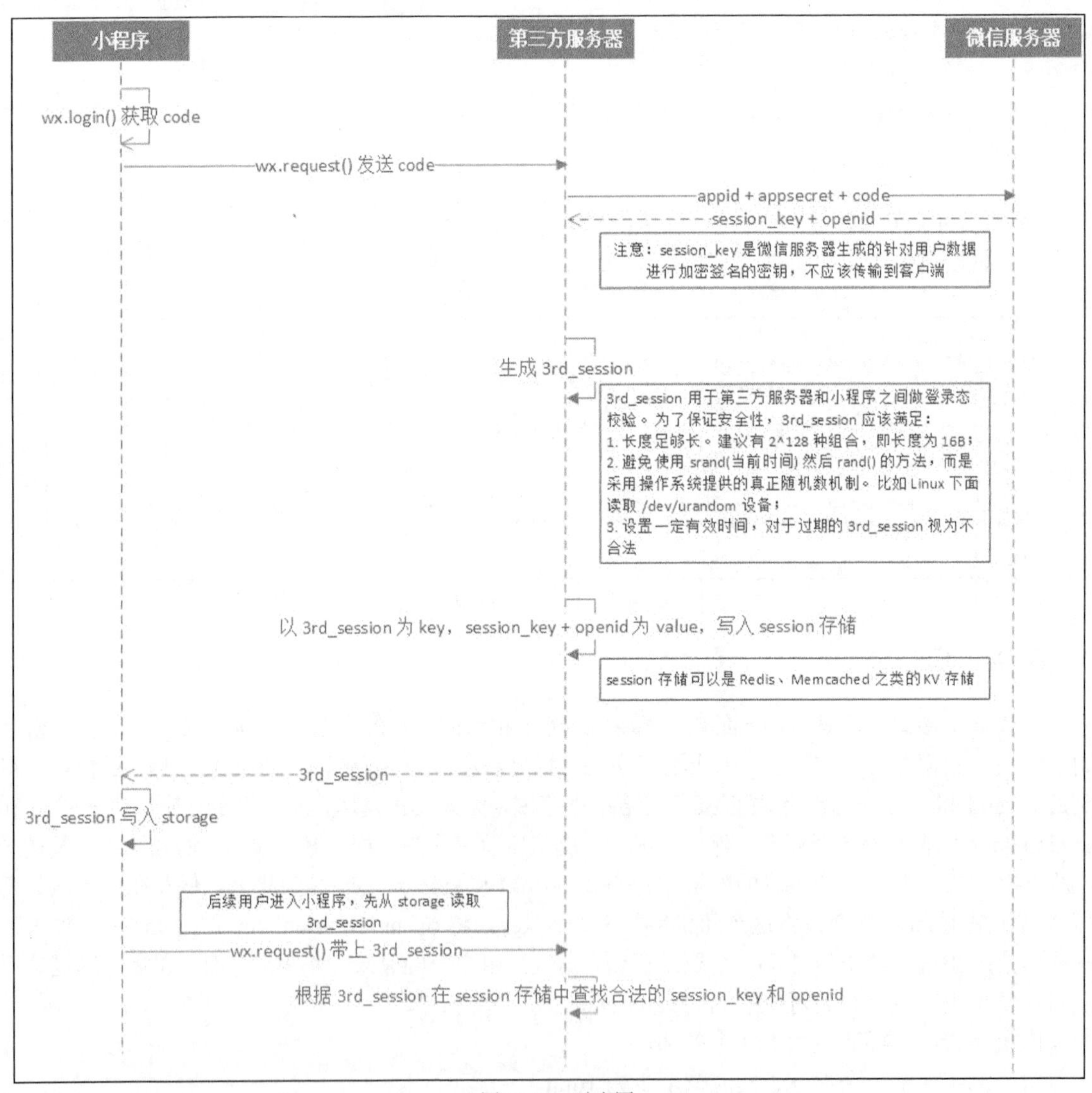

▲图 12.14　时序图

微信官方提供了一个很方便的接口方法 wx.checkSession，用于在小程序端检查会话是否过期，使用方法如下：

```
wx.checkSession({
  success: function(){
    //登录态未过期
  },
  fail: function(){
    //登录态过期
    wx.login()
  }
})
```

12.7 数据加密

后台程序调用接口获取用户个人的相关信息时，会采用加密算法。例如，当后台程序通过调用接口 wx.getUserInfo 获取用户相关信息时，用户的 openId 和 unionId 都是以加密方式返回的，我们需要对这些加密数据进行解密来知道这些数据的真正内容。

另外，为了保证返回的数据的完整性，且不会在传输途中被第三者劫持修改，微信对部分敏感数据进行了签名。我们收到这部分数据后需要进行签名校验，来判断数据是否被篡改。

以 wx.getUserInfo 接口调用为例来说明解密和签名校验的使用方法。

12.8 获取用户信息

当调用 wx.login 接口成功后，可以通过调用 wx.getUserInfo 接口来获取登录用户的相关信息。代码如下：

```
  loc: function () {
wx.login({
  success: function(res){
console.log("wx.login接口生成的codecode:"+res.code);
 //发起网络请求
        wx.request({
          url: 'https://www.meimichao.com/bee/login',
          data: {
            code: res.code
          },
          success: function(res){
    wx.getUserInfo({
      success: function(res){
        console.log("用户信息:"+JSON.stringify(res));
      },
      fail: function(res) {
        console.log("用户信息fail:"+JSON.stringify(res));
      },
      complete: function() {
        // complete
      }
      })
          }
```

```
                })
            }
        })
    },
```

执行结果如图 12.15 所示。

```
wx.login接口生成的codecode:013zwXB60HasjI1ohHC604jVB60zwXBo                                          index.js [sm]:34
▼ Sat Jan 07 2017 16:43:09 GMT+0800 (中国标准时间) encryptData 字段即将废除                            WAService.js:3
  ⚠ 请使用 encryptedData 和 iv 字段进行解密，详见: https://mp.weixin.qq.com/debug/wxadoc/dev/api/open.html   WAService.js:3
用户信息:{"errMsg":"getUserInfo:ok","rawData":"{\"nickName\":\"程程                                   index.js [sm]:47
\",\"gender\":1,\"language\":\"zh_CN\",\"city\":\"\",\"province\":\"\",\"country\":\"CN\",\"avatarUrl\":\"http://wx.qlogo.cn/mmopen/vi_32
/BV2ZsJ7icEXLYMlfcrrjoOfLTltu89dicOn0QJr7HPcOKxL7N4IDXzl6UYuUfzr1u3ALo2eWV9kniajsFPbuAmZRw/0\"}","userInfo":{"nickName":"程
程","gender":1,"language":"zh_CN","city":"","province":"","country":"CN","avatarUrl":"http://wx.qlogo.cn/mmopen/vi_32/BV2ZsJ7icEXLYMlfcrr
joOfLTltu89dicOn0QJr7HPcOKxL7N4IDXzl6UYuUfzr1u3ALo2eWV9kniajsFPbuAmZRw/0"},"signature":"47e9a5db0e18d62c5b9fb1cfea0c1e793cb777f8","encryp
tData":"0cYwCpDHZx4Xf9hxJLBfgOgE51jfAC1LKinvL4Dx5aaOLSiw18bsLG3SJMKsIGxEoXIm33IKRREq/W3QvEhtydBmY7TXRPGdXPzO9W79nu1cF6FTvS77nJwQipfbIgZZi
yFL5MRgtXv9UZGMEQ8LRqwhWRxhs7HuUuRZK1XfzNP+YEtcEOOM6LzgjWIBDe1WDxeKOrfNHknxDU4Z6oZ5yxRlt9oysmAdRT2qma/Jh6USk3d48Xkn/1b89vjV4s961q+QlsLr3/
EvU9ddoatpCPbN1S0eqPaFtOisEcB4fLD2J8Xh5qyPcvg3/vq4qKy1c57vXQ7/FFV+KOl3q7tQkCk5qmqYcQjuhvfrDQADQJk0FfgIsHljiyFgfY0cjVyc9A6azEeXwpHH1Ns+f/K
vUEG2vTm2fscco0mGnnG/haGVhX23ojPj3wOwLtJQmHul","encryptedData":"p9JdY8FPIZh3//3nOh+O9/GZh9c4taUUHEfC/Eg0ggZeXXgMKGo76o7jqSQVfY/1Laws2MacM
kNi742GiL7b2xcMMSXfbTrQ/Q0KBqL6YmGgqW/0QGq/Hjao+J/bw2cckGQCCWgpLCJ4VVtj69nLhn6vS+hnkI5+EwWncQ86iHGK/cx7g9OXRpBqRp46OO994MKam1fZ3sFJln0uwo
qHEcY36kf17D0VBCa3OG7nJOqQk+pHc6BNjmPyRSAYOBdz8279tTBF08pE/rkI6qnUo64yyW8ucdrfo35ivngNBVtGdEkh40xgwBLSRSm2hjSfKFoHoMpnM+pFiS/jK2+PJPl4xDc
vruMKv2nY0vgnrKxywsFNK7Lax8khrgdh6H1zT+XycCzQCBN55Dbd14OC4n65HSQJnLKJRQrDm9deWnlrDeakjHN8vv+TSRe/V2eu","iv":"QOkvL3R7Kbt2jPaU1lu84g=="}
>
```


▲图 12.15　执行结果

可以发现其包含以下部分的数据，如表 12.5 所示。

表 12.5　返回数据

方法	参数	说明
userInfo	OBJECT	用户信息对象，不包含 openid 等敏感信息
rawData	String	不包括敏感信息的原始数据字符串，用于计算签名
signature	String	使用 sha1(rawData + sessionkey) 得到字符串，用于校验用户信息
encryptedData	String	包括敏感数据在内的完整用户信息的加密数据，详细见加密数据解密算法
iv	String	加密算法的初始向量，详细见加密数据解密算法

其中，userInfo 部分是明文数据。userInfo":{"nickName":"程程","gender":1,"language":"zh_CN","city":"","province":"","country":"CN","avatarUrl":"http://wx.qlogo.cn/mmopen/vi_32/BV2ZsJ7icEXLYMlfcrrjoOfLTltu89dicOn0QJr7HPcOKxL7N4IDXzl6UYuUfzr1u3ALo2eWV9kniajsFPbuAmZRw/0"}，分别表示昵称、性别、语言、城市、省、国家、图像。图像 url 可以放到浏览器地址栏访问，如图 12.16 所示，说明这部分地区是明文的。

而 rawData 部分数据的内容与 userInfo 的内容相似，唯一不同的是数据格式，rawData 是字符串格式，userInfo 是 js 对象格式。rawData 把 userInfo 这个 js 对象类型的内容完全转换成了一个字符串，rawData 的目的只是计算签名。

signature 用于签名校验，需要将 rawData 和 sessionkey 拼接成一个字符串，然后进行 sha1 运算。运算结果和 signature 字符串比较，如果相同，则说明数据没有被篡改，否则说明数据被篡改了。

具体校验时，需要将 rawData、signature 传送给后台程序，因为 session_key 只会保存在后台服务器，并不会保存在小程序客户端，然后后台程序利用 sha1(rawData + session_key)计算出一个签名 signature2，通过对比 signature2 和 signature 即可校验数据的完整性。

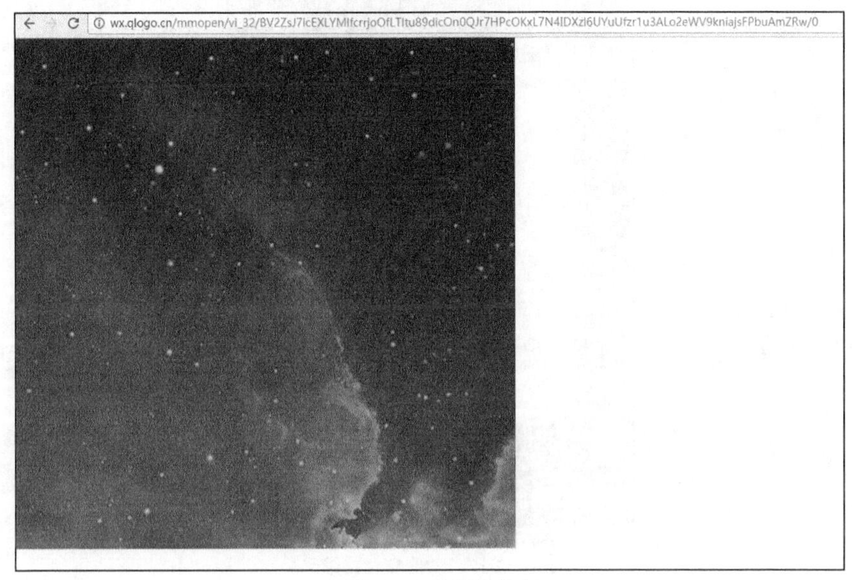

▲图 12.16 浏览器访问

getUserInfo 接口返回的数据中的 encryptedData 是包括敏感数据在内的完整用户信息的加密数据，我们需要对其进行解密。解密采用对称解密算法，微信官方提供了该算法的 demo，下载后将其中的 session_key 替换为自己的 session_key 即可使用。

12.9 微信支付

微信支付接口 wx.requestPayment 是微信支付系统中的一部分，调用该接口将发起微信支付。例如在按钮点击事件中增加该接口，代码如下：

```
loc1: function () {
wx.requestPayment({
   'timeStamp': '',
   'nonceStr': '',
   'package': '',
   'signType': 'MD5',
   'paySign': '',
   'success':function(res){
       console.log("支付信息:"+JSON.stringify(res));
   },
   'fail':function(res){
   }
})
},
```

执行后的结果如图 12.17 所示，扫描后即可在手机上调起支付界面。

▲图 12.17　微信支付二维码

12.10 模板消息

在用户微信端的服务消息中可以查看到通过模板消息功能向用户推送的通知消息，所有推送给用户的消息如图 12.18 所示。

▲图 12.18　模板消息

单击“进入小程序查看”，打开小程序中的一个详情页面。

在使用模板消息之前，首先需要在微信小程序管理后台申请一个消息模板，并记录下模板 id，如图 12.19 所示。

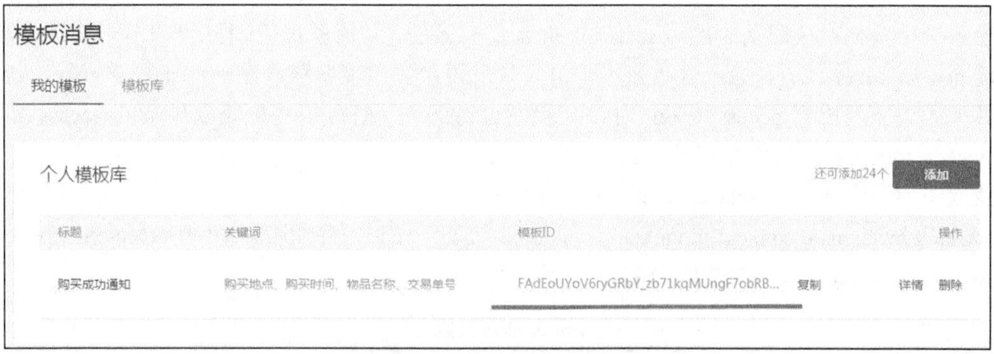

▲图 12.19 模板消息配置

在两种情况下可以使用模板消息：一种情况是在 form 表单提交时，向 form 表单添加属性 report-submit 为 true，当 form 提交时，在后台可以获取到 formId，整个 formid 用于发送模板消息；另一种情况是用户完成支付行为后，可以获取到 prepay_id 参数的值，用于发送模板消息。

也就是说，在调用接口发送模板消息时，form_id 作为必传参数要么是表单提交时的 formId 的值，要么是支付场景时本次支付的 prepay_id 的值。以表单提交的场景为例，发送模板消息的接口地址如下：

https://api.weixin.qq.com/cgi-bin/message/wxopen/template/send?access_token=ACCESS_TOKEN

请求方式是 POST，请求参数如表 12.6 所示。要发送模板消息，首先要获得 access_token 凭证。

表 12.6 请求参数列表

方法	参数	说明
touser	是	接收者（用户）的 openid
template_id	是	所需下发的模板消息的 id
page	否	单击模板卡片后的跳转页面，仅限本小程序内的页面。支持带参数（示例 index?foo=bar），该字段不填则模板无跳转。
form_id	是	表单提交场景下，为 submit 事件带上的 formId；支付场景下，为本次支付的 prepay_id
value	是	模板内容，不填则下发空模板
color	否	模板内容字体的颜色，不填默认黑色
emphasis_keyword	否	模板需要放大的关键词，不填则默认无放大

12.10.1 获取访问凭证

后台程序在和微信接口通信时，要通过 AppID 和 AppSecret 来判断请求合法性，但是因为 AppID 和 AppSecret 属于敏感数据，如果每次调用接口都传递 AppID 和 AppSecret，会存在安全风险。所以微信指定在调用接口前，首先利用 AppID 和 AppSecret 作为参数来调用访问凭证接口，得到一个访问凭证字符串 access_token，而且该访问凭证字符串 access_token 的有效期是 2 小时。获取到 access_token 后，在接下来的 2 小时内，都以 access_token 作为判断请求合法性的依据，从而提高系统安全性。

在后台中需要有一个访问凭证管理模块，专门用于每隔 2 小时刷新一次 access_token，保证整个后台系统中其他模块所用到的 access_token 都是有效的。访问凭证管理模块调用一次接口获取到有效的 access_token 后，在 access_token 即将失效前再次调用接口获取最新的 access_token，后台系统中其他模块需要用到 access_token 时，直接通过访问凭证管理模块来获取最新的 access_token，保证 access_token 的全局性和有效性。

获取访问凭证字符串 access_token 的接口如下：

https://api.weixin.qq.com/cgi-bin/token?grant_type=client_credential&appid=APPID&secret=APPSECRET

请求方式是 get，传入参数如表 12.7 所示。

表 12.7　传入参数列表

方法	参数	说明
grant_type	是	获取 access_token 填写 client_credential
appid	是	第三方用户唯一凭证
secret	是	第三方用户唯一凭证密钥，即 appsecret

首先在小程序客户端增加一个发送模板消息按钮，代码如下：

```
<button type="primary" bindtap="loc1">发送模板消息</button>
```

然后在按钮的事件处理函数中，向后台程序的 https://www.meimichao.com/bee/sendMsg 发送一个 get 请求，代码如下：

```
loc1: function () {
wx.request({
  url: 'https://www.meimichao.com/bee/sendMsg',
  data: {},
  method: 'GET', // OPTIONS, GET, HEAD, POST, PUT, DELETE, TRACE, CONNECT
  // header: {}, // 设置请求的 header
  success: function(res){
    // success
  },
  fail: function() {
    // fail
  },
  complete: function() {
    // complete
  }
})
},
```

后台对应的处理代码如下：

```
@RequestMapping(value="/sendMsg",method=RequestMethod.GET)
        public  @ResponseBody ResultJson  Handler1(){
                //String p1=code;
                String url="https://api.weixin.qq.com/cgi-bin/token?grant_type=client_
credential&appid=wx96089afe6b07cc32&secret=60c44416b0d8bc7a1a0ebbb994fae357";
```

```
        //实例化 httpclient
    CloseableHttpClient httpclient = HttpClients.createDefault();
    //实例化 get 方法
    HttpGet httpget = new HttpGet(url);
    //请求结果
    CloseableHttpResponse response = null;
    String content ="";
    try {
        //执行 get 方法
        response = httpclient.execute(httpget);
        if(response.getStatusLine().getStatusCode()==200){
            content = EntityUtils.toString(response.getEntity(),"utf-8");
            System.out.println(content);
        }
    } catch (ClientProtocolException e) {
        e.printStackTrace();
    } catch (IOException e) {
        e.printStackTrace();
    }
    //return content;
```

在该处理代码中，调用了“获取访问凭证接口”，执行结果如图 12.20 所示。

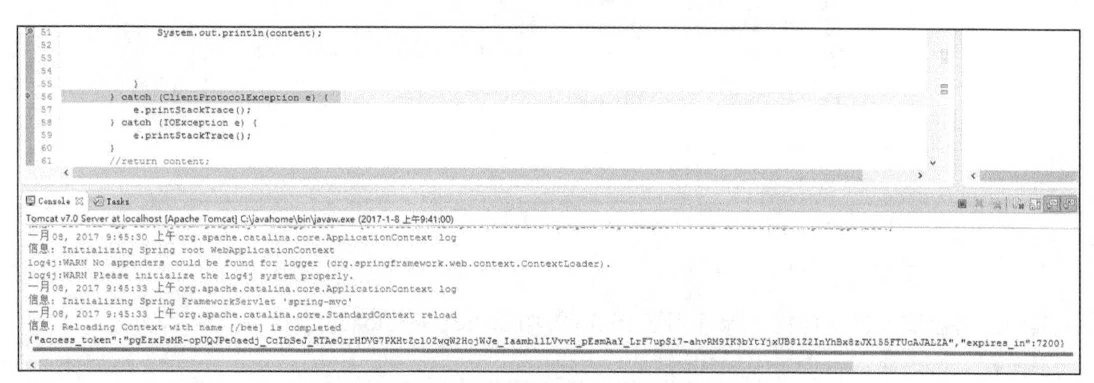

▲图 12.20 访问凭证接口后台执行日志

我们已经获取到访问凭证 access_token，可以利用该访问凭证来调用发送模板消息的接口了。

12.10.2 发送模板消息

为了演示方便，将获取到的访问凭证以静态域的形式保存在类 Hello 中，在实际项目中，应该创建一个访问凭证管理模块，专门用于获取更新和管理访问凭证。也可以将访问凭证发送给小程序客户端，保存到客户端页面的 data 域中，然后在 form 表单提交时，从页面的 data 域中获取该访问凭证并发送给后台程序。

首先在 pom.xml 文件中增加依赖包，代码如下：

```
<dependency>
        <groupId>org.json</groupId>
        <artifactId>json</artifactId>
        <version>20150729</version>
</dependency>
```

然后将后台处理类改为如下代码：

```
@Controller
public class Hello {
        static String token="";
        @RequestMapping(value="/sendMsg",method=RequestMethod.GET)
        public  @ResponseBody ResultJson  Handler1(){
                //String p1=code;
                String url="https://api.weixin.qq.com/cgi-bin/token?grant_type=client_
credential&appid=wx96089afe6b07cc32&secret=60c44416b0d8bc7a1a0ebbb994fae357";
                //实例化 httpclient
        CloseableHttpClient httpclient = HttpClients.createDefault();
        //实例化 get 方法
        HttpGet httpget = new HttpGet(url);
        //请求结果
        CloseableHttpResponse response = null;
        String content ="";
        try {
            //执行 get 方法
            response = httpclient.execute(httpget);
            if(response.getStatusLine().getStatusCode()==200){
                content = EntityUtils.toString(response.getEntity(),"utf-8");
                System.out.println(content);
                //将字符串转换成 jsonObject 对象
                JSONObject myJsonObject = new JSONObject(content);
                //获取对应的值
                token = myJsonObject.getString("access_token");
            }
        } catch (ClientProtocolException e) {
            e.printStackTrace();
        } catch (IOException e) {
            e.printStackTrace();
        }
        //return content;
```

其中，将获取到的访问凭证保存到了 Hello 类的 static 字段 token 中。

下面在页面上添加一个表单，代码如下：

```
<form report-submit="true" bindsubmit="formSubmit" bindreset="formReset">
  <view class="section section_gap">
  表单内容
  </view>
<view class="btn-area">
    <button formType="submit">提交</button>
    <button formType="reset">重置</button>
  </view>
  </form>
```

注意，必须添加属性 report-submit="true"。在正常情况下，在利用表单发送模板消息时，填充模板消息的内容值需要通过表单字段输入，然后提交到后台程序，再在后台程序中进行填充。因为该表单仅仅是用于演示发送模板消息的，为了简单起见，表单中不添加任何输入组件，在后台直接向消息模板填充固定内容值。

在提交按钮的事件处理函数中添加如下代码：

```
formSubmit: function (e) {

wx.request({
```

```
    url: 'https://www.meimichao.com/bee/send',
    data: {formId:e.detail.formId },
    method: 'POST', // OPTIONS, GET, HEAD, POST, PUT, DELETE, TRACE, CONNECT
    // header: {}, // 设置请求的 header
    success: function(res){
      console.log("success:"+JSON.stringify(res));
    },
    fail: function() {
      console.log("fail:"+JSON.stringify(res));
    },
    complete: function() {
      // complete
    }
  })
  },
```

其中，事件参数 e 携带了表单提交时的相关参数，包括生成的 formId，通过 e.detail.formId 可以获取到生成的 formId。

后台处理代码如下：

```
package com.netfun.controller;

import java.io.IOException;
import java.io.UnsupportedEncodingException;
import java.util.ArrayList;
import java.util.HashMap;
import java.util.List;
import java.util.Map;

import javax.servlet.http.HttpServletRequest;
import javax.servlet.http.HttpServletResponse;

import org.apache.http.NameValuePair;
import org.apache.http.client.ClientProtocolException;
import org.apache.http.client.entity.UrlEncodedFormEntity;
import org.apache.http.client.methods.CloseableHttpResponse;
import org.apache.http.client.methods.HttpGet;
import org.apache.http.client.methods.HttpPost;
import org.apache.http.impl.client.CloseableHttpClient;
import org.apache.http.impl.client.HttpClients;
import org.apache.http.message.BasicNameValuePair;
import org.apache.http.util.EntityUtils;
import org.springframework.stereotype.Controller;
import org.springframework.ui.Model;
import org.springframework.web.bind.annotation.RequestMapping;
import org.springframework.web.bind.annotation.RequestMethod;
import org.springframework.web.bind.annotation.RequestParam;
import org.springframework.web.bind.annotation.ResponseBody;
import org.springframework.web.multipart.MultipartFile;

import com.alibaba.fastjson.JSON;
import com.alibaba.fastjson.JSONObject;

@Controller
public class Hello {
static String token="";
        @RequestMapping(value="/send",method=RequestMethod.POST)
        public  void  send(@RequestParam String formId) throws
UnsupportedEncodingException{
        String formIdenty=formId
```

```
        //接口地址，其中 token 来自于 Hello 类的静态属性 token。
        String url="https://api.weixin.qq.com/cgi-bin/message/wxopen/template/send?
access_token=PkURLNCHrLD9OYSBU5NwvkGyxpkkVU0ZkYQog_GyXMSvPAGCXw1WruqR3Ip7QObAOTwlZW_0
tMYMVoY3jNZDpp_C9S96AdvQQy2gyMcBdXvNv5cVvDsV_KfmTaO8Ib7kLCRdAHACTI";
        //实例化 httpclient
    CloseableHttpClient httpclient = HttpClients.createDefault();
    //实例化 post 方法
    HttpPost httppost = new HttpPost(url);
    //设置 post 参数。
    List<NameValuePair> nvps = new ArrayList<NameValuePair>();
    nvps.add(new BasicNameValuePair("touser", "okr750M_EZwFq2CfMiKtrJ5QRNMM"));  //接收
者（用户）的 openid
    nvps.add(new BasicNameValuePair("form_id", formIdenty));
    nvps.add(new BasicNameValuePair("page", "/pages/index/index"));  //点击模板卡片后的跳
转页面，仅限本小程序内的页面。
    //nvps.add(new BasicNameValuePair("username", "vip"));
    //nvps.add(new BasicNameValuePair("username", "vip"));
    //nvps.add(new BasicNameValuePair("username", "vip"));
   //nvps.add(new BasicNameValuePair("template_id",
"FAdEoUYoV6ryGRbY_zb71kqMUngF7obRB-AU5ldpA2k"));
    httppost.setEntity(new UrlEncodedFormEntity(nvps));
    //请求结果
    CloseableHttpResponse response = null;
    String content ="";
    try {
        //执行 get 方法
        response = httpclient.execute(httppost);
        if(response.getStatusLine().getStatusCode()==200){
            content = EntityUtils.toString(response.getEntity(),"utf-8");
            System.out.println(content);
            //将字符串转换成 jsonObject 对象
            token =JSONObject.parseObject(content).get("access_token").toString();
            //JSON.parseObjec(content,)
            //JSONObject myJsonObject = new JSONObject(content);
            //获取对应的值
           // token = myJsonObject.getString("access_token");
        }
    } catch (ClientProtocolException e) {
        e.printStackTrace();
    } catch (IOException e) {
        e.printStackTrace();
    }
        }
        @RequestMapping(value="/getToken",method=RequestMethod.GET)
        public  void Handler1(){
                //String p1=code;
                String url="https://api.weixin.qq.com/cgi-bin/token?grant_type=client_
credential&appid=wx4af9296de1f79750&secret=be40e1f3d0c8bff1cd4309f00ce9e8dd";
                //实例化 httpclient
        CloseableHttpClient httpclient = HttpClients.createDefault();
        //实例化 get 方法
        HttpGet httpget = new HttpGet(url);
        //请求结果
        CloseableHttpResponse response = null;
        String content ="";
        try {
            //执行 get 方法
            response = httpclient.execute(httpget);
            if(response.getStatusLine().getStatusCode()==200){
                content = EntityUtils.toString(response.getEntity(),"utf-8");
                System.out.println(content);
                //将字符串转换成 jsonObject 对象
```

```
                token =JSONObject.parseObject(content).get("access_token").toString();
                //获取对应的值
                //token = myJsonObject.getString("access_token");
            }
        } catch (ClientProtocolException e) {
            e.printStackTrace();
        } catch (IOException e) {
            e.printStackTrace();
        }
        //return content;
        }
        @RequestMapping(value="/getOpenid",method=RequestMethod.GET)
        public  void Handler2(@RequestParam String code){
                String url="https://api.weixin.qq.com/sns/jscode2session?appid=wx4af9296de1
f79750&secret=be40e1f3d0c8bff1cd4309f00ce9e8dd&js_code="+code+"&grant_type=authorization_code";
                //实例化 httpclient
        CloseableHttpClient httpclient = HttpClients.createDefault();
        //实例化 get 方法
        HttpGet httpget = new HttpGet(url);
        //请求结果
        CloseableHttpResponse response = null;
        String content ="";
        try {
            //执行 get 方法
            response = httpclient.execute(httpget);
            if(response.getStatusLine().getStatusCode()==200){
                content = EntityUtils.toString(response.getEntity(),"utf-8");
                System.out.println(content);

                //将字符串转换成 jsonObject 对象
                String openid= JSONObject.parseObject(content).get("openid").toString();
                //获取对应的值
                //token = myJsonObject.getString("access_token");
            }
        } catch (ClientProtocolException e) {
            e.printStackTrace();
        } catch (IOException e) {
            e.printStackTrace();
        }
         }
           }
```

上述内容必须在真机环境下测试，否则模拟器中生成的 formId 的值是“the formId is a mock one”，并不是数字串。最终微信助手下发如图 12.21 所示的信息，表示成功发送模板消息。

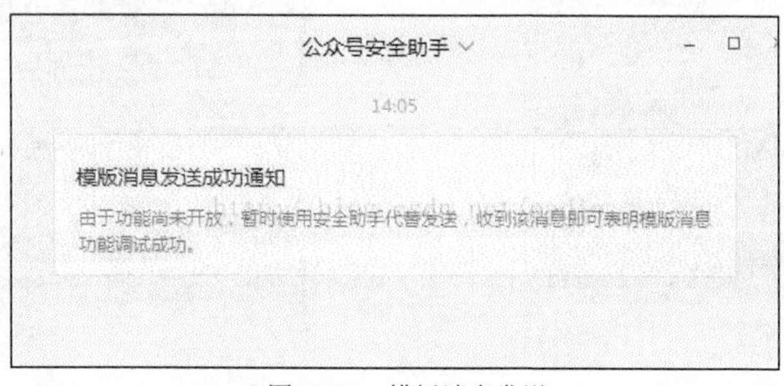

▲图 12.21　模板消息发送

相关代码可以加 QQ 号 2319482048 联系下载。

12.11 客服消息

前文在讲解组件时涉及到了客服按钮，在页面中添加<contact-button/>，可以显示进入客服会话按钮。

当用户通过客服会话发送消息时，微信服务器会将消息（或事件）的数据通过 POST 请求转发到开发者后台。开发者收到请求后，可以使用发送客服消息接口进行异步回复。

微信服务器将用户的消息发给小程序的开发者服务器后台后，如果微信服务器在 5 秒内无法收到开发者服务器后台的回复，那么会断掉连接，并且重新发起请求，共重试 3 次。重发的普通消息的消息 id 相同，重发的事件类型的消息 FromUserName + CreateTime 相同，可以据此来判断是否发生了消息重发。

如果在 3 次重试后仍然无法收到开发者服务器后台的响应消息，微信会在小程序会话中向用户下发系统提示“该小程序客服暂时无法提供服务，请稍后再试”。

12.12 分享功能

默认情况下页面没有定义分享功能，如图 12.22 所示。

在页面逻辑文件中添加如下的事件监听函数后，可以打开分享功能，如图 12.23 所示。

▲图 12.22　未实现的分享功能

▲图 12.23　实现后的分享功能

```
onShareAppMessage: function () {
    return {
      title: '自定义分享标题',
      desc: '自定义分享描述',
      path: '/page/user?id=123'
    }
  },
```

用户单击分享按钮后，会调用该事件监听函数来打开分享页面，该事件监听函数中定义了分享页面的标题、描述和单击分享页面确定按钮后要分享的页面，如图 12.24 所示。

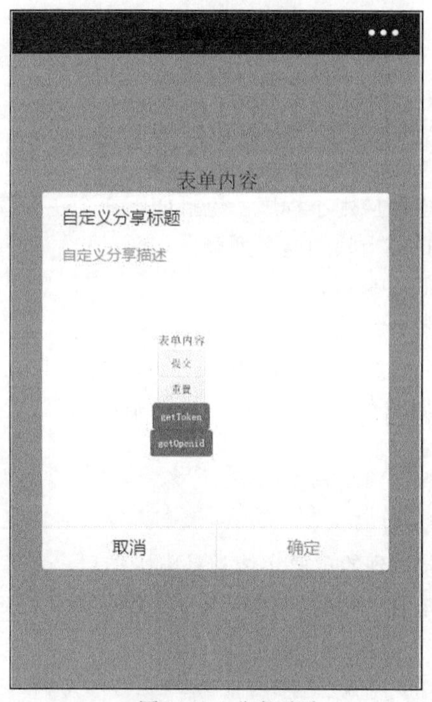

▲图 12.24 分享页面

通过使用分享接口，完成与微信好友分享的功能。

12.13 页面二维码

通过接口调用生成小程序任意页面的二维码，将该二维码发送给别人扫描后即可直接打开该二维码所对应的页面。

https://api.weixin.qq.com/cgi-bin/wxaapp/createwxaqrcode?access_token=ACCESS_TOKEN 接口需要以 post 方式调用该接口，且需要传递 width 和 path 这两个参数。其中，width 指定生成的二维码的宽度，path 指定扫描二维码后打开的页面的路径。

第 13 章　项目实战——我爱看电影

13.1 需求分析

我们要做一个简化版本的电影应用小程序，包括如下 3 个主要模块。

（1）正在热映：各大影院正在上映的电影列表。

（2）即将上映：即将上映的电影列表。

（3）电影详情：电影相关的介绍信息。

由于篇幅所限，本书中不会讲解关于在线购票、在线选座、附近影院这些功能，如果大家对这方面感兴趣，或在开发这方面功能有疑问，可以单独联系本书作者。

13.2 数据库设计

在“我爱看电影”项目中涉及到的主要实体类是电影信息，为了能把焦点放在小程序开发流程上，我们使用一张单表来保存电影的相关信息，用一个类型字段来表示是否正在热映。表结构设计如图 13.1 所示。

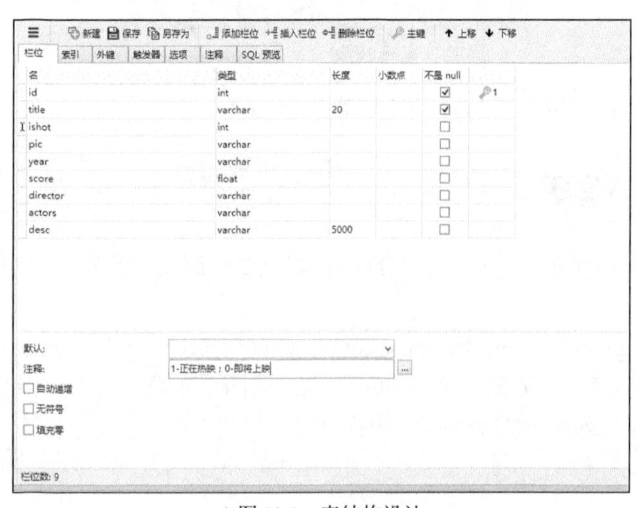

▲图 13.1　表结构设计

其中，pic 字段只是保存影片图片的路径，真正的图片保存在服务器 public 目录下。

13.3 页面设计

我爱看电影小程序主要包括 1 个项目主体文件、3 个页面，公共函数文件 function.js 和通用工具文件 util.js。其中，1 个项目主体文件和 3 个页面构成整个项目的主体部分。

项目的主体文件包括：

- app.js
- app.json
- app.wxss

3 个页面分别为“正在热映”“即将上映”和“电影详情”。

（1）“正在热映”位于 in_theathers 目录下，包括如下 4 个文件：

- in_theathers.js
- in_theathers.json
- in_theathers.wxml
- in_theathers.wxss

（2）“即将上映”位于 coming_soon 目录下，包括如下 4 个文件：

- coming_soon.js
- coming_soon.json
- coming_soon.wxml
- coming_soon.wxss

（3）“电影详情”位于 detail 目录下，包括如下 4 个文件：

- detail.js
- detail.json
- detail.wxml
- detail.wxss

13.4 功能实现

13.4.1 小程序后台连接数据库

后台采用 SpringMVC+MyBatis 来实现，数据库采用 MySQL。

为了优化数据库连接性能，我们采用连接池的方式来管理后台数据库连接，选择阿里的 druid 数据库连接池。首先，在 pom 文件中加入依赖包，代码如下：

```
<!--druid==>阿里巴巴数据库连接池-->
        <dependency>
            <groupId>com.alibaba</groupId>
            <artifactId>druid</artifactId>
            <version>${com.alibaba.druid.version}</version>
```

```
        </dependency>
```

保存后，Maven 会自动下载依赖包，如图 13.2 所示。

```
Markers  Properties  Servers  Data Source Explorer  Snippets  Problems  Console  Progress  History  Git Repositories
Maven Console
17-1-9 上午11时25分42秒: Maven Builder: AUTO_BUILD
17-1-9 上午11时26分14秒: Refreshing [/bee/pom.xml]
17-1-9 上午11时26分16秒: Downloading http://repo1.maven.org/maven2/com/alibaba/druid/1.0.25/druid-1.0.25.pom
17-1-9 上午11时26分17秒: Downloaded http://repo1.maven.org/maven2/com/alibaba/druid/1.0.25/druid-1.0.25.pom
17-1-9 上午11时26分20秒: Downloading http://repo1.maven.org/maven2/com/alibaba/druid/1.0.25/druid-1.0.25.jar
```

▲图 13.2　Maven 管理依赖包

在“src”—>“main”下创建 resources 目录，并在该目录下新建 spring-dao.xml 文件和 spring-service.xml 文件，用于配置 spring 的 dao 层和 service 层，如图 13.3 所示。

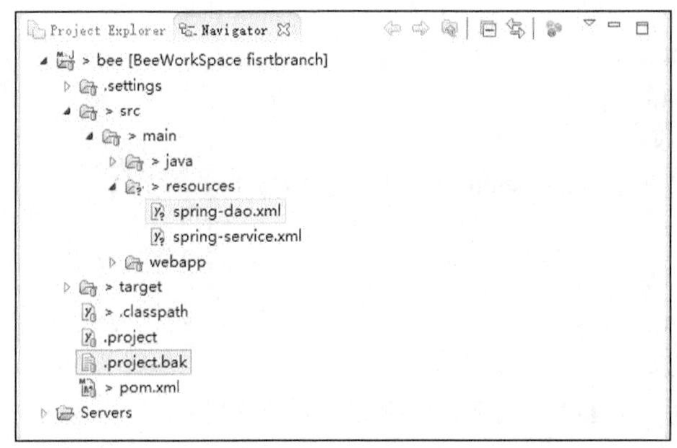

▲图 13.3　目录结构

首来看 dao 层配置文件 spring-dao.xml，主要配置了数据源连接池 dataSource、sqlSessionFactory 工厂和 dao 扫描路径，内容如下：

```
<?xml version="1.0" encoding="UTF-8"?>
  <beans xmlns="http://www.springframework.org/schema/beans"
        xmlns:xsi="http://www.w3.org/2001/XMLSchema-instance"
        xmlns:context="http://www.springframework.org/schema/context"
        xsi:schemaLocation="http://www.springframework.org/schema/beans
      http://www.springframework.org/schema/beans/spring-beans.xsd
      http://www.springframework.org/schema/context
      http://www.springframework.org/schema/context/spring-context.xsd">
      <!-- 配置整合 mybatis 过程 -->
      <!-- 1.配置数据库相关参数 properties 的属性：${url} -->
      <!-- 使用数据库配置文件解耦 -->
      <context:property-placeholder location="classpath:jdbc.properties"/>
      <!-- 下面的 druid 配置都是基本配置，具体优化设置可以上网查询，也可以去 github 上面直接搜索 druid -->
      <!-- 2.数据库连接池 -->
      <bean id="dataSource" class="com.alibaba.druid.pool.DruidDataSource"
            init-method="init" destroy-method="close">
          <!-- 配置连接池属性 -->
          <property name="driverClassName" value="${jdbc.driver}"/>
```

```
        <property name="url" value="${jdbc.url}"/>
        <property name="username" value="${jdbc.username}"/>
        <property name="password" value="${jdbc.password}"/>
        <!-- 配置初始化大小、最小、最大 -->
        <property name="initialSize" value="1" />
        <property name="minIdle" value="1" />
        <property name="maxActive" value="10" />
        <!-- 配置获取连接等待超时的时间 -->
        <property name="maxWait" value="10000" />
        <!-- 配置间隔多久才进行一次检测，检测需要关闭的空闲连接，单位是毫秒 -->
        <property name="timeBetweenEvictionRunsMillis" value="60000" />
        <!-- 配置一个连接在池中最小生存的时间，单位是毫秒 -->
        <property name="minEvictableIdleTimeMillis" value="300000" />
        <property name="testWhileIdle" value="true" />
        <!-- 这里建议配置为 TRUE，防止取到的连接不可用 -->
        <property name="testOnBorrow" value="true" />
        <property name="testOnReturn" value="false" />
        <!-- 打开 PSCache，并且指定每个连接上 PSCache 的大小 -->
        <property name="poolPreparedStatements" value="true" />
        <property name="maxPoolPreparedStatementPerConnectionSize"
            value="20" />
        <!-- 这里配置提交方式，默认就是 TRUE，可以不用配置 -->
        <property name="defaultAutoCommit" value="true" />
        <!-- 验证连接有效与否的 SQL，不同的数据配置不同 -->
        <property name="validationQuery" value="select 1 " />
        <property name="filters" value="stat" />
        <property name="proxyFilters">
            <list>
                <ref bean="logFilter" />
            </list>
        </property>
    </bean>
    <!-- 3.配置 SqlSessionFactory 对象 -->
    <bean id="sqlSessionFactory" class="org.mybatis.spring.SqlSessionFactoryBean">
        <!-- 注入数据库连接池 -->
        <property name="dataSource" ref="dataSource"/>
        <!-- 配置 MyBaties 全局配置文件:mybatis-config.xml -->
        <property name="configLocation" value="classpath:mybatis-config.xml"/>
        <!-- 扫描 entity 包 使用别名 -->
        <!-- com.netfun 是我的应用程序的包名,你们需要使用你们自己的包名,也就是前面我们提到过的
GroupId -->
        <property name="typeAliasesPackage" value="com.netfun.domain"/>
        <!-- 扫描 sql 配置文件:mapper 需要的 xml 文件 -->
        <property name="mapperLocations" value="classpath:mapper/*.xml"/>
    </bean>
    <!-- 4.配置扫描 Dao 接口包，动态实现 Dao 接口，注入到 spring 容器中 -->
    <bean class="org.mybatis.spring.mapper.MapperScannerConfigurer">
        <!-- 注入 sqlSessionFactory -->
        <property name="sqlSessionFactoryBeanName" value="sqlSessionFactory"/>
        <!-- 给出需要扫描 Dao 接口包 -->
        <property name="basePackage" value="com.netfun.dao"/>
    </bean>
    <!-- 上面的 druid 的配置 -->
    <bean id="logFilter" class="com.alibaba.druid.filter.logging.Slf4jLogFilter">
        <property name="statementExecutableSqlLogEnable" value="false" />
    </bean>
</beans>
```

通过<context:property-placeholder location="classpath:jdbc.properties"/>引入 MySQL 连接配置文件，接下来的配置中引用到 jdbc.properties 的变量：

```
<!-- 配置连接池属性 -->
        <property name="driverClassName" value="${jdbc.driver}"/>
        <property name="url" value="${jdbc.url}"/>
        <property name="username" value="${jdbc.username}"/>
        <property name="password" value="${jdbc.password}"/>
```

如图 13.4 所示。

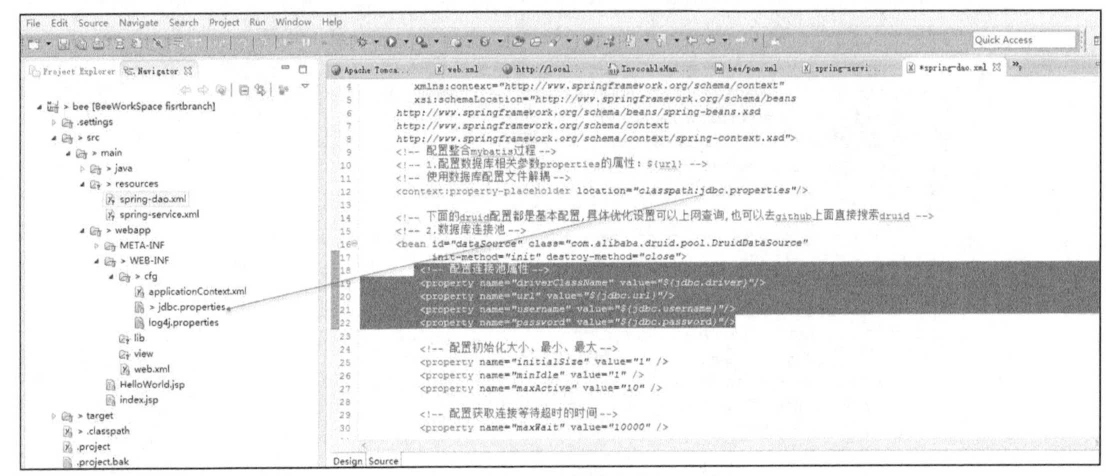

▲图 13.4　配置文件

jdbc 配置文件内容如下：

```
jdbc.driver=com.mysql.jdbc.Driver
jdbc.url=jdbc:mysql://localhost:3306/bee?useUnicode=true;characterEncoding=utf-8
jdbc.username=root
jdbc.password=root
```

在配置 sqlSessionFactory 时，引入了 MyBaties 全局配置文件 mybatis-config.xml，以及 sqlde mapper 映射文件路径，这些文件都位于 resource 目录下，如图 13.5 所示。

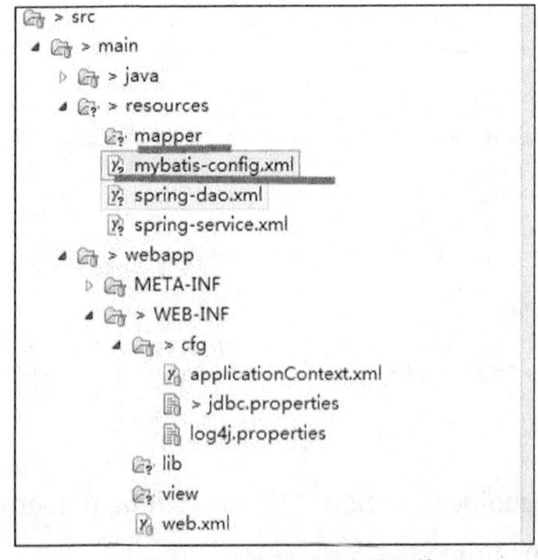

▲图 13.5　MyBatis 配置文件

整个项目的目录结构如图 13.6 所示，主要代码层包括 controller、dao 和 service。

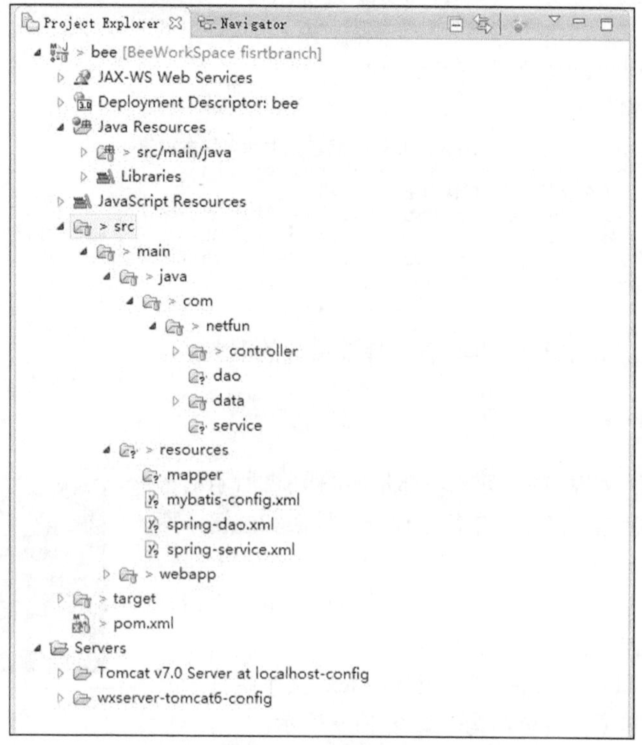

▲图 13.6 目录结构

spring-service.xml 文件主要配置了服务扫描包路径和声明式事务管理器，内容如下：

```
<?xml version="1.0" encoding="UTF-8"?>
  <beans xmlns="http://www.springframework.org/schema/beans"
        xmlns:xsi="http://www.w3.org/2001/XMLSchema-instance"
        xmlns:context="http://www.springframework.org/schema/context"
        xmlns:tx="http://www.springframework.org/schema/tx"
        xsi:schemaLocation="http://www.springframework.org/schema/beans
      http://www.springframework.org/schema/beans/spring-beans.xsd
      http://www.springframework.org/schema/context
      http://www.springframework.org/schema/context/spring-context.xsd
      http://www.springframework.org/schema/tx
      http://www.springframework.org/schema/tx/spring-tx.xsd">
      <!-- 扫描 service 包下所有使用注解的类型 -->
      <!-- com.netfun 为我们应用的包名,当然也是我们前面提到过的 GroupId -->
      <context:component-scan base-package="com.netfun.service" />
      <!-- 配置事务管理器 -->
      <bean id="transactionManager"
            class="org.springframework.jdbc.datasource.DataSourceTransactionManager">
          <!-- 注入数据库连接池 -->
          <property name="dataSource" ref="dataSource" />
      </bean>
      <!-- 配置基于注解的声明式事务 -->
      <tx:annotation-driven transaction-manager="transactionManager" />
  </beans>
```

最后在 mybatis-config.xml 中添加如下代码：

```
<?xml version="1.0" encoding="UTF-8" ?>
<!DOCTYPE configuration
       PUBLIC "-//mybatis.org//DTD Config 3.0//EN"
       "http://mybatis.org/dtd/mybatis-3-config.dtd">
<configuration>
    <!-- 配置全局属性 -->
    <settings>
        <!-- 使用 jdbc 的 getGeneratedKeys 获取数据库自增主键值 -->
        <setting name="useGeneratedKeys" value="true" />
        <!-- 使用列别名替换列名 默认:true -->
        <setting name="useColumnLabel" value="true" />
        <!-- 开启驼峰命名转换:Table{create_time} -> Entity{createTime} -->
        <setting name="mapUnderscoreToCamelCase" value="true" />
    </settings>
</configuration>
```

至此就完成了在外面的项目中集成数据库连接池的配置。

13.4.2　首页设计

首先设计首页电影列表，每个列表项都是如图 13.7 所示的形式，主要包括缩略图、电影名称、年份、评分、导演和主演，而且可以瀑布流下拉刷新。

对于即将上映列表来说，同样采用这样的页面布局。点击列表页面后，进入电影详情页面，如图 13.8 所示。

经过初步分析，可以确定选择图片组件和 text 文本组件来布局该页面。接下来创建项目目录结构，如图 13.9 所示。

▲图 13.7　列表项

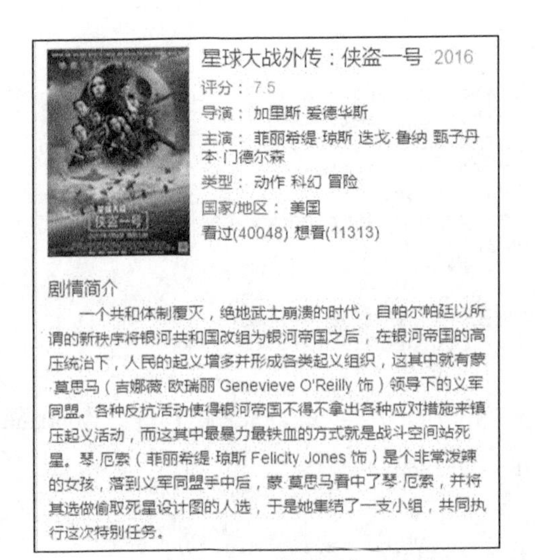

▲图 13.8　详情页面

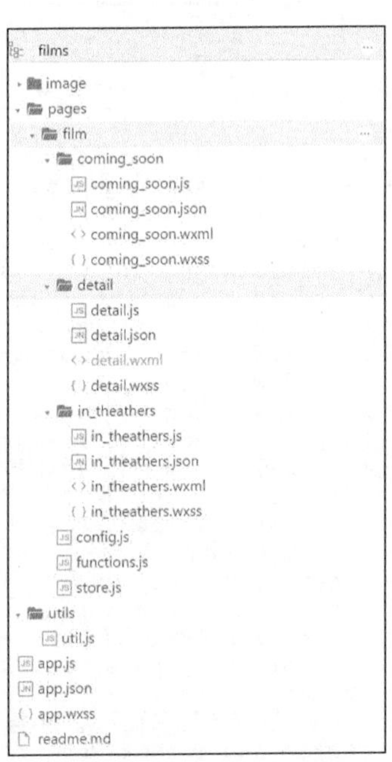

▲图 13.9　目录结构

对各目录的说明如下。

（1）coming_soon：“即将上映”电影列表页。

（2）detail：电影详情页。

（3）in_theathers：“正在热映”电影页。

（4）functions：公共函数模块。

“正在热映”电影页 in_theathers 的代码如下：

```
  <scroll-view style="height: 100%;" scroll-y="true" class="container film-list"
bindscrolltolower="scrolltolower">
    <block wx:for-items="{{films}}" wx:for-item="film">
      <view class="film-item" bindtap="viewDetail" data-id="{{film.id}}"
data-title="{{film.title}}">
        <view class="film-image">
          <image src="{{film.images.medium}}"></image>
        </view>
        <view class="film-info">
          <view>
            <text class="film-title">{{film.title}}</text>
            <text class="film-year">{{film.year}}</text>
          </view>
          <view class="film-rating">
            <block wx:if="{{film.rating.average > 0}}">
              <text class="label">评分</text>
              <text class="rating">{{film.rating.average}}</text>
            </block>
            <block wx:else>
              <text class="label">暂无评分</text>
            </block>
          </view>
          <view class="directors">
            <text class="label">导演</text>
            <block wx:for-items="{{film.directors}}" wx:for-item="director">
              <text class="person">{{director.name}}</text>
            </block>
          </view>
          <view class="casts">
            <text class="label">主演</text>
            <block wx:for-items="{{film.casts}}" wx:for-item="cast">
              <text class="person">{{cast.name}}</text>
            </block>
          </view>
        </view>
      </view>
    </block>
    <view class="load-more-wrap">
      <block wx:if="{{hasMore}}">
        <view class="load-content">
          <text class="weui-loading"/><text class="loading-text">玩命加载中</text>
        </view>
      </block>
      <block wx:else>
        <view class="load-content">
          <text>没有更多内容了</text>
        </view>
      </block>
    </view>
  </scroll-view>
```

因为要实现瀑布流滚动，所以选择 scroll-view 组件作为最外层框架，并且通过属性 scroll-y="true"设置只允许上下滚动。该滚动视图上绑定一个滚动到底部事件 bindscrolltolower="scrolltolower"，在该事件中刷新影片列表。整个滚动视图组件的代码如下：

```
<scroll-view style="height: 100%;" scroll-y="true" class="container film-list"
bindscrolltolower="scrolltolower">
```

在滚动视图内部，用 block wx:for 来迭代输出每部电影的信息，这样在 block 内部，就可以通过 film 变量来引用单个电影数据。

```
<block wx:for="{{films}}" wx:for-item="film">
```

接着在 block wx:for 内部添加一个外层 view，用于包装单个影片，并且定义点击事件。在点击事件上自定义两个事件参数 id 和 title，分别用于当事件发生时传递电影的 id 和标题到事件处理方法，代码如下：

```
<view class="film-item" bindtap="viewDetail" data-id="{{film.id}}" data-title="{{film.title}}">
```

在最内层，用多个分层的 view 分别展示电影的相关信息。当电影的评分大于 0 时显示评分，小于等于 0 时显示“暂无评分”。

在滚动视图组件的最底部，根据标志变量 hasMore 来决定是否有更多未加载的电影，如果有，则显示“玩命加载中”；如果没有，则显示“没有更多内容了”。

此外，还需要在 in_theathers.json 文件中添加如下代码来开启下拉刷新功能：

```
{
    "enablePullDownRefresh": true
}
```

13.4.3　首页逻辑层

接下来完成页面逻辑层处理，在页面数据域定义如下属性：

```
data: {
    films: [],
hasMore: true,
start: 0
    },
```

其中，films 用于保存后台发送过来的电影数据列表。当后台没有更多数据时，将 hasMore 设置为“false”，这样页面底部会显示“没有更多数据”，start 表示获取电影列表的开始索引号。

利用页面的 onLoad 函数去后台查询电影列表信息，代码如下：

```
onLoad: function () {
    var that = this
wx.request({
  url: 'https://www.meimichao.com/bee/getFilmList',
  data: {start:this.data.start},
  method: 'GET', // OPTIONS, GET, HEAD, POST, PUT, DELETE, TRACE, CONNECT
  // header: {}, // 设置请求的 header
  success: function(res){
```

```
      // success
    },
    fail: function() {
      // fail
    },
    complete: function() {
      // complete
    }
  })
    },
```

13.4.4 首页后台实现

为了在后台程序中提供电影信息查询功能，首先将电影封装成一个实体类 Film，其中的属性和数据库表字段对应，采用 MyBatis 实现持久化层，代码如下：

```
package com.netfun.data;
public class Film {
         String title;
         String ishot;
         String pic;
         String year;
         String score;
         String director;
         String actors;
         String desc;
                 public String getTitle() {
                 return title;
         }
         public void setTitle(String title) {
                 this.title = title;
         }
         public String getIshot() {
                 return ishot;
         }
         public void setIshot(String ishot) {
                  this.ishot = ishot;
         }
         public String getPic() {
                  return pic;
         }
         public void setPic(String pic) {
                 this.pic = pic;
         }
         public String getYear() {
                 return year;
         }
         public void setYear(String year) {
                 this.year = year;
         }
         public String getScore() {
                 return score;
         }
         public void setScore(String score) {
                 this.score = score;
         }
         public String getDirector() {
                 return director;
         }
```

```
        public void setDirector(String director) {
                this.director = director;
        }
        public String getActors() {
                return actors;
        }
        public void setActors(String actors) {
                this.actors = actors;
        }
        public String getDesc() {
                return desc;
        }
        public void setDesc(String desc) {
                this.desc = desc;
        }
        }
```

在 dao 层定义一个接口对象 FilmDao，代码如下：

```
package com.netfun.dao;
import java.util.List;
import com.netfun.data.Film;
public interface FilmDao {
     /*
      * @param start   查询开始位置
      * @param count    查询条数
      * @param flag     1-热映; 0-即将上映
      * @return            电影列表
      */
     public List<Film> findBy(String start,int count,String flag);
     }
```

再定义一个实现该接口的实现类 FilmDaoImpl，该实现类的代码如下：

```
package com.netfun.dao;
import java.util.List;
import javax.annotation.Resource;
import org.apache.ibatis.session.RowBounds;
import org.apache.ibatis.session.SqlSession;
import org.apache.ibatis.session.SqlSessionFactory;
import org.springframework.stereotype.Repository;
import com.netfun.data.Film;
@Repository(value="fileDao")
public class FilmDaoImpl implements FilmDao {
        public FilmDaoImpl() {
                super();
        }
        //需要向 dao 实现类中注入 sqlSessionFactory
        @Resource
    private SqlSessionFactory sqlSessionFactory;
        public FilmDaoImpl(SqlSessionFactory sqlSessionFactory) {
                //super();
                this.sqlSessionFactory = sqlSessionFactory;
        }
        @Override
        public List<Film> findAllBy(int offset,int limit,String flag) {
                //Session
        SqlSession session = sqlSessionFactory.openSession();
        RowBounds rowBounds = new RowBounds(offset, limit);
        List<Film> list = session.selectList("findIsHotAll", null, rowBounds);
        session.close();
```

```
            return list;
        }
}
```

其中，SqlSessionFactory 是通过 spring 容器注入的一个会话工厂类，我们在项目的 spring-dao.xml 配置文件中配置了该会话工厂，该配置文件的代码如下：

```
<?xml version="1.0" encoding="UTF-8"?>
<beans xmlns="http://www.springframework.org/schema/beans"
        xmlns:xsi="http://www.w3.org/2001/XMLSchema-instance"
        xmlns:context="http://www.springframework.org/schema/context"
        xsi:schemaLocation="http://www.springframework.org/schema/beans
      http://www.springframework.org/schema/beans/spring-beans.xsd
      http://www.springframework.org/schema/context
      http://www.springframework.org/schema/context/spring-context.xsd">
      <!-- 配置整合 mybatis 过程 -->
      <!-- 1.配置数据库相关参数 properties 的属性: ${url} -->
      <!-- 使用数据库配置文件解耦 -->
      <context:property-placeholder location="WEB-INF/cfg/jdbc.properties"/>
      <!-- 下面的 druid 配置都是基本配置,具体优化设置可以上网查询,也可以去 github 上面直接搜索 druid -->
      <!-- 2.数据库连接池 -->
      <bean id="dataSource" class="com.alibaba.druid.pool.DruidDataSource"
init-method="init" destroy-method="close">
          <!-- 配置连接池属性 -->
          <property name="driverClassName" value="com.mysql.jdbc.Driver"/>
          <property name="url" value="jdbc:mysql://localhost:3306/bee?useUnicode=
true&amp;characterEncoding=utf-8"/>
          <property name="username" value="root"/>
          <property name="password" value="root"/>
          <!-- 配置初始化大小、最小、最大 -->
          <property name="initialSize" value="1" />
          <property name="minIdle" value="1" />
          <property name="maxActive" value="10" />
          <!-- 配置获取连接等待超时的时间 -->
          <property name="maxWait" value="10000" />
          <!-- 配置间隔多久才进行一次检测，检测需要关闭的空闲连接，单位是毫秒 -->
          <property name="timeBetweenEvictionRunsMillis" value="60000" />
          <!-- 配置一个连接在池中最小生存的时间，单位是毫秒 -->
          <property name="minEvictableIdleTimeMillis" value="300000" />
          <property name="testWhileIdle" value="true" />
          <!-- 这里建议配置为 TRUE，防止取到的连接不可用 -->
          <property name="testOnBorrow" value="true" />
          <property name="testOnReturn" value="false" />
          <!-- 打开 PSCache，并且指定每个连接上 PSCache 的大小 -->
          <property name="poolPreparedStatements" value="true" />
          <property name="maxPoolPreparedStatementPerConnectionSize"
                value="20" />
          <!-- 这里配置提交方式，默认就是 TRUE，可以不用配置 -->
          <property name="defaultAutoCommit" value="true" />
          <!-- 验证连接有效与否的 SQL，不同的数据配置不同 -->
          <property name="validationQuery" value="select 1 " />
          <property name="filters" value="stat" />
          <property name="proxyFilters">
              <list>
                  <ref bean="logFilter" />
              </list>
          </property>
      </bean>
      <!-- 3.配置 SqlSessionFactory 对象 -->
      <bean id="sqlSessionFactory" class="org.mybatis.spring.SqlSessionFactoryBean">
          <!-- 注入数据库连接池 -->
```

```
            <property name="dataSource" ref="dataSource"/>
            <!-- 配置 MyBaties 全局配置文件:mybatis-config.xml -->
            <property name="configLocation" value="classpath:mybatis-config.xml"/>
            <!-- 扫描 entity 包 使用别名 -->
            <!-- com.netfun 是我的应用程序的包名,你们需要使用你们自己的包名,也就是前面我们提到过的
GroupId -->
            <property name="typeAliasesPackage" value="com.netfun.domain"/>
            <!-- 扫描 sql 配置文件:mapper 需要的 xml 文件-->
            <property name="mapperLocations" value="classpath:mapper/*.xml"/>
        </bean>
        <!-- 4.配置扫描 Dao 接口包，动态实现 Dao 接口，注入到 spring 容器中 -->
        <bean class="org.mybatis.spring.mapper.MapperScannerConfigurer">
            <property name="sqlSessionFactoryBeanName" value="sqlSessionFactory"/>
            <property name="basePackage" value="com.netfun.dao.*"/>
        </bean>
        <!-- 上面的 druid 的配置 -->
        <bean id="logFilter" class="com.alibaba.druid.filter.logging.Slf4jLogFilter">
            <property name="statementExecutableSqlLogEnable" value="false" />
        </bean>
    </beans>
```

整个项目的目录结构如图 13.10 所示。

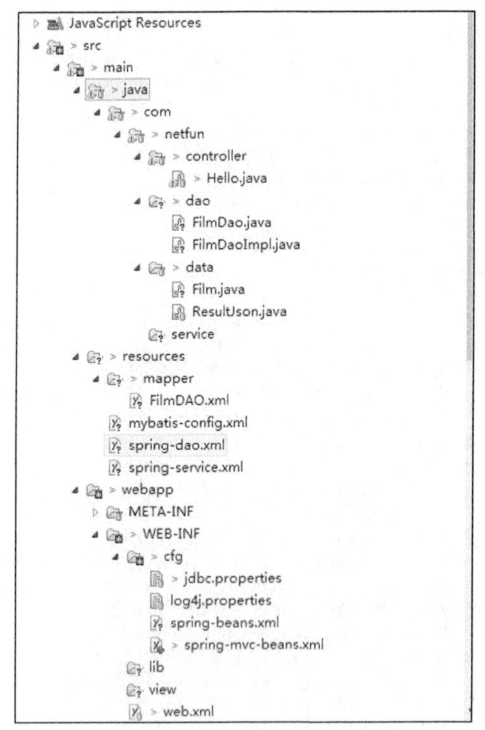

▲图 13.10　目录结构

在 spring 的主配置文件 applicationContext.xml 中增加 bean，用于在控制器层中方便生成 json 格式的返回字符串，代码如下：

```
<!-- 配置使用@ResponseBody 方法返回数据的 bean -->
<bean class="org.springframework.web.servlet.mvc.annotation.AnnotationMethodHandlerAdapter" >
```

```
    <property name="messageConverters">
          <list>
              <!-- 配置该bean是为了解决返回字符串的中文乱码问题,因为
StringHttpMessageConverter默认编码为ISO-8859-1 -->
              <bean class = "org.springframework.http.converter.StringHttpMessage
Converter">
                 <property name = "supportedMediaTypes">
                       <list>
                           <value>text/html;charset=UTF-8</value>
                      </list>
                 </property>
              </bean>
              <!-- 返回JSON数据时一定要配置该bean -->
              <bean class="org.springframework.http.converter.json.MappingJacksonHttp
MessageConverter">
                <property name="supportedMediaTypes">
                  <list>
                   <value>application/json;charset=UTF-8</value>
                  </list>
                </property>
              </bean>
          </list>
    </property>
  </bean>
```

该控制器返回符合条件的电影信息列表，返回的电影信息会以 json 数组的形式保存到页面的数据域中的 films 属性中，这些数据自动更新到页面上显示出来，代码如下：

```
@RequestMapping(value="/getFilmList",method=RequestMethod.GET)
public  @ResponseBody List<Film> getFilmList(@RequestParam String start,@RequestParam
String ishot){

List<Film> filmList=mFilmDao.findAllBy(Integer.parseInt(start), 3, ishot);
return filmList;
}
```

最终的显示效果如图 13.11 所示。

▲图 13.11　列表页

13.4.5　详情页设计

单击列表页的电影项时，会打开电影详情页，代码如下：

```
viewDetail: function(e){
    var ds = e.currentTarget.dataset;
    wx.navigateTo({
      url: '../detail/detail?id=' + ds.id + '&title=' + ds.title + '&type=ing'
    })
  }
```

通过 e.currentTarget.dataset；获取当前电影的 id 和标题，并作为参数传递到 detail 页。

在详情页的 onready 函数中，根据传递过来的电影名称参数更新详情页的导航栏标题，代码如下：

```
onReady: function(){
    var that = this
    wx.setNavigationBarTitle({
      title: that.data.options.title
    })
  },
```

在详情页的 onLoad 函数中，以电影 id 为参数，向后台发起查询电影详情数据的请求，代码如下：

```
onLoad: function (options) {
    var that = this
    var id = options.id
wx.request({
  url: 'https://www.meimichao.com/bee/getDetail',
  data: {id:id},
  method: 'GET', // OPTIONS, GET, HEAD, POST, PUT, DELETE, TRACE, CONNECT
  // header: {}, // 设置请求的 header
  success: function(res){
   console.log("请求成功");
  },
  fail: function() {
    // fail
  },
  complete: function() {
    // complete
  }
})
}
```

13.4.6　详情页后台实现

下面在后台添加一个处理方法来获取电影的详情数据。

首先在后台的 FilmService.java 中增加一个服务方法 public Film getFilmDetail(String id)，用于获取单条电影记录的详情，代码如下：

```
//根据 id 获取电影详情
       public Film getFilmDetail(String id){
               return filmDao.getFilmById(id);
       }
```

该方法中调用 dao 层的 getFilmById 方法，并将电影 id 作为参数传入。其中，filmDao 是通过注解注入的 dao 对象。

接着在 dao 层的实现类 FilmDaoImpl.java 中增加一个方法 public Film getFilmById(String id)，代码如下：

```
@Override
      public Film getFilmById(String id) {
               SqlSession session = sqlSessionFactory.openSession();
               Film f= session.selectOne("findById",id);
              return f;
      }
```

该方法通过调用 session.selectOne，向数据库查询单条记录，其中第一个参数是映射文件 FilmDAO.xml 中语句的 id，代码如下：

```
<?xml version="1.0" encoding="UTF-8" ?>
<!DOCTYPE mapper
       PUBLIC "-//mybatis.org//DTD Mapper 3.0//EN"
       "http://mybatis.org/dtd/mybatis-3-mapper.dtd">
<!-- 实现 UserDao 接口对应的方法 -->
<mapper namespace="com.netfun.dao.FilmDao">
    <!-- 查 -->
    <select id="findIsHotAll" resultType="com.netfun.data.Film">
      SELECT * FROM Film where ishot="1";
    </select>
     <select id="findById" parameterType="String" resultType="com.netfun.data.Film">
      SELECT * FROM Film where id=#{no};
    </select>
</mapper>
```

该映射语句接受一个 id 作为查询条件，并将查询到的记录作为 film 对象返回。

在控制器中添加方法 getFilmDetail，该方法对应的处理器路径是 getDetail，并且通过注解 @ResponseBody 将返回的 film 对象自动转换为 json 格式的字符串，代码如下：

```
@RequestMapping(value = "/getDetail", method = RequestMethod.GET)
        public  @ResponseBody
        Film getFilmDetail(@RequestParam String id) {
                Film f=filmService.getFilmDetail(id);
                return f;
        }
```

这样当我们在小程序端调用 https://www.meimichao.com/bee/getDetail 时，将以 json 字符串的格式返回单条电影记录的信息，如图 13.12 所示。

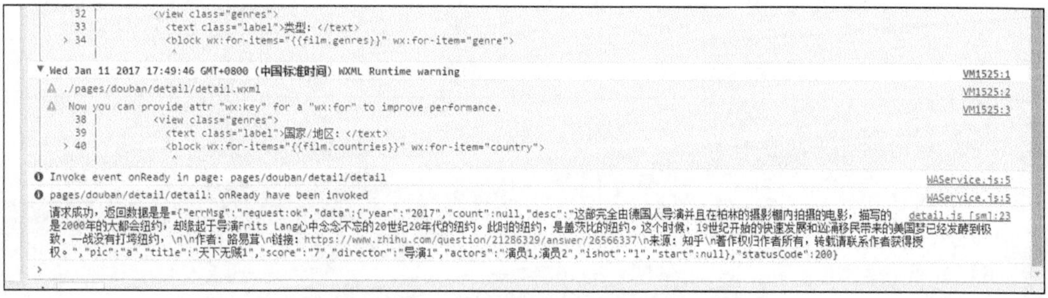

```
   32 |          <view class="genres">
   33 |            <text class="label">类型: </text>
 > 34 |            <block wx:for-items="{{film.genres}}" wx:for-item="genre">
      |              ^
▼ Wed Jan 11 2017 17:49:46 GMT+0800 (中国标准时间) WXML Runtime warning          VM1525:1
  ⚠ ./pages/douban/detail/detail.wxml                                              VM1525:2
  ⚠ Now you can provide attr "wx:key" for a "wx:for" to improve performance.      VM1525:3
   38 |          <view class="genres">
   39 |            <text class="label">国家/地区: </text>
 > 40 |            <block wx:for-items="{{film.countries}}" wx:for-item="country">
      |              ^
❶ Invoke event onReady in page: pages/douban/detail/detail                       WAService.js:5
❶ pages/douban/detail/detail: onReady have been invoked                           WAService.js:5
  请求成功，返回数据是是={"errMsg":"request:ok","data":{"year":"2017","count":null,"desc":"这部完全由德国人导演并且在柏林的摄影棚内拍摄的电影，描写的   detail.js [sm]:23
  是2000年的大都会纽约，却缘起于导演Frits Lang心中念念不忘的20世纪20年代的纽约。此时的纽约，是盖茨比的纽约。这个时候，19世纪开始的快速发展和汹涌移民带来的美国梦已经发酵到极
  致，一战没有打垮纽约，\n\n作者：路易茸\n链接：https://www.zhihu.com/question/21286329/answer/26566337\n来源：知乎\n著作权归作者所有，转载请联系作者获得授
  权。","pic":"a","title":"天下无贼1","score":"7","director":"导演1","actors":"演员1,演员2","ishot":"1","start":null},"statusCode":200}
>
```

▲图 13.12　客户端接收到的电影 json 信息

最后，将获得的数据设置到详情页面数据域中的 film 属性中，代码如下：

```
that.setData({
        film: data
}
```

在页面上就可以看到该电影的详情数据了，如图 13.13 所示。

▲图 13.13　电影详情页面

第 14 章　项目实战——日常事项助手

14.1 项目基础知识准备

14.1.1　ES6 基础知识

本节的案例用到了 ES6，首先来了解案例中用到的几个写法。

1. 变量

在 ES5 中，变量声明只有 var、隐式声明和 function 这 3 种，在 ES6 中则增加了 4 种，分别为 let、const、import 和 class。接下来介绍这 7 种变量的声明。

（1）var

ES5 中最原始的变量声明，用于声明变量。JavaScript 是弱类型语言，对数据类型变量要求不太严格，所以不必声明每一个变量的类型。

使用 var 声明的变量的作用域是函数作用域（在 ES5 时代，只有函数作用域和全局作用域两种作用域），在一个函数内用 var 声明的变量，则只在这个函数内有效。代码示例如下：

```
functiontest(){
var a;
console.log(a);//undefined
}
console.log(a);//ReferenceError: a is not defined
```

（2）隐式声明

当没有声明，直接给变量赋值时，会隐式地给变量声明，此时这个变量作为全局变量存在。

```
functiontest(){
    a=3;
    console.log(a);//3
}
test();
console.log(a);//3
```

要注意，隐式声明没有变量声明提前的功能，所以下面的使用方法是会报错的。

```
functiontest(){
console.log(a);//ReferenceError: a is not defined
```

```
        a=3;
    }
```

（3）function

用 function 声明的是函数对象，作用域与 var 相同，都是函数作用域。

```
functiontest(){
functiona(){
console.log('d');
    }
    a();//'d'
}
a();//ReferenceError: a is not defined
```

同样，function 声明也有变量声明提前，下面是两个特殊的例子：

```
functionhello1(a){
console.log(a); //[Function: a]
functiona(){}
console.log(a);//[Function: a]
}
hello1('test');
functionhello2(a){
console.log(a); //test
var a=3;
console.log(a);//3
}
hello2('test');
```

当函数对象和普通对象同时声明时，函数对象的声明提前在普通对象之后：

```
functiontest(){
console.log(a);//[Function: a]
functiona(){}
var a;
console.log(a);//[Function: a]
}
```

（4）let

ES6 新增的声明变量的关键字，与 var 类似，但也存在一定的区别，说明如下。

❑ 作用域不同

我们一般习惯用 var 来声明变量，现在还可以用 let 来声明变量，两者的主要区别是作用域。var 声明的变量作用域为包围它的函数，即函数作用域，而 let 声明的变量作用域仅在它所在的块中，即块级作用域（在 ES5 中没有块的概念，js 并没有块级作用域，只有函数作用域和全局作用域）。

```
{
let a = 10;
var b = 1;
}
a // ReferenceError: a is not defined.
b // 1
```

❑ 不存在变量声明提升

用 var 声明变量时，只要在一个函数作用域内，无论在什么地方声明变量，都会把变量的声明提升到函数作用域的最前面。所以无论在变量声明前使用变量，还是声明后使用变量，都不会报错。而 let 与 Java 以及其他语言一样，let 声明的变量在未声明前是不存在的。

```
console.log(a); // undefined,但是不报错。
console.log(b); // ReferenceError: b is not defined.
var a = 2;
let b = 2;
```

❑ 暂时性死区

所谓暂时性死区，是指在一个块级作用域中，变量唯一存在，一旦在块级作用域中用 let 声明了一个变量，那么这个变量就唯一属于该块级作用域，不受外部变量的影响。

无论在块中的何处声明了一个变量，那么在这个块级作用域中，任何使用这个名字的变量都是指这个变量，无论外部是否有其他同名的全局变量。

暂时性死区的本质在于只要一进入当前作用域，所要使用的变量就已经存在了，但是不可获取，只有等到声明变量的那一行代码出现，才可以获取和使用该变量。

暂时性死区的意义是为了让我们标准化代码，将所有变量的声明放在作用域的最开始。

❑ 不允许重复声明

在相同的作用域内，用 let 声明变量时，只允许声明一次。

```
// 正确
function () {
var a = 10;
var a = 1;
}
// 报错，Duplicate declaration "a"
function () {
let a = 10;
var a = 1;
}
// 报错,Duplicate declaration "a"
function () {
let a = 10;
let a = 1;
}
```

（5）const

const 用于声明常量，const 声明的常量是不允许改变的，具有只读属性。这意味着常量声明时必须同时赋值，只声明不赋值就会报错。一般情况下，常量以大写字母命名。在严格模式下，重新给常量赋值会报错，普通模式下不报错，但是赋值无效。

```
const A = 1;
A = 3;// TypeError: "A" is read-only
```

const 和 let 类似，也支持块级作用域，不支持变量提升，有暂时性死区。注意：如果声明的常量是一个对象，那么对于对象本身是不允许重新赋值的，但是对于对象的属性可以赋值。

```
const foo = {};
foo.prop = 123;
foo.prop// 123
foo = {} // TypeError: "foo" is read-only
```

（6）import

ES6 采用 import 代替 node 的 require 来导入模块。

```
import {$} from'./jquery.js'
```

$对象是 jquery 中 export 暴露的对象。import 命令接受一个对象（用大括号表示），里面指定要从其他模块导入的变量名。注意：大括号里面的变量名必须与被导入模块对外接口的名称相同。如果想为输入的变量重新取一个名字，import 命令要使用 as 关键字，将输入的变量重命名。

```
import { New as $ } from'./jquery.js';
```

import 命令具有提升效果，会提升到整个模块的头部优先执行。

（7）class

ES6 引入了类的概念，类只是基于原型的面向对象模式的语法，目的是为了方便理解和开发。类的实质是函数对象，类中的方法和对象都挂在对应的函数对象的 prototype 属性下。我们定义一个类：

```
//定义类
classPerson{
constructor(name, age) {
this.name = name;
this.age = age;
  }
  setSex(_sex) {
this.sex=_sex;
  }
}
```

constructor 方法，即构造方法，是 ES5 时代函数对象的主体，this 关键字代表实例对象，将上述类改写成如下 ES5 格式：

```
functionPerson(name, age){
this.name = name;
this.age = age;
}
Person.prototype. setSex = function(_sex){
this.sex=_sex;
}
```

所以说大多数类的特性都可以通过之前的函数对象与原型来推导。所有类都有 constructor 函数，如果没有显式定义，一个空的 constructor 方法会被默认添加（有点类似 Java），所有函数对象都必须有个主体。生成类的实例对象的写法，与 ES5 通过构造函数生成对象完全一样，也是使用 new 命令。

```
classB {}
let b = newB();
```

在类的实例上面调用方法，其实是调用原型上的方法，因为类上的方法都添加在原型上。

```
b.constructor === B.prototype.constructor// true
```

与函数对象一样，class 也可以使用表达式的形式定义。

```
let Person = classMe {
       getClassName() {
return Me.name;
       }
};
```

相当于：

```
var Person = functiontest(){}
```

class 其实是一个 function，但 class 不存在变量提升，也就是说 class 声明定义必须在使用之前。

❑ 全局变量

全局对象是最顶层的对象，在浏览器环境中指 Window 对象，在 Node.js 中指 global 对象。在 ES5 中，全局对象的属性与全局变量是等价的，隐式声明或者在全局环境下声明的变量挂在全局对象上。ES6 规定，var 命令、function 命令以及隐式声明的全局变量，依旧是全局对象的属性；而 let 命令、const 命令、class 命令声明的全局变量，不属于全局对象的属性。

```
var a = 1;
console.log(window.a) // 1
let b = 1;
console.log(window.b) // undefined
```

❑ 函数的形参

函数的形参隐藏在函数最初声明的形参对应的变量中。

```
functiona(x,y){}
```

可以看成：

```
functiona(){
var x=arguments.length <= 0 || arguments[0] === undefined ? undefined : arguments[0];
var y=arguments.length <= 1 || arguments[1] === undefined ? undefined : arguments[1];
}
```

在 ES6 下，默认声明是用的 let，所以函数 a 变成：

```
functiona(){
let x=arguments.length <= 0 || arguments[0] === undefined ? undefined : arguments[0];
let y=arguments.length <= 1 || arguments[1] === undefined ? undefined : arguments[1];
}
```

所以在 ES6 中会有：

```
functiona(x = y, y = 2) {
return [x, y];
}
a(); // 报错，给 x 赋值时 y 还未被 let 声明。
functiona(x, y) {
let x;//相当于重复声明，报错。
}
```

2. 解构

简单来说，解构就是可以把一个数组的元素或者对象的属性分解出来，直接获取。示例代码如下：

```
let obj = {
     fullName: 'Xiao Ming',
     gender: 'male',
     role: 'admin'
};
let arr = ['elem1', 1, 30, 'arratElem3'];
let {fullName, role} = obj;
let [elem1, elem2] = arr;
console.log(fullName, role, elem1, elem2);
```

输出结果：

```
Xiao Ming admin elem1 1
```

我们只要把需要获取的属性或者元素别名指定在解构体中，js 会自动获取对应的属性或者下标对应的元素。这个新特性非常有用，例如我们需要在一个 Pages data 对象中一个属性获取对应的属性值：

```
let year = this.data.year,
month = this.data.month,
day = this.data.day;
```

用解构的写法很简洁：

```
let {year, month, day} = this.data;
```

再比如引入一个文件：

```
function getDate(dateStr) {
    if (dateStr) {
         return new Date(Date.parse(dateStr));
    }
    return new Date();
}
function log(msg) {
    if (!msg) return;
    if (getApp().settings['debug'])
    console.log(msg);
    let logs = wx.getStorageSync('logs') || [];
    logs.unshift(msg)
    wx.setStorageSync('logs', logs)
}
module.exports = {
    getDate: getDate,
    log: log
};
```

引入并调用外部文件的方法：

```
import {log} from '../../utils/util';
log('Application initialized !!');
```

import…from…是 ES6 的引入模块方式，等同于小程序中的 require，但 import 可以选择导入哪些子模块。

3. 箭头函数

箭头函数将函数的写法简化，但与普通的 function 还是有区别的，主要是在作用域上。例如需要请求网络：

```
wx.request({
  url: 'url',
  header: {
      'Content-Type': 'application/json'
  },
  success: function(res) {
    console.log(res.data)
  }
});
```

用函数可以简化一定的代码量。

```
wx.request({
  url: 'url',
  header: {
      'Content-Type': 'application/json'
  },
  success: (res) => {
    console.log(res.data)
  }
});
```

注意到 success 指向的回调函数了吗？function 关键字消失了，被醒目的“=>”所取代。看到这里，大家是不是认为以后写 function 就用箭头函数代替呢？答案是不一定。function 和箭头函数虽然看似一样，只是写法简化了，但其实是不一样的，function 声明的函数和箭头函数的作用域不同，这里一不小心就会出错。代码如下：

```
Page({
    data: {
        windowHeight: 0
    },
    onLoad() {
        let _this = this;
        wx.getSystemInfo({
            success: function(res) {
                _this.setData({windowHeight: res.windowHeight});
            }
        });
    }
});
```

一般我们获取设备的屏幕高度是这样的步骤，在页面刚加载的 onLoad 方法中通过 wx.get SystemInfoAPI 获取设备的屏幕高度，由于 success 指向的回调函数作用域与 onLoad 不一样，所以无法在 onLoad 函数体中直接写 this.setData 来设置值。这时可以定义一个临时变量指向 this，然后在回调函数中调用。

那么箭头函数的写法有什么不一样呢？代码如下：

```
Page({
    data: {
        windowHeight: 0
    },
    onLoad() {
        let _this = this;
```

```
            wx.getSystemInfo({
                success: (res) => {
                    _this.setData({windowHeight: res.windowHeight});
                }
            });
        }
});
```

运行之后感觉好像没什么区别，都能正常执行，结果也一样。确实没什么区别，你甚至都可以这样写：

```
Page({
    data: {
        windowHeight: 0
    },
    onLoad() {
        wx.getSystemInfo({
            success: (res) => {
                this.setData({windowHeight: res.windowHeight});
            }
        });
    }
});
```

但这样写，this 的指向的作用域不是不一样吗？这就是要说明的，箭头函数是不绑定作用域的，不会改变当前 this 的作用域。既然这样，在箭头函数中的 this 就会根据作用域链来指向上一层的作用域，也就是 onLoad 的作用域，所以得到的结果一样。

14.1.2　工具类

在项目根目录下创建一个 utils 目录，并在其中创建一个 js 工具文件 util.js。在该工具文件中定义一个日志函数 log，该函数代码如下：

```
/**
 * 记录日志
 * @param {Mixed} 记录的信息
 * @returns {Void}
 */
function log(msg) {
  if (!msg) return;
  if (getApp().settings['debug'])
    console.log(msg);
  let logs = wx.getStorageSync('logs') || [];
  logs.unshift(msg)
  wx.setStorageSync('logs', logs)
}
```

上述代码完成日志信息记录功能。如果传入的日志信息 msg 为空，则不进行任何操作，否则将传入的日志信息保存到本地缓存中。

同时，根据调试开关是否打开，决定是否将日志输出到控制台。在上述代码中出现了如下代码：

```
let logs = wx.getStorageSync('logs') || [];
```

在 js 中，“o = o || {}”表示如果 o 为“null”或“undefined”，则将 o 初始化为空对象（即{}），

否则 o 不变。目的是防止 o 为“null”，或未定义的错误。其中“||”表示“或”操作，第一个条件为真，则结果为真，而不需要执行第二个条件；否则执行第二个条件，等价于以下代码：

```
if(o)
    o = o;
else
    o = {};
```

unshift()是 js 中数组对象的一个方法，因为 logs 是一个数组，所以 logs 具有该方法。unshift() 方法可向数组的开头添加一个或更多元素，并返回新的长度。unshift()方法将把它的参数插入数组的头部，并将已经存在的元素顺次移到较高的下标处，以便留出空间。该方法的第一个参数将成为数组的下标为 0 处的元素，如果还有第二个参数，它将成为新的下标为 1 处的元素，以此类推。注意，unshift()方法不产生新的创建，而是直接修改原有的数组。

14.1.3 promise 函数

1. promise 对象介绍

promise 是异步编程的一种解决方案，比传统的解决方案回调函数和事件更合理且更强大。所谓 promise，简单说是一个容器，里面保存着某个未来才会结束的事件（通常是一个异步操作）的结果。从语法上说，promise 是一个对象，通过它可以获取异步操作的消息。promise 提供统一的 API，各种异步操作都可以用同样的方法进行处理。

promise 对象有以下两个特点：

（1）对象的状态不受外界影响。promise 对象代表一个异步操作，有 3 种状态：pending（进行中）、resolved（已完成，又称 fulfilled）和 rejected（已失败）。只有异步操作的结果可以决定当前是哪一种状态，任何其他操作都无法改变这个状态。这也是 promise 这个名字的由来，它的英语意思是“承诺”，表示其他手段无法改变。

（2）一旦状态改变，就不会再变，任何时候都可以得到这个结果。promise 对象的状态改变，只有两种可能：从 pending 变为 resolved，从 pending 变为 rejected。只要这两种情况发生，状态就凝固，不会再变了，一直保持这个结果。就算改变已经发生了，再对 promise 对象添加回调函数，也会立即得到这个结果。这与事件（Event）完全不同，事件的特点是如果你错过了它，即使再去监听也得不到结果。

有了 promise 对象，就可以将异步操作以同步操作的流程表达出来，而避免了层层嵌套的回调函数。此外，promise 对象提供统一的接口，使得控制异步操作更加容易。

promise 也有一些缺点：

- 无法取消 promise，一旦新建，它就会立即执行，无法中途取消。
- 如果不设置回调函数，promise 内部抛出的错误不会反映到外部。
- 当处于 pending 状态时，无法得知目前进展到哪一个阶段（刚刚开始，还是即将完成）。

2. 基本用法

ES6 规定，promise 对象是一个构造函数，用于生成 promise 实例。

下面的代码创造了一个 promise 实例。

```
var promise = new Promise(function(resolve, reject) {
  // ... some code
  if (/* 异步操作成功 */){
     resolve(value);
  } else {
     reject(error);
  }});
```

promise 构造函数接受一个函数作为参数，该函数的两个参数分别是 resolve 和 reject。它们是由 JavaScript 引擎提供的两个函数，不用自己部署。resolve 函数的作用是将 promise 对象的状态从“未完成”变为“成功”（即从 pending 变为 resolved），在异步操作成功时调用，并将异步操作的结果作为参数传递出去；reject 函数的作用是将 promise 对象的状态从“未完成”变为“失败”（即从 pending 变为 rejected），在异步操作失败时调用，并将异步操作报出的错误作为参数传递出去。

promise 实例生成以后，可以用 then 方法分别指定 pesolved 状态和 reject 状态的回调函数。

14.2 实现思路

在开始前，首先理清思路，一个普通的日历显示功能应该怎么做，该怎样入手。

14.2.1 日期

获取日期相关的信息，肯定需要用到 Date 对象，首先需要知道当前展示月份的天数。

```
let date = new Date();
let day = date.getDate(); //当月的天
let month = date.getMonth() + 1; //月份，从 0 开始
let year = date.getFullYear(); //年份
let dayCount = new Date(currentYear, currentMonth, 0).getDate();
```

得到当月的天数，可以展示出所有的天数列表，但同时需要获取上一页的天数和下一个页的天数。如果当前月份是 1 月或者 12 月，还需要额外判断上一页是上一年的 12 月，下一页是下一年的 1 月。因此，我们需要获取足够多的日期信息来进行展示。

```
data = {
    currentDate: currentDateObj.getDate(), //当天日期第几天
    currentYear: currentDateObj.getFullYear(), //当天年份
    currentDay: currentDateObj.getDay(), //当天星期
    currentMonth: currentDateObj.getMonth() + 1, //当天月份
    showMonth: showMonth, //当前显示月份
    showDate: showDate, //当前显示月份的第几天
    showYear: showYear, //当前显示月份的年份
    beforeYear: beforeYear, //当前页上一页的年份
    beforMonth: beforMonth, //当前页上一页的月份
    afterYear: afterYear, //当前页下一页的年份
    afterMonth: afterMonth, //当前页下一页的月份
    selected: selected //当前被选择的日期信息
};
```

可以显示日期之后，还需要一个选择日期的功能，即用户可以单击指定的一天，也可以选择哪

一年或者哪一个月，可以用 picker 组件来展示选择的年份和月份。选择具体哪天时，需要在日期列表上的每一天都绑定一个点击事件来响应用户的单击动作。用户选择具体的日期后，可能会随意翻页，所以必须要保存好当前选择的日期。

14.2.2 存储

示例程序中用到了数据存储，关系到小程序中的数据缓存 API，官方提供的 API 比较多，在此只用两个异步的数据缓存 API。

（1）接口 wx.setStorage({key: KEY, data: DATA});

使用例子：

```
let allData  =[{id: 1, title: 'title1'}, {id: 2, title: 'title2'}];
wx.setStorageSync({key: Config.ITEMS_SAVE_KEY, data: allData});
```

参数：

- KEY——存储数据的键名。
- DATA——存储的数据。

（2）接口 wx.getStorage({key: KEY});

使用例子：

```
let allData = wx.getStorage({
          key: Config.ITEMS_SAVE_KEY
          success: allData => {
              let obj1 = allData[0];
              console.log(obj1.title);
          }
    });
```

参数：

- KEY——存储数据的键名。

14.3 编码

应用有两个页面：首页和详情页。结构清晰，功能简单。

14.3.1 日历

首先来看首页，日历的 wxml 结构分为上、中、下 3 个部分。header 为头部，用于展示翻页按钮和当前日期信息。在.week.row 和.body.row 元素中展示星期和天数列表，这里的布局采用了百分比分栏，总共有 7 栏，当然可以采用 css 的分栏布局和 flex 布局。

代码如下：

```
<view class="og-calendar">
<view class="header">
<viewclass="btn month-pre" bindtap="changeDateEvent" data-year="{{data.beforeYear}}"
data-month="{{data.beforMonth}}">
```

```
<image src="../../images/prepage.png"></image>
</view>
<view class="date-info">
<picker mode="date" fields="month" value="{{pickerDateValue}}"
bindchange="datePickerChangeEvent">
<text>{{data.showYear}}年{{data.showMonth > 9 ? data.showMonth : ('0' + data.showMonth)}}
月</text>
</picker>
</view>
<view class="btn month-next" bindtap="changeDateEvent" data-year="{{data.afterYear}}"
data-month="{{data.afterMonth}}">
<image src="../../images/nextpage.png"></image>
</view>
</view>
<view class="week row">
<view class="col">
<text>一</text>
</view>
<view class="col">
<text>二</text>
</view>
<view class="col">
<text>三</text>
</view>
<view class="col">
<text>四</text>
</view>
<view class="col">
<text>五</text>
</view>
<view class="col">
<text>六</text>
</view>
<view class="col">
<text>日</text>
</view>
</view>
<view class="body row">
<block wx:for="{{data.dates}}" wx:key="_id">
<view bindtap="dateClickEvent" data-year="{{item.year}}" data-month="{{item.month}}"
data-date="{{item.date}}" class="col {{data.showMonth == item.month ? '' : 'old'}}
{{data.currentDate == item.date && data.currentYear==item.year && data.currentMonth ==
item.month ? 'current' : ''}} {  {item.active ? 'active' : ''}}">
<text>{{item.date}}</text>
</view>
</block>
</view>
</view>
```

.btn.month-pre 和.btn.month-next 翻页按钮都绑定了 changeDateEvent 的 tap 事件，各自都有自己的 data-year 和 data-mont 属性，这两个属性是临时存值。当单击按钮翻页时，我们需要知道当前的年份和日期，从而更加方便地翻到上一页或者下一页。

changeDateEvent 事件比较简单，代码如下：

```
changeDateEvent(e) {
    const {year, month} = e.currentTarget.dataset;
    changeDate.call(this, new Date(year, parseInt(month) - 1, 1));
}
```

单击翻页按钮，根据回调进来的 event 对象来获取元素上的 data-*属性，然后调用 changeDate 方法来更新日历数据，这个方法接收一个 Date 对象，代表要翻页后的日期。

暂且不关心 changeDate 具体干了些什么，来看“.body.row”里有一个循环，每一个元素都绑定了 dateClickEvent 事件，而且每一个元素都附带了自己所属的年份、月份和天数信息。这些信息是非常有用的，当单击了具体的某一天，通过获取元素上的 data-*信息可以知道我们具体选择的日期。除此之外，元素上的 class 属性包裹了一长串的判断表达式，这些语句的最终目的是实现元素的动态变更。“.old”代表当前的日期，而不是本月日期，因为每一版的日期除了当前月份的日期，还可能包含上一月和下一月的部分日期，我们给予它灰色的样式显示。“.current”代表今天的日期，用实心填充颜色的背景样式修饰，“.active”代表当前选中的日期。

dateClickEvent 事件其实也调用了 changeDate 事件，本质上是改变日期，额外的工作是将选中的日期保存到 selected 对象中，代码如下：

```
dateClickEvent(e) {
    const {year, month, date} = e.currentTarget.dataset;
    const {data} = this.data;
    let selectDateText = '';
    data['selected']['year'] = year;
    data['selected']['month'] = month;
    data['selected']['date'] = date;
    this.setData({ data: data });
    changeDate.call(this, new Date(year, parseInt(month) - 1, date));
}
```

接下来看重中之重的 changeDate 函数，这个函数的代码比较多，声明变量和赋值比较多，业务代码比较少，如下：

```
/**
 * 变更日期数据
 * @param {Date} targetDate 当前日期对象
 */
function changeDate(targetDate) {
  let date = targetDate || new Date();
  let currentDateObj = new Date();
  let showMonth, //当天显示月份
     showYear, //当前显示年份
     showDay, //当前显示星期
     showDate, //当前显示第几天
     showMonthFirstDateDay, //当前显示月份第一天的星期
     showMonthLastDateDay, //当前显示月份最后一天的星期
     showMonthDateCount; //当前月份的总天数
  let data = [];
  showDate = date.getDate();
  showMonth = date.getMonth() + 1;
  showYear = date.getFullYear();
  showDay = date.getDay();
  showMonthDateCount = new Date(showYear, showMonth, 0).getDate();
  date.setDate(1);
  showMonthFirstDateDay = date.getDay(); //当前显示月份第一天的星期
  date.setDate(showMonthDateCount);
  showMonthLastDateDay = date.getDay(); //当前显示月份最后一天的星期
  let beforeDayCount = 0,
     beforeYear, //上页月年份
     beforMonth, //上页月份
```

```
      afterYear, //下页年份
      afterMonth, //下页月份
      afterDayCount = 0, //上页显示天数
      beforeMonthDayCount = 0; //上页月份总天数
   //上一个月月份
   beforMonth = showMonth === 1 ? 12 : showMonth - 1;
   //上一个月年份
   beforeYear = showMonth === 1 ? showYear - 1 : showYear;
   //下个月月份
   afterMonth = showMonth === 12 ? 1 : showMonth + 1;
   //下个月年份
   afterYear = showMonth === 12 ? showYear + 1 : showYear;
   //获取上一页的显示天数
   if (showMonthFirstDateDay != 0)
     beforeDayCount = showMonthFirstDateDay - 1;
   else
      beforeDayCount = 6;
   //获取下页的显示天数
   if (showMonthLastDateDay != 0)
      afterDayCount = 7 - showMonthLastDateDay;
   else
      showMonthLastDateDay = 0;
   //如果天数不够 6 行，则补充完整
   let tDay = showMonthDateCount + beforeDayCount + afterDayCount;
   if (tDay <= 35)
      afterDayCount += (42 - tDay); //6 行 7 列 = 42
   //虽然翻页了，但是保存用户选中的日期信息是非常有必要的
   let selected = this.data.data['selected'] || { year: showYear, month: showMonth, date:
showDate };
   let selectDateText = selected.year + '年' + formatNumber(selected.month) + '月' +
formatNumber(selected.date) + '日';
   data = {
      currentDate: currentDateObj.getDate(),        //当天日期第几天
      currentYear: currentDateObj.getFullYear(),    //当天年份
      currentDay: currentDateObj.getDay(),          //当天星期
      currentMonth: currentDateObj.getMonth() + 1, //当天月份
      showMonth: showMonth,                         //当前显示月份
      showDate: showDate,                           //当前显示月份的第几天
      showYear: showYear,                           //当前显示月份的年份
      beforeYear: beforeYear,                       //当前页上一页的年份
      beforMonth: beforMonth,                       //当前页上一页的月份
      afterYear: afterYear,                         //当前页下一页的年份
      afterMonth: afterMonth,                       //当前页下一页的月份
      selected: selected,
      selectDateText: selectDateText
   };
   let dates = [];
   let _id = 0;                                     //为 wx:key 指定
   //上一月的日期
   if (beforeDayCount > 0) {
      beforeMonthDayCount = new Date(beforeYear, beforMonth, 0).getDate();
      for (let fIdx = 0; fIdx < beforeDayCount; fIdx++) {
         dates.unshift({
            _id: _id,
            year: beforeYear,
            month: beforMonth,
            date: beforeMonthDayCount - fIdx
        });
        _id++;
      }
   }
   //当前月份的日期
```

```
    for (let cIdx = 1; cIdx <= showMonthDateCount; cIdx++) {
       dates.push({
         _id: _id,
         active: (selected['year'] == showYear && selected['month'] == showMonth &&
selected['date'] == cIdx), //选中状态判断
         year: showYear,
         month: showMonth,
         date: cIdx
       });
       _id++;
    }
    //下一月的日期
    if (afterDayCount > 0) {
      for (let lIdx = 1; lIdx <= afterDayCount; lIdx++) {
         dates.push({
           _id: _id,
           year: afterYear,
           month: afterMonth,
           date: lIdx
         });
         _id++;
      }
    }
    data.dates = dates;
    this.setData({ data: data, pickerDateValue: showYear + '-' + showMonth });
    loadItemListData.call(this);
  }
```

总结下来，这段代码的作用是获取当前月的信息、上一页的信息和下一页的信息，这些信息包括具体的年、月、日和星期。

14.3.2 年月选择 picker 组件

日历必不可少的功能是让用户选择显示指定的年份和月份，这可以通过 picker 组件来实现。官方更新的 API 目前未知，picker 组件已经支持“mode = date”模式的风格，即原生的日期选择。触发选择的区域关联在日历的 header 上，代码如下：

```
<view class="date-info">
<picker mode="date" fields="month" value="{{pickerDateValue}}"
bindchange="datePickerChangeEvent">
<text>{{data.showYear}}年{{data.showMonth > 9 ? data.showMonth : ('0' + data.showMonth)}}
月</text>
</picker>
</view>
```

“mode=date”指定 picker 是日期选择风格，“fields=month”则表示组件显示日期的精度为月份即可。组件初始化的值为 pickerDateValue，绑定了 datePickerChangeEvent 事件，当选择的日期发生变化时，就会触发此事件。

datePickerChangeEvent 事件代码如下：

```
datePickerChangeEvent(e) {
    const date = new Date(Date.parse(e.detail.value));
    changeDate.call(this, new Date(date.getFullYear(), date.getMonth(), 1));
}
```

运行效果如图 14.1 所示。

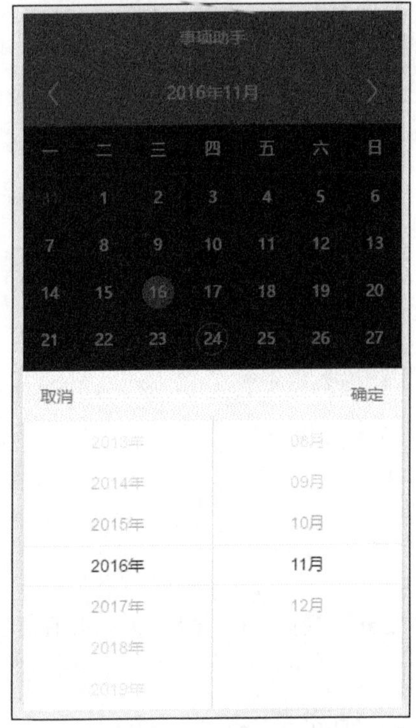

▲图 14.1　年月选择器运行效果

14.3.3　事项存储

此应用还有事项功能，可以添加事项条目，事项包括标题、内容和等级，其实就是一个功能不全的 TODO 应用。

涉及到存储肯定需要操作缓存的方法，借鉴之前在 java 所用的模式，分为两个文件：一个是仓库类（数据的 CURD 操作），另一个是业务类（附带处理部分业务）。缓存的配置放置于 Config 文件中，类中用到了异步的缓存操作 API，所以使用 promise 模式封装。

首先是把 promise 封装成通用的方法，并封装部分经常用到的函数：

```
/**
 * 生成 GUID 序列号
 * @returns {string} GUID
 */
function guid() {
  return 'xxxxxxxx-xxxx-4xxx-yxxx-xxxxxxxxxxxx'.replace(/[xy]/g, function (c) {
    let r = Math.random()* 16 | 0, v = c == 'x' ? r : (r & 0x3 | 0x8);
    return v.toString(16);
  });
}
/**
 * 记录日志
 * @param {Mixed} 记录的信息
```

```
 * @returns {Void}
 */
function log(msg) {
  if (!msg) return;
  if (getApp().settings['debug'])
    console.log(msg);
  let logs = wx.getStorageSync('logs') || [];
  logs.unshift(msg)
  wx.setStorageSync('logs', logs)
}
/**
 * @param {Function} func 接口
 * @param {Object} options 接口参数
 * @returns {Promise} Promise 对象
*/
function promiseHandle(func, options) {
  options = options || {};
  return new Promise((resolve, reject) => {
    if (typeof func !== 'function')
          reject();
    options.success = resolve;
    options.fail = reject;
    func(options);
  });
}
module.exports = {
  guid: guid,
  log: log,
  promiseHandle: promiseHandle
}
```

guid 方法用于生成每一个事项的 id，方便查询。log 方法用于日志记录，promiseHandle 把小程序的大部分异步 API 封装到了 promise 对象中。

具体的 config 配置文件如下：

```
module.exports = {
    ITEMS_SAVE_KEY: 'todo_item_save_Key',
    //事项等级
    LEVEL: {
        normal: 1,
        warning: 2,
        danger: 3
    }
};
```

数据操作仓库类 DataRepository 的代码如下：

```
import Config from 'Config';
import {guid, log, promiseHandle} from '../utils/util';
class DataRepository {
    /**
     * 添加数据
     * @param {Object} 添加的数据
     * @returns {Promise}
     */
    static addData(data) {
        if (!data) return false;
        data['_id'] = guid();
        return DataRepository.findAllData().then(allData => {
```

```
            allData = allData || [];
            allData.unshift(data);
            wx.setStorage({key:Config.ITEMS_SAVE_KEY, data: allData});
        });
    }
    /**
     * 删除数据
     * @param {string} id 数据项idid
     * @returns {Promise}
     */
    static removeData(id) {
        return DataRepository.findAllData().then(data => {
            if (!data) return;
            for (let idx = 0, len = data.length; idx < len; idx++) {
                if (data[idx] && data[idx]['_id'] == id) {
                    data.splice(idx, 1);
                    break;
                }
            }
            wx.setStorage({key: Config.ITEMS_SAVE_KEY, data: data});
        });
    }
    /**
     * 批量删除数据
     * @param {Array} range id集合
     * @returns {Promise}
     */
    static removeRange(range) {
        if (!range) return;
        return DataRepository.findAllData().then(data => {
            if (!data) return;
            let indexs = [];
            for (let rIdx = 0, rLen = range.length; rIdx < rLen; rIdx++) {
                for (let idx = 0, len = data.length; idx < len; idx++) {
                    if (data[idx] && data[idx]['_id'] == range[rIdx]) {
                        indexs.push(idx);
                        break;
                    }
                }
            }
            let tmpIdx = 0;
            indexs.forEach(item => {
                data.splice(item - tmpIdx, 1);
                tmpIdx++;
            });
            wx.setStorage({key: Config.ITEMS_SAVE_KEY, data: data});
        });
    }
    /**
     * 更新数据
     * @param {Object} data 数据
     * @returns {Promise}
     */
    static saveData(data) {
        if (!data || !data['_id']) return false;
        return DataRepository.findAllData().then(allData => {
            if (!allData) return false;
            for (let idx = 0, len = allData.length; i < len; i++) {
                if (allData[i] && allData[i]['_id'] == data['_id']) {
                    allData[i] = data;
                    break;
                }
```

```
            }
            wx.setStorage({key: Config.ITEMS_SAVE_KEY, data: data});
        });
    }
    /**
     * 获取所有数据
     * @returns {Promise} Promise 实例
     */
    static findAllData() {
        return promiseHandle(wx.getStorage, {key: Config.ITEMS_SAVE_KEY}).then(res =>
res.data ? res.data : []).catch(ex => {
            log(ex);
        });
    }
    /**
     * 查找数据
     * @param {Function} 回调
     * @returns {Promise} Promise 实例
     */
    static findBy(predicate) {
        return DataRepository.findAllData().then(data => {
            if (data) {
                data = data.filter(item => predicate(item));
            }
            return data;
        });
    }
}
module.exports = DataRepository;
```

数据业务类 DataService：

```
import DataRepository from 'DataRepository';
import {promiseHandle} from '../utils/util';
/**
 * 数据业务类
 */
class DataSerivce {
    constructor(props) {
        props = props || {};
        this.id = props['_id'] || 0;
        this.content = props['content'] || '';
        this.date = props['date'] || '';
        this.month = props['month'] || '';
        this.year = props['year'] || '';
        this.level = props['level'] || '';
        this.title = props['title'] || '';
    }
    /**
     * 保存当前对象数据
     */
    save() {
        if (this._checkProps()) {
            return DataRepository.addData({
                title: this.title,
                content: this.content,
                year: this.year,
                month: this.month,
                date: this.date,
                level: this.level,
                addDate: new Date().getTime()
            });
        }
    }
```

```
    /**
     * 获取所有事项数据
     */
    static findAll() {
        return DataRepository.findAllData()
            .then(data => data.data ? data.data : []);
    }
    /**
     * 通过 id 获取事项
     */
    static findById(id) {
        return DataRepository.findBy(item => item['_id'] == id)
            .then(items => (items && items.length > 0) ? items[0] : null);
    }
    /**
     * 根据 id 删除事项数据
     */
    delete() {
        return DataRepository.removeData(this.id);
    }
    /**
     * 批量删除数据
     * @param {Array} ids 事项 Id 集合
     */
    static deleteRange(...ids) {
        return DataRepository.removeRange(ids);
    }
    /**
     * 根据日期查找所有符合条件的事项记录
     * @param {Date} date 日期对象
     * @returns {Array} 事项集合
     */
    static findByDate(date) {
        if (!date) return [];
        return DataRepository.findBy(item => {
            return item && item['date'] == date.getDate() &&
                item['month'] == date.getMonth() &&
                item['year'] == date.getFullYear();
        }).then(data => data);
    }
    _checkProps() {
        return this.title && this.level && this.date && this.year && this.month;
    }
}
module.exports = DataSerivce;
```

每天的事项可以用一个列表来展示，列表置于日历的下方，具体结构如下：

```
<view class="common-list">
<view class="header" wx:if="{{itemList.length > 0}}">
<text>事项信息</text>
</view>
<block wx:for="{{itemList}}" wx:key="id">
<view class="item" bindtap="listItemClickEvent" data-id="{{item._id}}"
bindlongtap="listItemLongTapEvent">
<view class="inner {{isEditMode ? 'with-check' : ''}}">
<view class="checker" wx:if="{{isEditMode}}">
<icon type="circle" wx:if="{{!item.checked}}" color="#FFF" size="20" />
<icon type="success" wx:else color="#E14848" size="20" />
</view>
<image wx:if="{{item.level == 1}}" class="icon" src="../../images/success.png" />
```

```
<image wx:if="{{item.level == 2}}" class="icon" src="../../images/notice.png" />
<image wx:if="{{item.level == 3}}" class="icon" src="../../images/fav-round.png" />
<view class="content">
<text class="title">{{item.title}}</text>
</view>
</view>
</view>
</block>
<view class="header text-center" wx:if="{{!itemList || itemList.length <= 0}}">
<text>当前日期没有事项记录</text>
</view>
</view>
```

列表的数据加载依靠 loadItemListData：

```
/**
 * 加载事项列表数据
 */
function loadItemListData() {
  const {year, month, date} = this.data.data.selected;
  let _this = this;
  DataService.findByDate(new Date(Date.parse([year, month, date].join('-')))).
then((data) => {
    _this.setData({ itemList: data });
  });
}
```

DataService.findByDate 方法通过传入一个日期来获取指定日期的事项。成功获取数据之后，在模板中遍历数据，根据 level 属性来显示不同颜色的图标，让事项等级一目了然。

既然有数据列表，那么数据从哪里来呢？此时需要一个数据的添加面板。

首页的下方有 FloatAction 操作工具按钮，在这里添加一个添加数据按钮，添加的事项的日期属于用户选中的日期，添加面板默认隐藏起来。当点击添加按钮，面板会向上滑动出现，可以用 animationAPI 实现动画效果，其本质是 CSS3 动画。

代码如下：

```
<view class="updatePanel" style="top: {{updatePanelTop}}px;height:{{updatePanelTop}}px"
animation="{{updatePanelAnimationData}}">
<input placeholder="请输入事项标题" value="{{todoInputValue}}"
bindchange="todoInputChangeEvent" />
<textarea placeholder="请输入事项内容" value="{{todoTextAreaValue}}"
bindblur="todoTextAreaChangeEvent"></textarea>
<view class="level">
<block wx:for="{{levelSelectData}}" wx:key="*this">
<view bindtap="levelClickEvent" data-level="{{item}}" class="item {{item == 1 ?
'border-normal' : ''}} {{item == 2 ? 'border-warning' : '' }} {{item == 3 ? 'border-danger' :
''}} {{item == levelSelectedValue && item == 1 ? 'bg-normal' : ''}} {{item ==
levelSelectedValue && item == 2 ? 'bg-warning' : ''}} {{item == levelSelectedValue && item
== 3 ? 'bg-danger' : ''}}"></view>
</block>
</view>
<view class="footer">
<view class="btn" bindtap="closeUpdatePanelEvent">取消</view>
<view class="btn primary" bindtap="saveDataEvent">保存</view>
</view>
</view>
```

就在我写到这个内容的同时，微信官方新增了 textarea 组件，完美解决遗憾。

添加面板的动画控制：

```
/**
 * 显示事项数据添加更新面板
 */
function showUpdatePanel() {
  let animation = wx.createAnimation({
    duration: 600
  });
  animation.translateY('-100%').step();
  this.setData({
    updatePanelAnimationData: animation.export()
  });
}
/**
 * 显示模态窗口
 * @param {String} msg 显示消息
 */
function showModal(msg) {
  this.setData({
     isModalShow: true,
     isMaskShow: true,
     modalMsg: msg
  });
}
/**
 * 关闭模态窗口
 */
function closeModal() {
  this.setData({
     isModalShow: false,
     isMaskShow: false,
     modalMsg: ''
  });
}
/**
 * 关闭事项数据添加更新面板
 */
function closeUpdatePanel() {
  let animation = wx.createAnimation({
     duration: 600
  });
  animation.translateY('100%').step();
  this.setData({
     updatePanelAnimationData: animation.export()
  });
}
```

主要凭借 translateY 来控制垂直方向的移动动画，在刚进入页面时获取屏幕的高度，把面板的高度设置与屏幕高度一致，上滑时就刚好 100%覆盖整个屏幕。

主要的添加事项逻辑如下：

```
// 保存事项数据
  saveDataEvent() {
    const {todoInputValue, todoTextAreaValue, levelSelectedValue} = this.data;
    const {year, month, date} = this.data.data.selected;
    console.log(todoInputValue, todoTextAreaValue);
    if (todoInputValue !== '') {
      let promise = new DataService({
```

```
        title: todoInputValue,
        content: todoTextAreaValue,
        level: levelSelectedValue,
        year: year,
        month: parseInt(month) - 1,
        date: date
      }).save();
      promise && promise.then(() => {
        //清空表单
        this.setData({
          todoTextAreaValue: '',
          levelSelectedValue: '',
          todoInputValue: ''
        });
        loadItemListData.call(this);
      })
      closeUpdatePanel.call(this);
    } else {
      showModal.call(this, '请填写事项内容');
    }
  }
```

获取添加面板上的数据与当前选择的日期，直接用 DataSerivce 对象保存即可。

由于篇幅有限，其余的内容，如数据删除和数据查看逻辑也比较简单，因此不再赘述。本章主要介绍小程序的 ES6 开发，整个项目的运行效果图如图 14.2 所示。

▲图 14.2 项目运行效果图

欢迎来到异步社区！

异步社区的来历

异步社区（www.epubit.com.cn）是人民邮电出版社旗下 IT 专业图书旗舰社区，于 2015 年 8 月上线运营。

异步社区依托于人民邮电出版社 20 余年的 IT 专业优质出版资源和编辑策划团队，打造传统出版与电子出版和自出版结合、纸质书与电子书结合、传统印刷与 POD 按需印刷结合的出版平台，提供最新技术资讯，为作者和读者打造交流互动的平台。

社区里都有什么？

购买图书

我们出版的图书涵盖主流 IT 技术，在编程语言、Web 技术、数据科学等领域有众多经典畅销图书。社区现已上线图书 1000 余种，电子书 400 多种，部分新书实现纸书、电子书同步出版。我们还会定期发布新书书讯。

下载资源

社区内提供随书附赠的资源，如书中的案例或程序源代码。

另外，社区还提供了大量的免费电子书，只要注册成为社区用户就可以免费下载。

与作译者互动

很多图书的作译者已经入驻社区，您可以关注他们，咨询技术问题；可以阅读不断更新的技术文章，听作译者和编辑畅聊好书背后有趣的故事；还可以参与社区的作者访谈栏目，向您关注的作者提出采访题目。

灵活优惠的购书

您可以方便地下单购买纸质图书或电子图书，纸质图书直接从人民邮电出版社书库发货，电子书提供多种阅读格式。

对于重磅新书，社区提供预售和新书首发服务，用户可以第一时间买到心仪的新书。

用户账户中的积分可以用于购书优惠。100 积分 =1 元，购买图书时，在 0 

里填入可使用的积分数值，即可扣减相应金额。

特别优惠

购买本书的读者专享异步社区购书优惠券。

使用方法：注册成为社区用户，在下单购书时输入 S4XC5 使用优惠码 ，然后点击“使用优惠码”，即可在原折扣基础上享受全单9折优惠。（订单满39元即可使用，本优惠券只可使用一次）

纸电图书组合购买

社区独家提供纸质图书和电子书组合购买方式，价格优惠，一次购买，多种阅读选择。

社区里还可以做什么？

提交勘误

您可以在图书页面下方提交勘误，每条勘误被确认后可以获得100积分。热心勘误的读者还有机会参与书稿的审校和翻译工作。

写作

社区提供基于Markdown的写作环境，喜欢写作的您可以在此一试身手，在社区里分享您的技术心得和读书体会，更可以体验自出版的乐趣，轻松实现出版的梦想。

如果成为社区认证作译者，还可以享受异步社区提供的作者专享特色服务。

会议活动早知道

您可以掌握IT圈的技术会议资讯，更有机会免费获赠大会门票。

加入异步

扫描任意二维码都能找到我们：

异步社区	微信服务号	微信订阅号	官方微博	QQ群：436746675

社区网址：www.epubit.com.cn

投稿 & 咨询：contact@epubit.com.cn